职业教育教学改革系列教材
建筑智能化工程技术专业系列教材

智能建筑供配电与照明

第2版

主　编　陈小荣
副主编　安卫华　张莉莉
参　编　赵　欣　刘　静　王　蕊　曹　宁
　　　　王京京　李　婷　耿　欣

机械工业出版社

本书在第1版的基础上修订而成，全书共分为5个模块16个单元。模块1介绍了电力系统基础知识，模块2结合建筑电气施工图对建筑供配电与照明系统中的主要电气设备、变配电所、线路和保护等进行了介绍，模块3重点介绍了建筑供配电与照明系统的设计流程和内容，模块4概要介绍了建筑照明配电系统施工的内容，模块5主要介绍了建筑供配电与照明系统的运行管理与维护的内容，给出了建筑供配电与照明系统常见故障的处理方法，并介绍了发生电气触电事故的处理措施。本书在内容选择上结合实际，具有可操作性和可实施性，力求实现好用、实用。

本书可作为高职高专院校建筑智能化工程技术、电气自动化技术以及建筑电气等相关专业的教材，同时可作为一线电气工程技术人员的学习参考用书。

为方便教学，本书配有电子教案、课件，凡选用本书作为教材的学校、单位，均可登录 www.cmpedu.com，免费注册下载，或来电 010-88379195 索取。

图书在版编目（CIP）数据

智能建筑供配电与照明/陈小荣主编. —2版. —北京：机械工业出版社，2017.12（2025.8重印）
职业教育教学改革系列教材. 建筑智能化工程技术专业系列教材
ISBN 978-7-111-57654-9

Ⅰ.①智… Ⅱ.①陈… Ⅲ.①智能建筑-房屋建筑设备-供电系统-职业教育-教材②智能建筑-房屋建筑设备-配电系统-职业教育-教材③智能建筑-房屋建筑设备-电气照明-职业教育-教材 Ⅳ.①TU852②TU113.8

中国版本图书馆CIP数据核字（2017）第190526号

机械工业出版社（北京市百万庄大街22号 邮政编码100037）
策划编辑：赵红梅 责任编辑：赵红梅
责任校对：张 薇 封面设计：陈 沛
责任印制：常天培
河北虎彩印刷有限公司印刷
2025年8月第2版第11次印刷
185mm×260mm · 13.25印张 · 317千字
标准书号：ISBN 978-7-111-57654-9
定价：39.80元

电话服务
客服电话：010-88361066
010-88379833
010-68326294

网络服务
机 工 官 网：www.cmpbook.com
机 工 官 博：weibo.com/cmp1952
金 书 网：www.golden-book.com
机工教育服务网：www.cmpedu.com

第2版前言

本书是建筑智能化工程技术专业系列教材之一，适用于高职高专院校建筑智能化工程技术、建筑电气及相关专业，使用中可以根据各学校的条件和要求自行取舍内容。

目前已出版的建筑供配电与照明方面的教材多侧重于系统的设计计算，与高职高专学生的培养目标有一定差距。编者编写第1版时尝试以任务式教学重新规划内容，结合供配电专业相关工作岗位的实际应用，简化了部分理论计算，增加了建筑供配电与照明系统施工和运行维护管理的内容，实际教学使用5年来，发现课堂上有些教学任务不够具体，有些教学任务实施困难，并且近几年很多相关标准都有一些变动，因此第2版中做了比较大的改动。改动重点是用实际案例练习替代原来的作业部分，以便教师教学更好用，学生学完更有用。

本书由北京电子科技职业学院陈小荣主编和统稿，重庆科创职业学院刘静编写了模块2单元5、单元6和单元7，扬州职业大学王蕊与中国石油长庆油田分公司矿区服务事业部李婷共同编写了模块5，北京航空工业设计院高级工程师曹宁参与编写了模块3，北京城建机电设备安装公司项目经理王京京参与编写了模块4，其余内容由陈小荣、北京城建设计发展集团股份有限公司安卫华、北京电子科技职业学院张莉莉、北京城建设计发展集团股份有限公司赵欣、沈阳工学院耿欣编写修订。

本书由北京联合大学范同顺教授主审。编写修订过程中，得到了北京中际北视物业管理有限公司吕建华工程师、北京金融街集团公司张宏宇工程师等诸多技术人员的帮助，在此一并表示感谢。

由于编者水平有限，书中不妥之处在所难免，敬请读者批评指正。

编　者

第1版前言

本书是楼宇智能化工程技术专业系列教材之一，适用于高职高专院校电气自动化、建筑智能化工程技术、建筑电气及相关专业，使用中可根据各学校条件和教学安排自行取舍内容。

目前建筑供配电与照明方面出版的教材多侧重于系统的设计计算，编者尝试重新规划内容，结合相关专业工作岗位的实际应用，简化了部分理论计算，增加了建筑供配电与照明系统施工和运行维护管理的内容。

本书由北京电子科技职业学院陈小荣主编并统稿，重庆科创职业学院刘静编写了模块2的单元5~7，扬州职业大学王蕊与中国石油长庆油田分公司矿区服务事业部李婷共同编写了模块5，北京众拓工程设计有限公司注册电气工程师李波、北京航空工业设计院高级工程师曹宁与陈小荣共同编写模块3，北京城建安装工程有限公司项目经理王京京与陈小荣共同编写模块4，其余内容由陈小荣编写。

全书由北京联合大学范同顺教授主审。在编写过程中，还得到了同方股份有限公司苏力宏、北京海龙高科物业管理公司陈玮等多位行业专家的帮助，在此一并表示感谢。

由于编者水平有限，书中不妥和错漏难免，敬请读者批评指正。

编　者

目　录

模块1 电力系统基础知识

单元1 认识电力系统

一、学习目标

① 掌握电力系统的概念。
② 理解电力系统各组成部分的功能。
③ 理解建筑供配电系统的范围和组成。

二、学习任务

① 叙述电力系统的组成部分及其功能。
② 写出不同类型发电厂能量转换的过程。
③ 写出典型建筑供配电系统的组成部分。

三、学习工具

教材和教学参考资源。

四、背景知识

电力系统是指由各种电压等级的电力线路，将各发电厂、变电所和电能用户连在一起构成的发电、输电、变电、配电和用电的统一整体。

图1-1是某地区电力系统示意图，在这个系统中，有一个水电厂和一个火电厂。水电厂发出的电经升压变压器升压到500kV，再用500kV超高压输电线路远距离输电至枢纽变电所（a）；火电厂发出的电经升压变压器升压到220kV，再用220kV高压输电线路输电至中间变电所（b），三条220kV的电力网构成环形，提高了供电可靠性。

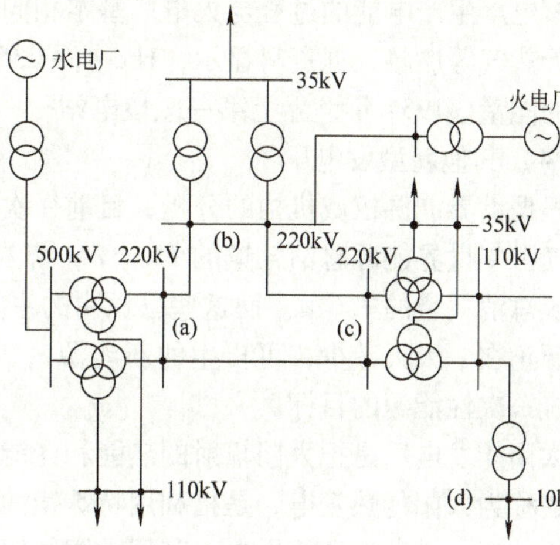

图1-1 某地区电力系统示意图

1. 发电厂（站）

发电厂（站）是将自然界蕴藏的天然能源（即一次能源）转换为电能（即二次能源）的工厂。

按照发电厂所利用的能源不同，可分为火力发电厂、水力发电厂、原子能发电厂、太阳能发电厂、风力发电厂、地热发电厂及潮汐发电厂等。

（1）火力发电厂

火力发电厂简称火电厂，是把燃料（如煤、石油、天然气）的化学能转换为电能的工厂。

火力发电按其作用分为单纯发电的和既发电又供热的两种类型；按原动机分为汽轮机发电、燃气轮机发电、柴油机发电三种类型。按其所用燃料主要分为燃煤发电、燃油发电和燃气发电等类型。

火力发电厂能量转换过程：

燃料的化学能⟶热能⟶机械能⟶电能

火力发电历史悠久，技术成熟，最早的火力发电是1875年在巴黎北火车站的火电厂实现的。目前在我国火力发电占主体地位，但火力发电会消耗大量不可再生的一次能源，并且其排放物会污染环境。

（2）水力发电厂（站）

水力发电厂（站）简称水电厂（站），是把水的位能转换为电能的工厂（电站）。

水力发电厂（站）能量转换过程：

水的位能⟶机械能⟶电能

水电是清洁和可再生能源，应大力发展。建设水电厂（站）除考虑能源因素外，还应考虑航运、渔业、灌溉、防洪、生态等诸多因素，水电受季节、地域影响较大，我国水电资源主要集中在长江、黄河的中上游，雅鲁藏布江的中下游，珠江、澜沧江、怒江和黑龙江上游。1878年法国建成了世界上第一座水电站，1912年我国第一座水电站云南省昆明市郊石龙坝水电站建成。目前我国最著名的水电站是三峡水电站，它安装了32台单机容量为70万千瓦的水电机组，它也是目前世界上规模最大的水电站。

（3）原子能发电厂

原子能发电厂也称核电厂，是把某些化学元素原子核的核裂变能转换为电能的工厂。

原子能发电厂能量转换过程：

核裂变能⟶热能⟶机械能⟶电能

核电厂生产电能的过程与火电厂基本相同，只是以少量的核燃料代替了大量的煤炭、石油、天然气等燃料，据资料显示，1kg铀-235核裂变所释放的能量相当于燃烧2500kg煤所得到的能量。1954年世界上第一座核电站——奥布宁斯克核电站建成。

（4）其他新型发电厂

根据世界能源权威机构的分析，目前一次能源中石油占年世界能源总消耗量的40.5%；天然气占年世界能源总消耗量的24.1%；煤炭占年世界能源总消耗量的25.2%；铀占年世界能源总消耗量的7.6%。而这些已探明的主要矿物燃料储量和开采量不容乐观。传统的燃料能源正在一天天减少，可再生的新能源（太阳能、风能、地热能、潮汐能）电厂成为替代传统一次性能源的目标。

太阳能发电厂是把太阳辐射的热能和光能转换为电能的工厂。利用太阳辐射的热能进行发电的称为太阳能热发电，是指利用特殊镜面收集太阳热能，通过换热装置提供蒸汽，推动汽轮机转动，带动发电机发电。利用太阳能辐射的光能进行发电的称为太阳能光发电。它是指太阳光照射到半导体光电器件时，其内部产生光伏效应，将太阳光能转化成电能。光电转换的基本装置是太阳能电池。

风力发电厂是把风的动能转换为电能的工厂。它是利用风力带动风车叶片旋转，再透过增速机将旋转的速度提升，来促使发电机发电的。

地热发电厂是把地球内部蕴藏的地热能转换为电能的工厂。地热发电和火力发电的原理是相同的。

潮汐发电厂是把海洋的潮汐能转换为电能的工厂。潮汐是指海水的自然涨落现象。潮汐发电与水力发电的原理相似，是利用潮水涨、落产生的水位差所具有的势能来发电的，也就是把海水涨、落潮的能量变为机械能，再把机械能转变为电能（发电）。

2. 电网

电力网简称电网，是电力系统中发电厂和用户之间的中间环节，由各种电压等级的输配电线路和变配电所构成，用以变换电压，输送并分配电能。电力系统与电力网关系示意图如图 1-2 所示。

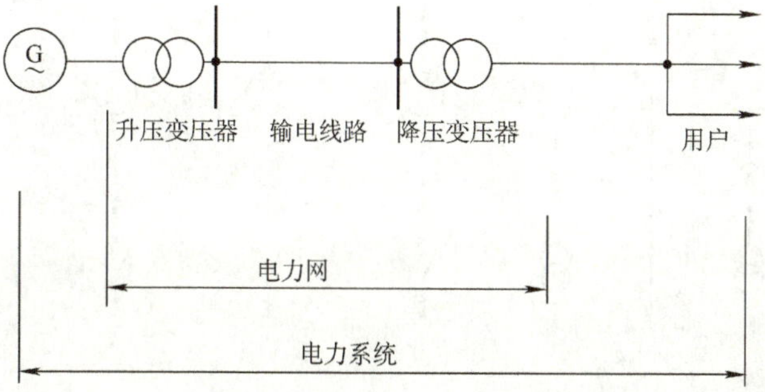

图 1-2　电力系统与电力网关系示意图

（1）电网分类

按作用可分为输电网（发电厂至变电所的电网和变电所至变电所的电网）和配电网（变电所至用户的电网）。

按电压等级可分为特高压（1000kV 以上）电网、超高压（330～1000kV）电网、高压（1～220kV）电网和低压（1kV 以下）电网。

按电网结构可分为开式电网（用户单方向得到电能的电网）和闭式电网（用户从两个及以上方向得到电能的电网）。

按供电范围可分为区域电网（110kV 以上，输送功率大，范围广的电网）和地方电网（110kV 及以下，输送功率小，距离短的电网）。

以上几种分类方式不是绝对的，其划分不存在严格的界限。

（2）变电所分类

图 1-1 中，变电所（a）汇集多个电源，连接电力系统高压和中压的几个部分，位于电力系统的枢纽点，称为枢纽变电所，它是一个 500kV 的变电所；变电所（b）高压侧以交换潮流为主，使长距离输电线路分段，同时降压供给当地用户，主要起中间环节的作用，使系统在此所交换功率，所以叫中间变电所；变电所（c）低压侧电压一般为 110kV、35kV，以地区用户供电为主，所以叫地区变电所；变电所（d）在输电线路的终端，接近负荷点，高压侧多为 110kV，经降压变压器降压后直接向用户供电，所以叫终端变电所。

3. 电力用户（建筑供配电系统）

电力用户简称用户，是电力系统中应用电能的最终环节。一幢建筑或建筑群即是一个电力系统的用户。从供电的角度讲，总供电容量不超过 1000kV · A 的为小型用户；超过 1000kV · A 而少于 10000kV · A 的为中型用户；超过 10000kV · A 的为大型用户。

（1）建筑供配电系统的范围

建筑供配电系统是指从电力电源进入建筑物起，到所有用电设备入端止的整个电路。

（2）建筑供配电系统的组成

典型建筑的供配电系统的电源取自当地供电企业的终端变电所，一般为两路电源进线，电压 10kV，如图 1-3 所示。这两路电源根据用户的负荷特点，经过技术经济比较，可以采用两路电源一路供电一路备用的母线不分段运行方式，如图 1-3a 所示；也可以采用两路电源同时供电，各带 1 台或 2 台变压器，各带 50% 负荷，进线按 100% 负荷选择，单母线分段联络，正常运行时联络开关断开，互为备用的运行方式，如图 1-3b 所示。

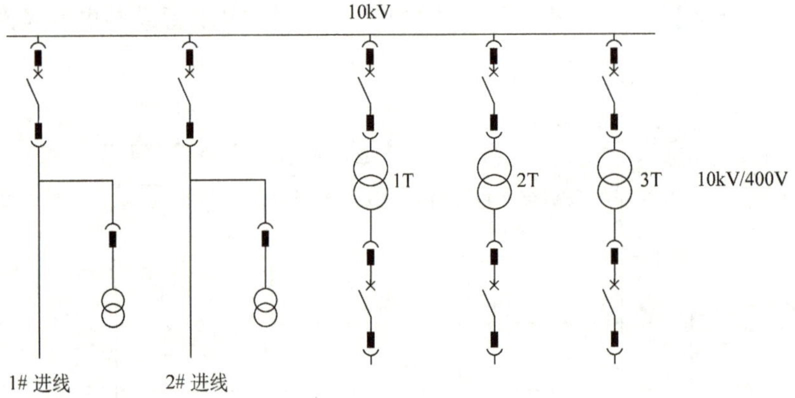

a)

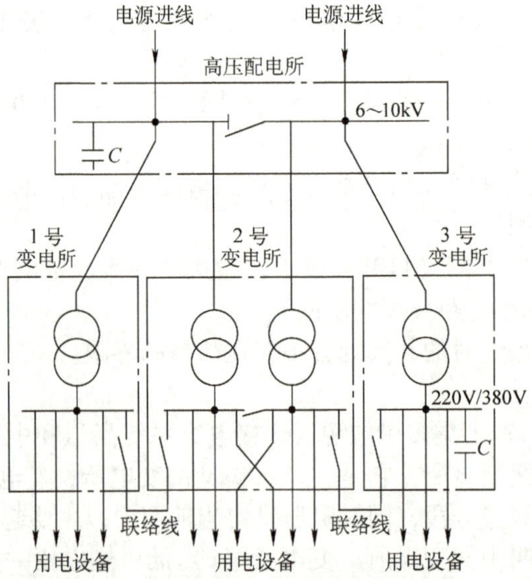

b)

图 1-3 典型建筑供配电系统图

a）两路电源一路供电一路备用的母线不分段运行方式 b）两路电源同时供电互为备用的运行方式

10kV 高压电源引入建筑高压配电所（配电所的任务是接受电能和分配电能）后，由高压配电装置经高压配电线路送给变电所（变电所的任务是接受电能、变换电压和分配电能），经变压器降压变为低压 380V/220V，然后由低压配电装置经低压线路配电给建筑物内各个低压用电设备。低压侧 380V/220V 可通过联络线相互连接，提高系统供电的可靠性和灵活性。

当然，某些高层建筑群的大型用户电源进线电压也有 35kV 及以上的，而一些小型建筑用电负荷小的用户也可直接采用 380V/220V 三相四线制低压进线。

（3）对建筑供配电系统的要求

1）安全　建筑供配电系统应用中必须保证人身和设备安全；

2）可靠　满足不同负荷等级的用户对供电连续性的要求；

3）优质　满足用户对电能质量的要求；

4）经济　在安全、可靠、优质前提下，应使建筑供配电系统投资少，运行费用低。

五、作业

1. 通过查找网络或书籍等相关资料，列出至少 4 种不同类型发电厂名称（各一所）。
2. 通过查找网络或书籍等相关资料，列出我国省级以上电网名称。
3. 变电所和配电所的区别是什么？
4. 典型建筑供配电电压是多少？
5. 简述典型建筑常用供配电系统运行方式。

单元2　电力系统的额定电压及中性点运行方式

一、学习目标

① 了解电力系统额定电压等级及电能质量。

② 正确标注电力系统各组成部分的额定电压。

③ 理解电力系统的中性点运行方式。

二、学习任务

① 熟记我国电力系统常用的 3 个电压等级。

② 写出给定的供电系统图上设备的额定电压。

③ 简述不同中性点运行方式的特点。

④ 画出民用建筑中常用的低压配电系统图。

三、学习工具

教材和教学参考资源。

四、背景知识

电力系统中的所有电气设备，都规定有一定的工作电压和频率。电气设备在其额定电压和频率条件下工作时，其综合的经济效果最好。因此，电压和频率被认为是衡量电力系统电能质量的两个基本参数。我国电气设备采用的工作频率（简称工频）都为50Hz，而对不同的电气设备额定电压有不同的规定。

1. 电力系统的额定电压（标准电压）

额定电压是指能使各种电气设备处于最佳运行状态的工作电压，用 U_N 表示。GB/T 156—2007《标准电压》规定了我国电力系统的额定电压等级，见表1-1。

表1-1　我国电力系统的额定电压（标准电压）

分　类	电网和用电设备额定电压/kV	交流发电机额定电压/kV
低压	0.38/0.22 0.66/0.38 1（1.14）	0.40 0.69 —
高压	3 6 10 （20） — 35 66 110 220 330 500 750 1000	3.15 6.3 10.5 13.8，15.75，18 20，22，24，26 — — — — — — — —

（1）电网（电力线路）的额定电压

电网的额定电压等级是我国根据国民经济发展的需要及电力工业的水平，经全面的技术经济分析后确定的。它是确定各类电力设备额定电压的基本依据。

（2）用电设备的额定电压

用电设备的额定电压应与电力网的额定电压相同。用电设备运行时要在线路上引起电压损耗，因而在线路上各点用电设备的工作电压会稍有不同，如图1-4所示。但是企业成批生产的用电设备的额定电压不可能按使用地点的实际电压来制造，而只能按线路首端与末端的平均电压，即电网的额定电压来制造。所以用电设备的额定电压规定与电网的额定电压相同。

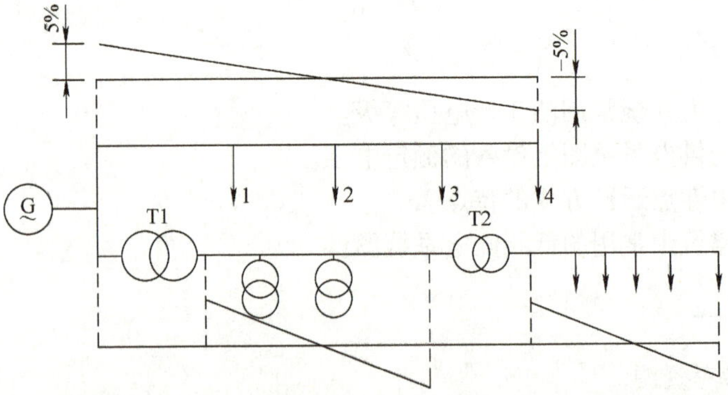

图1-4　用电设备和发电机额定电压说明简图

（3）发电机（Generator，G）的额定电压

发电机的额定电压高于线路额定电压5%。这是因为电力线路一般允许的电压偏差是

±5%，即整个线路允许有10%的电压损耗，因此为了维持线路首端与末端的平均电压值在额定值，接在线路首端的发电机应较电网额定电压高5%，如图1-4所示。即发电机的额定电压为所供电网额定电压的105%。

（4）电力变压器（Transformer，T）的额定电压

电力变压器的额定电压规定比较复杂，因为对于发电机（电源）来说，电力变压器的一次绕组相当于用电设备；而对于电力用户来说，电力变压器的二次绕组相当于发电机（电源）。

1）一次绕组额定电压

电网中的变压器一次绕组，可看成线路上的用电设备，因此其一次绕组额定电压应与供电电网额定电压相同，如图1-5所示的变压器T2、T3；如变压器直接与发电机相连，如图1-5所示中的变压器T1，则其一次绕组额定电压应与发电机额定电压相同，即高于所供电电网额定电压5%。

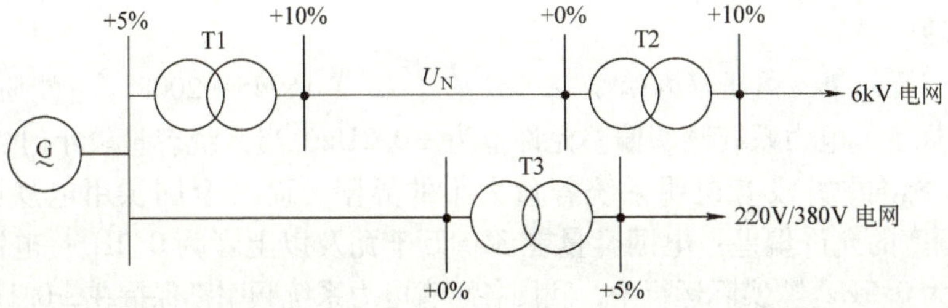

图1-5　变压器一、二次绕组额定电压说明简图

2）二次绕组额定电压

电力变压器的二次绕组额定电压是指变压器一次绕组加上额定电压，而二次绕组开路时的电压，即空载电压。而变压器在满载运行时，其绕组内约有5%阻抗电压降。因此二次绕组额定电压分两种情况：

如果变压器二次侧供电线路较长（如为较大容量的高压电网），则变压器二次绕组额定电压一方面要考虑补偿变压器绕组本身5%的阻抗电压降，另一方面要考虑相当于发电机的5%，所以这种情况的变压器二次绕组额定电压要高于二次侧电网额定电压10%（见图1-5中变压器T1、T2）。

如果变压器二次侧供电线路不长（如供电给低压电网或直接供电给高压用电设备的线路），则变压器二次绕组额定电压，只需考虑补偿变压器内部的阻抗电压降5%（见图1-5中变压器T3）。

例题　写出图1-6所示为供配电系统的电力变压器T1、T2和T3的额定电压。

解：T1：6.3kV/121kV　　T2：110kV/11kV　　T3：10kV/0.4kV

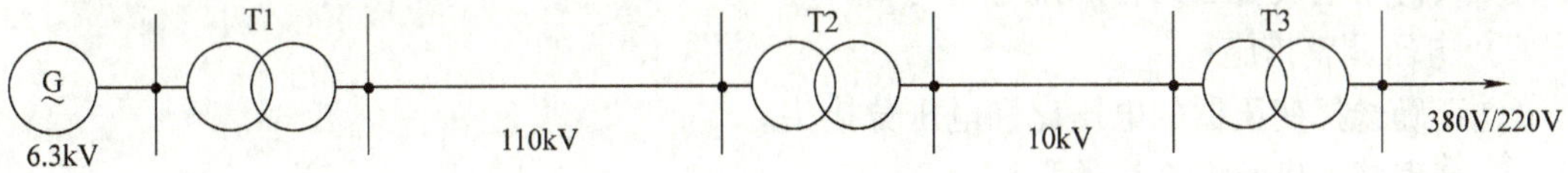

图1-6　供配电系统图

2. 电压选择

用户的供电电压应根据用电容量、用电设备特性、供电距离、供电线路的回路数、当地公共电网现状及其发展规划等因素，经技术经济比较后确定。表1-2给出了线路电压等级与输送功率和输送距离的关系。

表1-2 线路电压等级与输送功率和输送距离的关系

线路标准电压/kV	输送容量/MW	输送距离/km	线路标准电压/kV	输送容量/MW	输送距离/km
0.38	<0.1	<0.6	110	10.0~50.0	150~50
3	0.1~1.0	3~1	220	100.0~300.0	300~100
6	0.1~1.2	15~4	330	200.0~1000.0	600~200
10	0.2~2.0	20~6	500	800.0~2000.0	1000~400
35	2.0~10.0	50~20	750		

在民用建筑电气中，高压供电电压宜采用10kV，低压配电电压宜采用220V/380V，当有安全需要时，应采用小于50V电压。根据表1-1中电力系统的额定电压值可知，我国电力系统中高低电压等级的分界值为1kV。

3. 电能质量

电压和频率是衡量电能质量的两个基本参数。GB/T 15945—2008《电能质量 电力系统频率偏差》中规定，电力系统频率偏差允许值为±0.2Hz，当系统容量较小时，偏差值可放宽到±0.5Hz。标准中并没有说明系统容量大小的界限，而《全国供用电规则》中规定："供电局供电频率的允许偏差：电网容量在300万千瓦及以上者为0.2Hz；电网容量在300万千瓦以下者为0.5Hz。"实际运行中，我国各跨省电力系统频率都保持在±0.1Hz的范围内，这一点在电网质量中最有保障。对于电力用户来说，提高电能质量主要是提高电压质量。

（1）电压偏差

用电设备端子处的电压偏差，以设备端实测电压U与其额定电压U_N差值的百分值来表示，即

$$\Delta U\% = \frac{U - U_N}{U_N} \times 100\% \tag{1-1}$$

电压偏差是由于设备工作在线路不同地点、供配电系统运行方式改变以及负荷缓慢变化等原因而引起的，它是客观存在的。

1）电压偏差允许值

GB/T 12325—2008《电能质量 供电电压偏差》规定，10kV及以下三相供电电压允许偏差为额定电压的±7%。

GB 50052—2009《供配电系统设计规范》中关于电能质量的规定，正常运行情况下，用电设备端子处电压偏差允许值应符合下列要求：

① 电动机为±5%。

② 照明灯在一般工作场所为±5%；对于远离变电所的小面积一般工作场所，难以满足上述要求时，可为+5%、-10%；应急照明、道路照明和警卫照明为+5%、-10%。

③ 其他用电设备当无特殊规定时为±5%。

2）电压调整措施

① 正确选择变压器的电压比和电压分接头。

② 合理减少供配电系统的阻抗。

③ 尽量使三相负荷平衡。

（2）电压波动

电压波动是指电网电压的短时快速变动。电压波动幅度以设备端电压的最大值与最小值对其额定电压的百分值来表示，即

$$d = \frac{U_{max} - U_{min}}{U_N} \times 100\% \tag{1-2}$$

电压波动会影响电动机的正常起动。可使某些电子设备特别是电子计算机无法正常工作；可使照明灯发生明显的闪烁现象等。其中，电压波动对照明的影响最明显。

GB/T 12326—2008《电能质量 电压波动和闪变》规定了不同电压等级下电压波动限值和各级电压下的闪变限值。

（3）谐波

谐波是指非正弦波按傅里叶级数分解后所得的一系列频率为基波频率整数倍的正弦波，又称高次谐波。谐波次数指谐波频率与基波频率的整数比。基波频率就是系统的标准频率，通常称为工频，工频为50Hz，则二次谐波频率为100Hz，三次谐波频率为150Hz，依此类推。

电力系统中三相交流发电机发出的电压，可认为其波形是正弦波。但电力系统中存在着各种非线性元件，如开关电源、电子镇流器及交流电动机、电焊机、变压器和感应电炉等，这些设备的使用造成系统中和用户线路中产生了谐波，即电压波形畸变。特别是随着大型变流设备和电弧炉等的广泛应用，使谐波的干扰成了当前系统中影响电能质量的一大“公害”。

谐波的危害是多方面的，如在电动机中产生脉动转矩，使电动机产生跳动和步进现象，严重影响机械加工的产品质量；缩短变压器使用寿命；使电容器过负荷而烧坏；使电力线路的电能损耗增加；使计算电费的感应式电度表的计量不准确；还可能使系统发生电压谐振，从而在线路上引起过电压，有可能击穿线路设备的绝缘。高次谐波的存在，还可能使系统的继电保护和自动装置误动或拒动，并可对附近的通信设备和线路产生信号干扰等。

GB/T 14549—1993《电能质量 公用电网谐波》规定了不同电压等级的公用电网谐波电压限值和用户注入公共连接点的谐波电流允许值。

（4）三相电压不平衡度

三相不平衡电压按对称分量法可分解为正序分量、负序分量、零序分量三个对称分量。三相电压不平衡度是指三相系统中三相电压的不平衡程度，用电压或电流负序分量与正序分量的均方根比值的百分比表示，即

$$\varepsilon_U = \frac{U_2}{U_1} \times 100\% \tag{1-3}$$

式中　ε_U——电压不平衡度；

U_1——三相电压的正序分量方均根值（V）；

U_2——三相电压的负序分量方均根值（V）。

如果将式中 U_1、U_2 换为 I_1、I_2，则为相应的电流不平衡度 ε_I 的表达式。

三相电压不平衡（即存在负序分量）会引起继电保护误动、电动机附加振动力矩和发热。运行在额定转矩的电动机，如长期在负序分量4%的状态下运行，由于发热，电动机绝缘的寿命将会降低一半，若某相电压高于额定电压，其运行寿命的下降速度将更快。

我国目前执行的GB/T 15543—2008《电能质量 三相电压不平衡》规定了电力系统公共连接点正常电压不平衡度允许值为2%，同时规定了不平衡度短时不得超过4%，其短时允

许值的概念是指任何时刻均不能超过的限制值，以保证继电保护和自动装置正确动作。对接入公共连接点的每个用户引起该点正常电压不平衡度允许值一般为1.3%。

4. 电力系统中性点运行方式

电力系统的中性点是指电源（发电机或变压器）的中性点。它有以下两种运行方式：一种是中性点小电流接地电力系统，包括中性点不接地和中性点经消弧线圈接地；另外一种是中性点大电流接地电力系统，包括中性点直接接地和中性点经低电阻接地。这里重点讲述中性点不接地和中性点直接接地的电力系统。

电力系统中电源中性点的不同运行方式，对电力系统的运行，特别是在发生单相接地故障时，有明显的影响，而且影响到电力系统二次侧的保护装置及监察装置的选择与运行。

我国3~63kV的电力系统，大多数采取中性点不接地运行方式；当系统单相接地故障电容电流大于一定数值时，采取中性点经消弧线圈（大感抗的铁心线圈）接地。110kV及以上的电力系统和低压380V/220V配电系统，一般采取中性点直接接地的运行方式；某些大城市10kV配电网采用中性点经低电阻接地。

（1）中性点不接地的电力系统

中性点不接地是指系统中电源的中性点对地绝缘，如图1-7所示。这种系统在正常运行时，三相交流系统是对称的，即三相相电压、线电压、相对地电容电流都是对称的，相量和为零。没有电流在地中流过。每相对地的电压，就是其相电压。

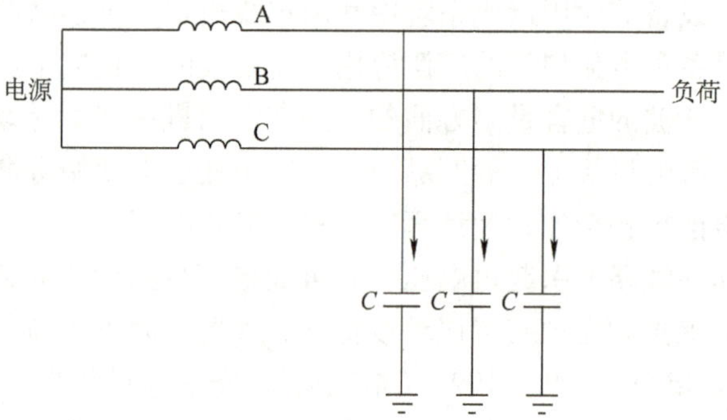

图1-7 中性点不接地的电力系统

当系统发生单相完全接地故障时，该相对地电压为零，其余两相非故障相线相对地电压都升高到线电压，即升高为原对地电压的$\sqrt{3}$倍。故障相接地点有接地故障电流流过，大小为正常运行时对地电容电流的3倍。但系统的三个线电压无论相位和量值均不会发生变化，因此系统中所有工作在线电压下的设备仍然会继续运行。但是如果此时另一相又发生接地故障时，则形成两相接地短路，将产生很大的短路电流，损坏线路及线路上的用电设备，这是不允许的。因此，我国有关规程中规定，中性点不接地的电力系统发生单相接地故障时，可允许暂时继续运行2h。但必须通过系统中装设的单相接地保护或绝缘监察装置发出报警信号或指示，以提醒值班人员注意，要求运行维修人员立即采取措施，查找并消除单相接地故障或将故障线路的负荷转移到备用线路上去。

（2）中性点经消弧线圈接地的电力系统

在上述中性点不接地的电力系统中，如果接地电容电流较大，将在接地点产生断续电弧，这可能引起线路发生电压谐振。由于线路存在电阻、电感和电容，因此发生一相弧光接地时，会形成一个*RLC*的串联谐振电路，从而使线路上出现危险的过电压，有可能使线路上绝缘薄弱环节造成对地击穿，进而发展成为相间短路事故。为了消除一相接地时，接地点出现的断续电弧，需按规定在单相接地故障电容电流大于一定值（3~10kV，大于30A时；20kV以上，大于10A）时，系统中性点采取经消弧线圈接地的运行方式。

在中性点经消弧线圈接地的系统中，发生单相接地故障时的特点与中性点不接地的电力系统相同。

(3) 中性点直接接地的电力系统

中性点直接接地是指系统中电源的中性点经一无阻抗（金属性）接地线直接与大地连接，如图 1-8 所示。这种系统中性点电压为地电位，正常运行时中性点没有电流通过。

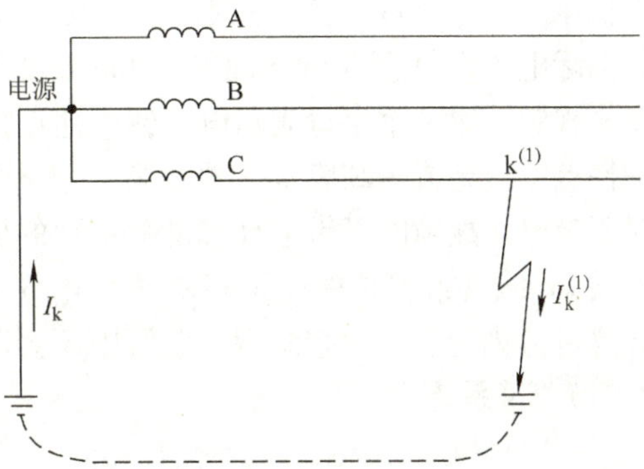

图 1-8　中性点直接接地的电力系统

当系统发生单相接地故障时，就构成单相短路，其单相短路电流很大，通常会使线路上的断路器自动跳闸或者将熔断器熔断，切除短路故障。为提高供电可靠性，可采用环网供电方式或配合综合自动化装置。

中性点直接接地的系统在发生单相接地故障时，构成短路，使被保护装置动作，切除故障，其他两相对地电压不会升高，因此这种系统中的供用电设备的绝缘只需按相电压来考虑，而不必按线电压来考虑。这对 110kV 及以上的超高压系统，是很有经济价值和技术价值的，因为高压电器特别是超高压电器的绝缘问题，是影响设计和制造的关键问题。绝缘要求的降低，实际上降低了高压电器的造价，同时改善了高压电器的性能，所以我国对 110kV 及以上的超高压系统的中性点均采取直接接地的运行方式。

另外，我国广泛应用的低压 380V/220V 供配电 TN 系统及国外应用比较广泛的 TT 系统，均采取中性点直接接地的方法，而且引出有中性线或保护中性线，这除了便于接单相负荷外，还考虑到了安全保护的要求，可减少人身触电事故。

当然，中性点直接接地的系统在发生单相接地故障时由于接地电流大，地电位上升较高，会增加电力设备的损伤，加大信息系统干扰等。

(4) 中性点经低电阻接地的电力系统

中性点经电阻接地方式，即中性点与大地之间接入一定阻值的电阻。电阻值的选取必须根据电网的具体情况，综合考虑限制过电压倍数、继电保护的灵敏度、对通信的影响、人身安全等因素。根据接地故障电流大小的不同，可以分为高电阻、中电阻、低电阻三种系统。低电阻接地系统接地故障电流控制在 100～1000A，一般选择为 300～800A。10kV 系统经低电阻接地方式接地，根据不同地区电阻常选择为 10Ω 或 16Ω。

中性点经低电阻接地系统具有中性点不接地系统、消弧线圈接地系统或直接接地系统不具备的优点，也存在这些接地方式的一些缺点。由于电阻是耗能元件，也是电容电荷释放元件和谐振的阻压元件，对防止谐振过电压和间歇性电弧接地过电压，有一定优越性。由于这种系统的接地电流比直接接地系统的小，故地电位升高及对信息系统的干扰都将减弱。中性点经小电阻接地后，对单相故障而言，故障电流增大，并有零序电流产生，因而保护配置应增加零序保护。可以通过选择电阻值大小，控制流过接地点的电流大小，以起动零序保护动作，切除故障线路。

我国某些大城市 10kV 配电网，架空裸导线线路正逐渐被电缆和架空绝缘线所替代，限制配电网过电压问题成为当前供用电的工作重点，因此中性点经低电阻接地的运行方式较多见。

5. 低压配电系统的接地型式

低压配电系统按照接地型式不同，分为TN、TT和IT三种不同的系统。

国际电工委员会（International Electrotechnical Commission，IEC）对系统接地文字符号的意义规定：第一个字母表示电源侧中性点接地状态，T表示电源侧中性点直接接地；I表示中性点不接地或经高阻抗接地。第二个字母表示负荷侧电气设备的外露可导电部分（正常时不带电，故障时可带电且容易触及）的接地状态，N表示直接与配电系统接地点引出的保护线PE线（或保护中性线PEN线）电气连接；T表示通过自身独立接地体与大地直接连接（这部分内容在后续接地保护装置中还会遇到）。

（1）TN系统

TN系统是指电源侧中性点直接接地，电气设备的外露导电部分通过PE线或PEN线与该接地点连接的系统，如图1-9所示。

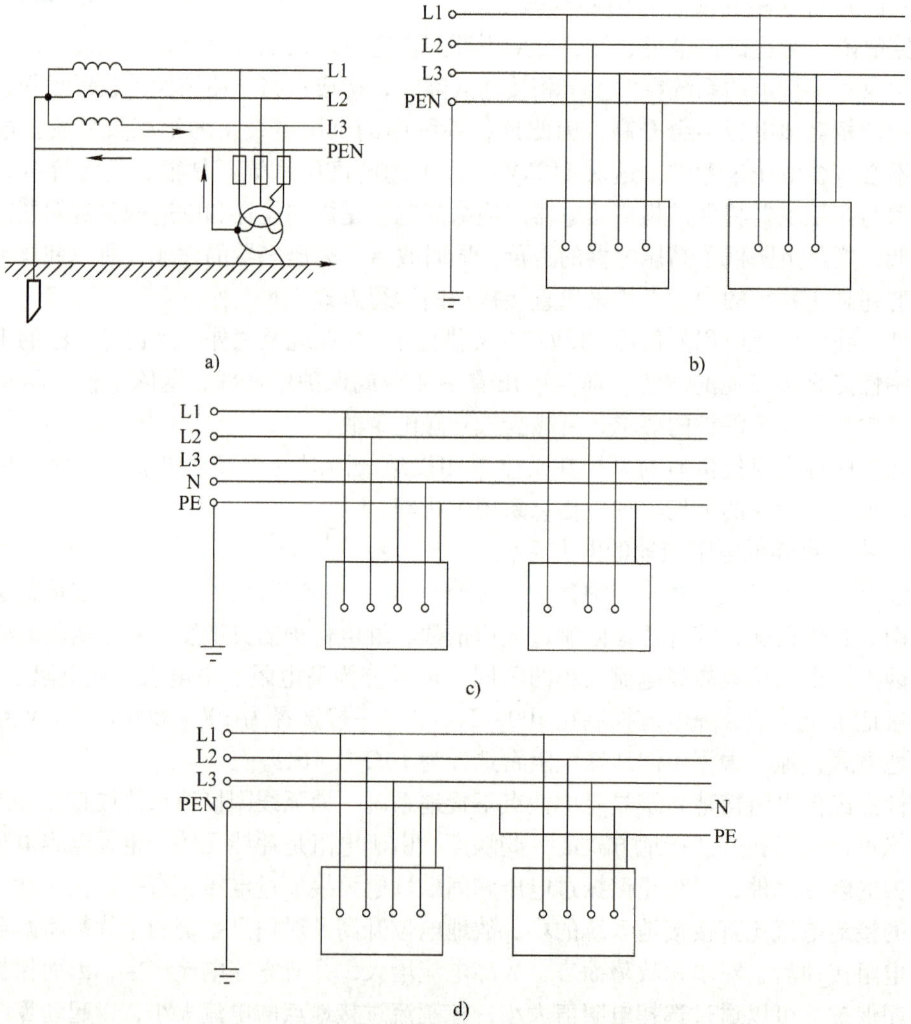

图1-9 低压配电的TN系统

a）TN系统原理图 b）TN－C系统 c）TN－S系统 d）TN－C－S系统

建筑中的低压供配电系统一般采用的是TN系统。采用该系统后，当某一相绝缘损坏使相线碰壳，外壳带电时，该相线和零线构成短路回路，短路电流很大，使线路上的保护装置立即动作（如熔断器熔断、自动开关跳闸），将漏电设备与电源迅速断开，从而消除了触电危险。

TN系统按照中性线和保护线的组合情况又分为TN-S、TN-C和TN-C-S三种形式。C表示在同一供电系统内的中性线（N线，俗称工作零线）和保护线（PE线，俗称地线）合二为一的三相四线制系统；S表示在同一供电系统中工作零线和保护零线从中性点接地开始就完全分开的系统，C-S表示在同一供电系统中工作零线和保护零线一部分合并，一部分分开的系统。PE线和N线分开以后，不能再合并，且N线应对地绝缘。为防止混淆PE线和N线，在低压配线时，应分别给PE和PEN线涂以黄绿相间的色标，给N线涂以浅蓝色色标。

1）TN-C系统

系统的保护线和中性线合并为一条PEN线，如图1-9b所示，具有简单、经济的优点。但对于单相负荷及三相负荷不平衡的线路，PEN线中总有电流流过，其产生的压降会体现在所有接零设备的金属外壳上，对敏感性电子设备不利，在危险环境中PEN线的小电流还可能会引起爆炸，故适用于三相负荷较平衡、电路中三次谐波电流小、有专业人员维护管理的一般性工业厂房和场所。在民用配电系统中不推荐应用。

2）TN-S系统

系统的中性线和保护线是分开的，如图1-9c所示。正常时PE线不通过负荷电流，故与PE线相连的电气设备金属外壳在正常运行时不带电，故障时电流大，易于迅速切除故障。适用于单相负荷较集中、数据处理和精密电子仪器设备多的场所供电，也可用于爆炸危险环境中，造价较高。对建筑物，国际电工委员会（IEC）和国际电信联盟（International Telecommunication Union，ITU）都推荐使用TN-S系统。目前建筑室内供配电系统采用的是TN-S系统。

3）TN-C-S系统

具有TN-S和TN-C二者的优点，线路结构简单，又能保证一定安全水平。目前民用住宅广泛采用的系统是TN-C-S系统，即电源从变配电所引出时是TN-C系统，在进入建筑物后PEN线重复接地分成PE线和N线后构成TN-S系统，如图1-9d所示。

（2）TT系统

TT系统是指电源侧中性点直接接地，电气设备的外露导电部分通过独立的接地体接地，如图1-10所示。

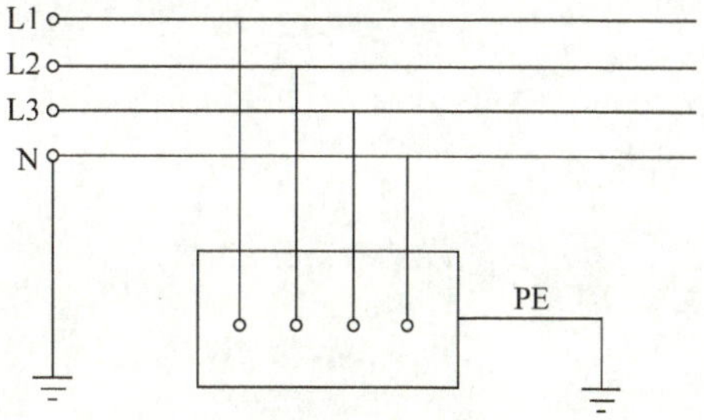

图1-10　TT系统

在TT系统中，当设备发生接地故障时，接地电流通过电气设备的接地电阻和系统的接地电阻形成回路，在两个电阻上产生电压降，由于电阻的分压作用，所以电气设备的对地电压远比相电压小，安全性有一定程度提高，但必须注意，这个电压对人身依然存在很大危险，因此在TT系统中还应使用过电流保护器或剩余电流动作保护器作保护。TT系统中各个设备的PE线没有直接的电气联系，相互之间不会影响，适于对抗电磁干扰要求较高的场所。

(3) IT 系统

IT 系统是指电源部分与大地间不直接连接，而电气设备的外露可导电部分则是通过独立接地体接地，如图 1-11 所示。

这种 IT 系统应用在不间断供电要求较高的场所，如矿井、地下供电。当发生单相接地故障时，因单相故障电流很小，三相用电设备可以继续正常运行，同时相关的监察装置会报警，提醒有关人员及时排除故障。IT 系统与 TT 系统一样，各个设备的 PE 线没有直接的电气联系，相互之间不会发生电磁干扰。

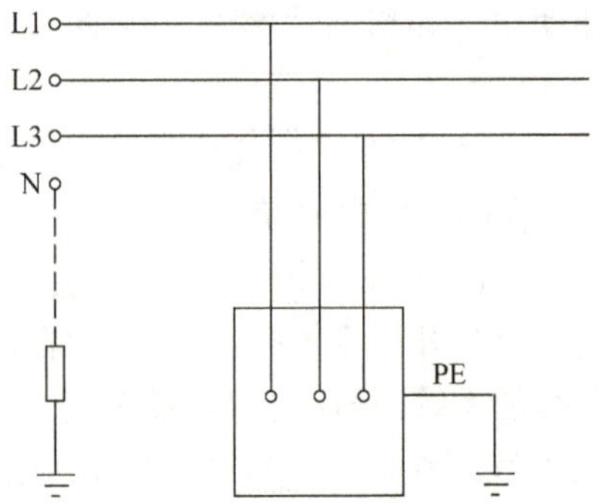

图 1-11 IT 系统

五、作业

1. 电能质量包括哪些内容？查阅资料说明提高电压质量的措施。

2. 不同中性点运行方式下的电力系统在发生单相接地时，各相对地电压如何变化？能否继续运行？

3. 确定图 1-12 所示供配电系统中线路 WL1 和电力变压器 T1、T2 和 T3 的额定电压。

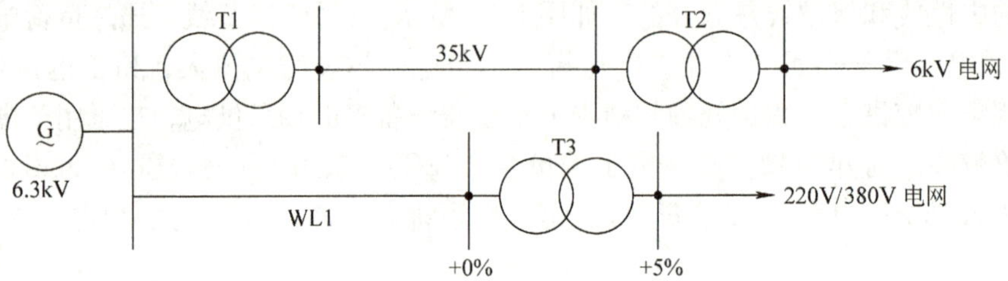

图 1-12 作业 3 图

4. 说明 TN、TT、IT 系统的含义。

模块 2　建筑供配电与照明系统的认识

单元 3　识读、绘制简单供配电与照明系统图和平面图

一、学习目标

① 掌握阅读建筑电气工程图的基础知识。
② 识读简单供配电与照明系统图和平面图。
③ 绘制简单供配电与照明系统图和平面图。

二、学习任务

① 列写某套建筑电气图样中的类别。

② 阅读图 2-1 所示供配电与照明系统图和图 2-2 所示电气平面图，写出图上供配电与照明回路数、设备名称、线缆规格型号和敷设方式。

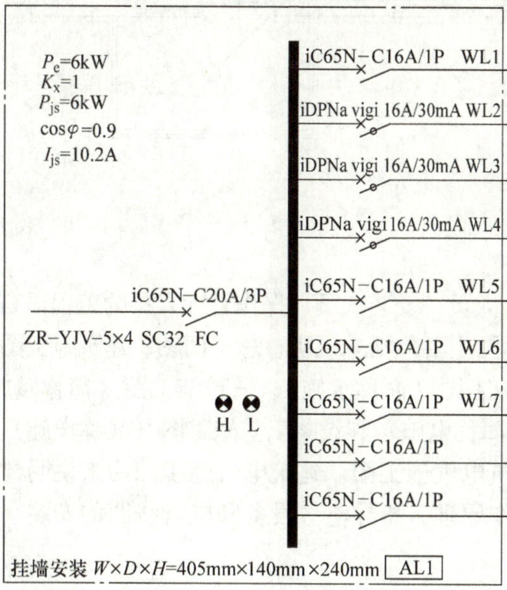

图 2-1　某住宅供配电与照明系统图

③ 绘制某间教室的供配电与照明系统图和平面图。

三、学习工具

建筑电气施工图，绘图纸、笔、尺，教材和教参。

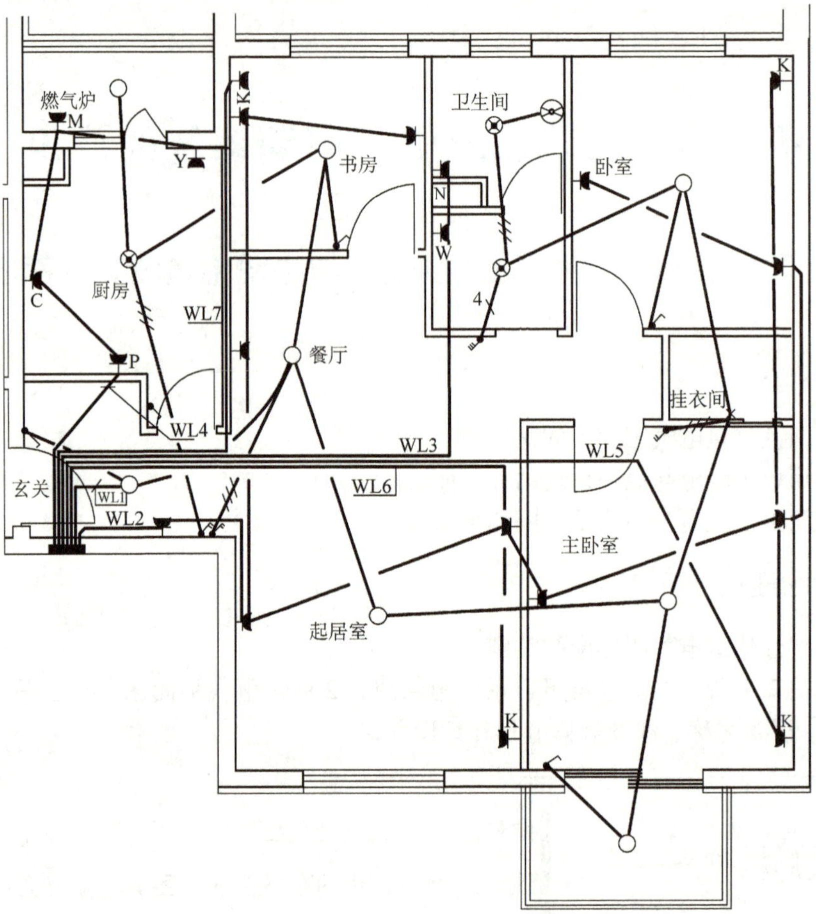

图 2-2 某电气平面图

四、背景知识

图样是工程实施的依据，是沟通设计人员、安装人员、操作管理人员的工程语言，是进行技术交流不可缺少的重要内容。建筑工程图主要包括总说明、总平面图、建筑施工图（简称建施）、结构施工图（简称结施）、给排水施工图（简称水施）、采暖施工图（简称暖施）、通风空调施工图（简称通施）、电气施工图（简称电施）和设备工艺施工图（简称设施）等。

电气专业工程技术人员必须熟悉建筑电气施工图。建筑电气施工图用来说明建筑中电气工程的构成和功能，阐述电气系统的工作原理，指导电气设备和电气线路的安装、运行、维护和管理。

1. 建筑电气施工图的类别

一个建筑中电气工程的规模不同，所以图样的数量和种类也不同。一套常用的电气施工图一般包含以下几类：

(1) 目录、设计说明、图例、设备材料明细表

电气工程包含的全部图样都应在图样目录上列出。图样目录内容有序号、图样名称、编号、张数等。

设计说明主要阐述电气工程设计的依据、建筑概况、工程等级、设计主要内容、施工原

则、电气安装标准、安装方法、工艺要求等及其设计的补充说明。

图例是图中各种符号的简单说明。一般只列出本套图样中涉及的一些图形符号。

设备材料明细表上列出了该电气工程所需设备和材料的名称、型号、规格和数量。

（2）电气系统图

电气系统图是用电气图形符号或带注释的框，概略表示电气系统的基本组成、相互关系及其主要特征的一种简图。电气系统图包含变配电系统图、动力系统图、照明系统图、弱电系统图等。图 2-1 所示为某住宅照明系统图。电气系统图只表示电气回路中各个元器件的连接关系，不表示元器件的具体安装位置和具体连线方法，一般都只用一根线来表示三相线路，即“单线图”。从电气系统图可以看出工程的概况。

（3）电气平面图

电气平面图是表示电气设备、装置与线路平面布置的图样，是进行电气施工安装的主要依据。电气平面图以建筑总平面图为依据，在图上绘出电气设备、装置及线路的安装位置、敷设方法等，如图 2-2 所示。电气平面图采用了较大的缩小比例，不能表现电气设备的具体形状，只能反映电气设备的安装位置、安装方式、导线的走向及敷设方法等。常用的电气平面图有变配电所平面图、动力平面图、照明平面图、防雷平面图、接地平面图和弱电平面图等。

（4）设备布置图

设备布置图是表现各种电气设备和元器件的平面与空间的位置、安装方式及其相互关系的图样，通常由平面图、立体图、剖面图及各种构件详图等组成。设备布置图是按三视图原理绘制的，如图 2-3 所示。

（5）电路原理图

电路原理图是表现某一电气设备或系统的工作原理的图样，它是按照各个部分的动作原理采用展开法来绘制的，通过分析电路图可以清楚地看清整个系统图的动作顺序。电路原理图不能表明电气设备和元器件的实际安装位置和具体的接线，但可以用来指导电气设备和元器件的安装、接线、调试、使用与维修。图 2-4 所示为电动机单方向运行电路原理图，图中同一个设备交流接触器 KM 的不同部位画在三处不同地方。

（6）安装接线图

安装接线图又称安装配线图，用来表示电气设备、电器元器件和线路的安装位置、配线方式、接线方式、配线场所特征等。安装接线图是用来指导安装、接线和查线的图样。图 2-5 所示为图 2-4 所示原理图对应的接线图。

（7）详图

电气设备中的某些零部件、节点等的结构、做法、安装工艺需要详细表明，可将这部分单独放大，详细表示，这种图称为详图。详图一般引用标准图集或施工图册即可，特殊情况需要绘制。目前标准图集分为 3 种类型：国家编制的标准图集，适用于全国；省市自治区编制的标准图集，适用于省市自治区；设计院内部编制的标准图集，适用于设计院自身设计的工程项目。

2. 绘图基础知识

一个完整的图面由边框线、图框线、标题栏、会签栏等组成，如图 2-6 所示。

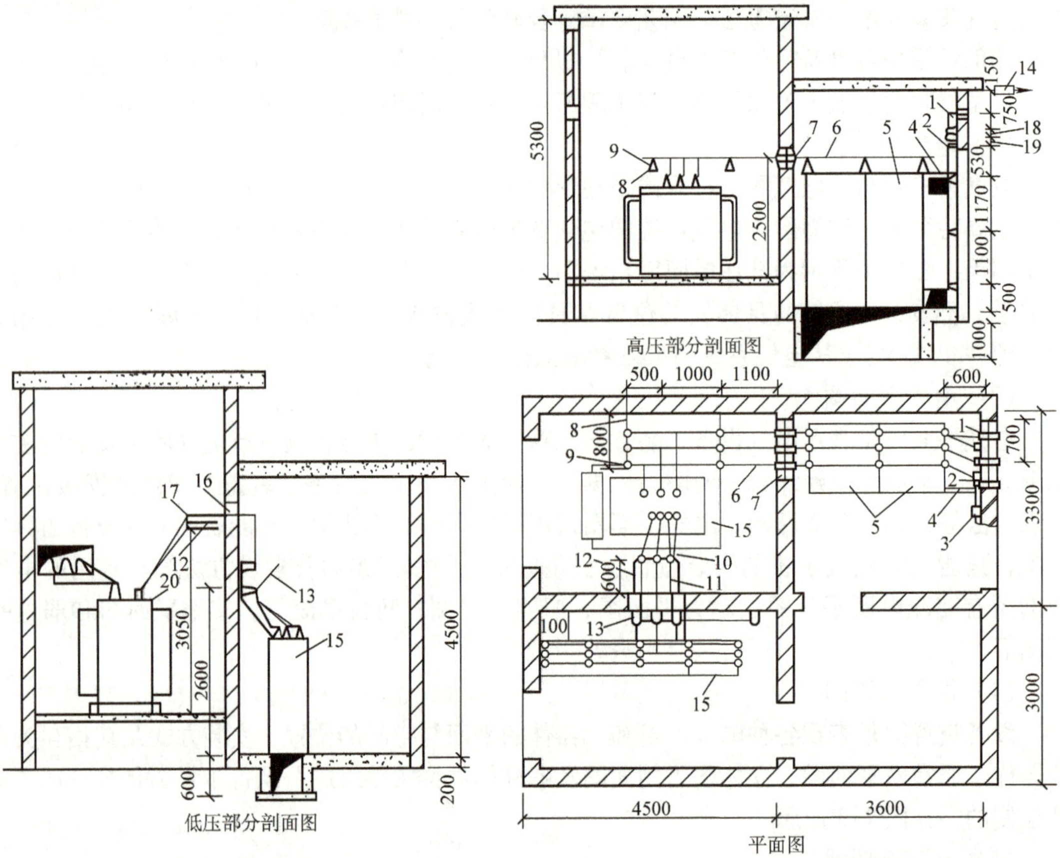

图 2-3 设备布置图

1—穿墙套管 2—隔离开关 3—隔离开关操动机构 4—保护网 5—高压开关柜 6—高压母线 7—穿墙套管 8—高压母线支架 9—支持绝缘子 10—低压中性母线 11—低压母线 12—低压母线支架 13—低压断路器 14—架空引入线架及零件 15—低压配电屏 16—低压母线穿墙板 17—电车绝缘子 18—阀型避雷器 19—避雷器支架 20—电力变压器

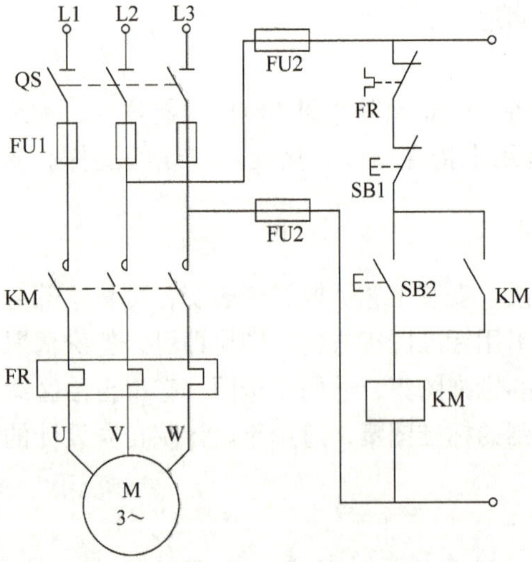

图 2-4 电动机单方向运行电路原理图

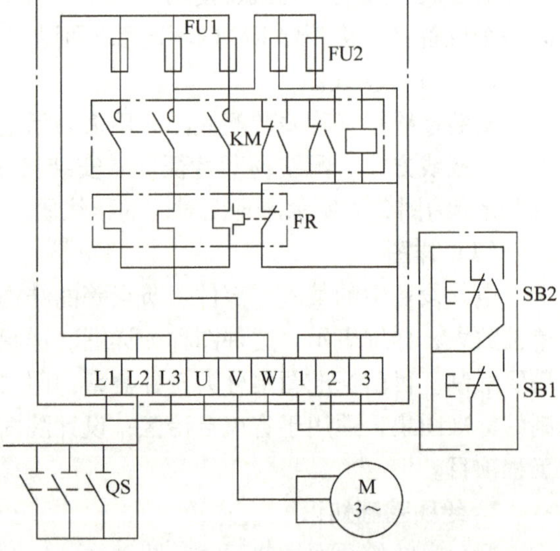

图 2-5 安装接线图

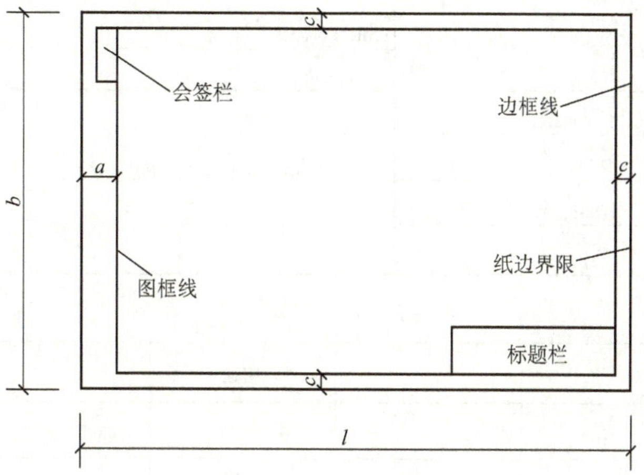

图 2-6 图面的组成

（1）图纸的大小

由边框线所围成的图面，称为图纸的幅面。幅面的尺寸共分 5 类：A0 ~ A4，尺寸见表 2-1。A0 的面积是 A1 的 2 倍，A1 的面积是 A2 的 2 倍，依此类推。有些情况下图纸可根据需要把长边按一定比例加长，但短边不能加长，加长幅面尺寸见表 2-2。

表 2-1 图纸的尺寸 （单位：mm）

标准图幅（横式）	A0	A1	A2	A3	A4
长×宽（$l \times b$）	1189×841	841×594	594×420	420×297	297×210
图框线边距 c	10	10	10	5	5
装订边宽 a	25				

表 2-2 加长幅面尺寸 （单位：mm）

图幅	长边尺寸	长边加长后尺寸
A0	1189	1338 1487 1635 1784 1932 2081 2230 2387
A1	841	1051 1261 1472 1682 1892 2102
A2	594	743 892 1041 1189 1338 1487 1635 1784 1932 2081
A3	420	631 841 1051 1261 1472 1682 1892

（2）标题栏与会签栏

标题栏用以确定图纸的名称、图号、张次、更改和有关人员签署等内容的栏目。标题栏的方位一般在图纸的右下方，也可放在其他位置。但标题栏中，文字方向为看图方向，即图中说明、符号均应以标题栏的文字方向为准。

标题栏的格式，国家还没有统一规定，各设计院的标题栏格式都不一样。标题栏一般应有以下内容：设计单位各负责人、工程名称、项目、电气施工设计说明及图纸目录、图别、图号等，如图 2-7a 所示。

会签栏供建筑、结构、给排水、暖通、工艺等相关专业设计人员会审图纸时签名用，如图 2-7b 所示，一般纵向放置在图框与边框之间。

（3）定位轴线

在建筑平面图中，建筑物都标有定位轴线，一般是在剪力墙、梁等主要承重构件的位置

				工程名称 Project Name		工程号 P.No.	
				项目 Content		阶段 Stage	施工图
审定 Approved		设计主持人 P.Manager		电气施工设计说明及图纸目录		比例 Scale	
审核 Checked		专业负责人 D.Manager				图号 Dwg No.	电施—01
设计部负责人 G.Manager		设计 Designed				日期 Date	2004 . 12
校核 Checked		制图 Drawn				修改 Rev	

a)

建筑			暖通		
结构					
工艺					
给排水					

b)

图 2-7　标题栏与会签栏

a）标题栏　b）会签栏

画出轴线，并编上轴线号。定位轴线编号时在水平方向采用阿拉伯数字，由左至右注写；在垂直方向采用拉丁字母（其中 I、O、Z 易与数字混淆的字母不用），由下往上注写，数字和字母分别用点划线引出，如图 2-8 所示。如字母数量不够使用，可增用双字母或单字母加数字，如 AA、BA、…、YA 或 A1、B1、…、Y1。建筑各部分的距离以轴线为标准标注相互间的尺寸，标注尺寸必须符合一定的建筑模数。定位轴线是确定主要结构或构件的位置及标志尺寸的基线，是定位、放线的重要依据。

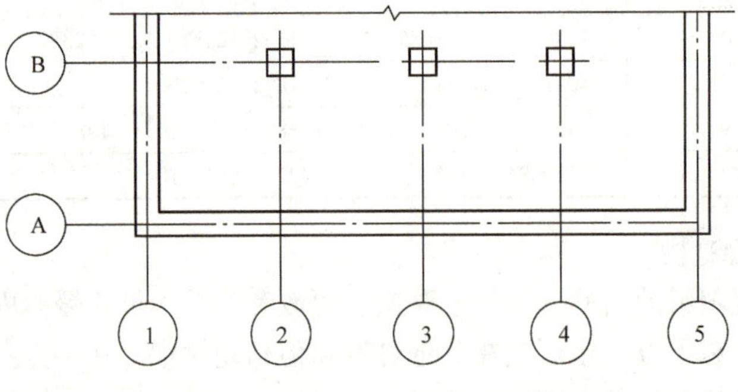

图 2-8　定位轴线

（4）方位

电气平面图一般按上北下南、左西右东来表示建筑物和设备的方位和朝向，但在室外总平面图中都用方位标记（指北针方向）来表示朝向，其箭头指向表示正北方向，如图 2-9 所示。

图 2-9　方位标记

（5）图线和尺寸线

绘制电气图所用的线条称为图线，线条在机械工程图和电气工程图中有不同的用途，常用的电气图线见表 2-3。

表 2-3　图线形式及应用

序　号	图线名称	图线形式	图 线 应 用
1	粗实线	————————	电气线路，一次线路
2	细实线	————————	二次线路，一般线路
3	虚线	- - - - - - - - - - - -	屏蔽线，机械连线
4	点画线	—·—·—·—	控制线，信号线，围框线
5	双点画线	—··—··—	辅助围框线，36V 以下线路

尺寸单位如果未注明，通常采用 mm，水平尺寸宜写在线上，竖向尺寸宜写在线左侧。在侧面标注时，圆柱用 Φ 表示，正方形用□表示。

（6）比例

图纸上所画图形的大小与物体实际大小的比值称为比例。电气设备布置图、平面图和电气构件详图通常按比例绘制。比例的第一个数字表示图形尺寸，第二个数字表示实物为图形的倍数。例如，1:10 表示图形大小只是实物的 1/10。比例的大小是与图纸幅面代号相比较而确定的。施工时，如需确定电气设备安装位置的尺寸或用尺量取时应乘以比例的倍数，如图纸比例是 1:50，量得某段线路为 10cm，则实际长度为 $10\text{cm}\times 50=500\text{cm}=5\text{m}$。

（7）字体

图面上的汉字、字母和数字是图的重要组成部分，图中的字体书写必须端正，笔划清楚、排列整齐、间距均匀、符合标准。一般汉字用长仿宋体简化字，字母、数字用直体。图面上字体的大小，应视图幅大小而定，但应满足表 2-4 字体的最小高度要求。

表 2-4　字体的最小高度

标准图幅	A0	A1	A2	A3	A4
字体最小高度/mm	5	3.5	2.5	2.5	2.5

（8）安装高度

在电气平面图中，电气设备和线路的安装高度是用标高来表示的。建筑物图样上的标高以细实线绘制的三角形加引出线表示（▽——）；总图上的标高以涂黑的三角形表示（▼——）。标高符号的尖端指至被注高度，箭头可向上、向下。标高数字以 m 为单位，注写到小数点后第三位。标高有绝对标高和相对标高两种表示法。

绝对标高是我国的一种高度表示方法，是把黄海平均海平面定为绝对标高的零点而确定的高度尺寸，其他各地标高以此为基准，也可称为海拔。如海拔 100m，表示该地高出海平面 100m。绝对标高常用在总图上。

相对高度是选定某一参考点为零点。建筑工程图上采用的相对标高，一般是选定建筑物室外地坪面 ±0.000m，标注方法为（$\overset{\pm 0.000}{\triangledown\!\!-\!\!-}$）。如果某建筑设备对室外地坪安装高度为 4m，可标注为（$\overset{4.000}{\triangledown\!\!-\!\!-}$）。

（9）索引符号、详图符号

图样中的某一局部或构件，如需另见详图，应以索引符号标出，即用索引符号从图样中指向有相应详图符号的详图（详图的位置和编号，应以详图符号表示）。标注在总图某位置上的标记称为详图索引符号，标注在详图旁的标记称为详图符号。

索引符号如图2-10a所示，是指用一引出线指出要画详图的地方，在线的另一端画一实线圆圈，直径是10mm，引出线对准圆心，圆内画一水平直线，上半圆用阿拉伯数字注明该详图的编号，下半圆用阿拉伯数字注明详图所在图纸的图纸号。索引出的详图，如与被索引的详图同在一张图纸内，应在索引符号的上半圆中用阿拉伯数字注明该详图的编号，并在下半圆中画一段水平细实线，如图2-10b所示。索引出的详图，如与被索引的详图不在同一张图纸内，应在索引符号的上半圆中用阿拉伯数字注明该详图的编号，在索引符号的下半圆中用阿拉伯数字注明该详图所在图纸的编号，如图2-10c所示。索引出的详图，如采用标准图，应在索引符号水平直径的延长线上加注该标准图册的编号，如图2-10d所示。

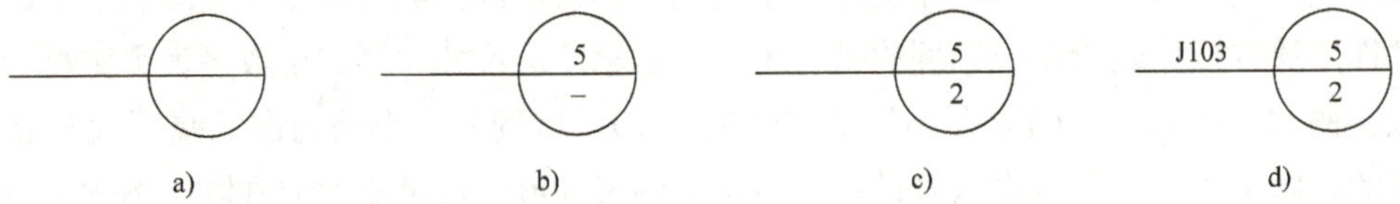

图2-10 详图索引符号

a）索引符号 b）详图、索引在同一张图样内 c）详图、索引不在同一张图样内 d）标准图上索引符号

详图符号的圆应以直径为14mm的粗实线绘制。详图与被索引的图样同在一张图纸内时，应在详图符号内用阿拉伯数字注明详图的编号，如图2-11a所示。详图与被索引图样不在同一张图纸内时，应用细实线在详图符号内画水平直径线，在上半圆中注明详图编号，在下半圆中注明被索引的图纸的编号，如图2-11b所示。

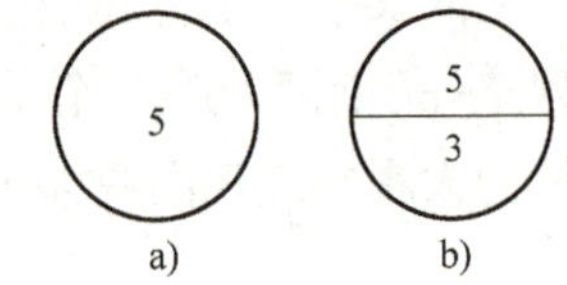

图2-11 详图符号

a）详图、索引在同一图样内

b）详图与被索引的图样不在同一图样内

3. 识图方法

识读电气工程图的方法和顺序没有统一规定，可根据需要和习惯自己掌握，对于初学者，可以按以下方法练习。

① 熟悉图例符号及含义，熟悉电气设备和线路的标注方式。

② 读图顺序一般按照“进户线→总配电箱→干线→分配电箱→室内干线→支线及各路用电设备”这个顺序来阅读。

③ 将所有有关图纸联系起来细读，特别是配电系统图和电气平面图，一般先看系统图，了解系统组成概况，再具体熟读平面图。读图时把握几个要点：供电方式和电压；进户线方式；干线及支线情况，主要是干线在各配电箱之间的连接情况，敷设方式及部位；布线方式；电气设备的平面布置、安装方式和高度等。

4. 电气图例符号

建筑电气图常用符号见表2-5～表2-7。

表 2-5　电力和照明配电装置图形符号

序号	图例	说明	序号	图例	说明
1		屏、台、箱、柜一般符号	7		直流配电盘（屏）
2		动力或动力照明配电箱	8		交流配电盘（屏）
3		信号板、信号箱（屏）	9		阀的一般符号
4		照明配电箱（屏）	10		电磁阀
5		多种电源配电箱（屏）	11		电动阀
6		事故照明配电箱（屏）			

表 2-6　常用照明器具的图形符号

序号	图例	说明	序号	图例	说明
1		二极单相插座	21		三极明装开关
2		二极单相插座暗装	22		三极暗装开关
3		二极单相密闭（防水）	23		二极密闭（防水）
4		二极单相防爆	24		防爆
5		带保护接点插座，带接地插孔的单相插座	25		单极拉线开关
6		三极单相插座暗装	26		单极双控拉线开关
7		三极单相密闭（防水）	27		双控开关（单极三线）
8		三极单相防爆	28		风扇调速开关
9		单相二三极插座暗装	29		荧光灯一般符号
10		单相二三极插座	30		三管荧光灯
11		插座箱（板）	31		五管荧光灯
12		开关一般符号	32		防爆荧光灯
13		单极明装开关	33		在专用电路上的事故照明灯
14		单极暗装开关	34		自带电源的事故照明灯装置（应急灯）
15		单极密闭（防水）	35		深照型灯
16		防爆	36		广照型灯（配照型灯）
17		双极明装开关	37		防水防尘灯
18		双极暗装开关	38		球形灯
19		双极密闭（防水）	39		顶棚灯
20		防爆	40		花灯

表2-7 常用电气设备和导线

电气设备名称	文字符号	图形符号	电气设备名称	文字符号	图形符号
刀开关	QK		母线（汇流排）	W 或 WB	
熔断器式刀开关	QKF		导线、线路	W 或 WL	
断路器（自动开关）	QF		电缆及其终端头		
隔离开关	QS		交流发电机	G	
负荷开关	QL		交流电动机	M	
熔断器	FU		单相变压器	T	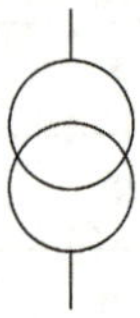
阀式避雷器	F		电压互感器	TV	
三相变压器	T	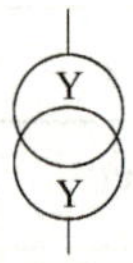	三绕组变压器	T	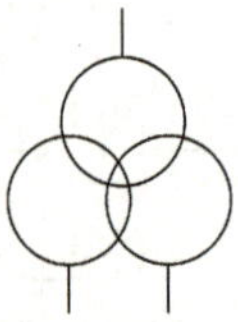
电流互感器（具有一个二次绕组）	TA		三绕组电压互感器	TV	
电流互感器（具有两个铁心和两个二次绕组）	TA	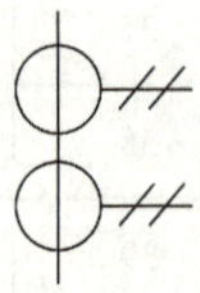	电容器	C	
			三相导线		

5. 图上标注

(1) 设备编号

系统图和平面图上同类设备都有编号，同一个设备在两种图上编号相同，编号的规则没有强制规定，一般按照设备类别和位置顺序编号。如照明配电箱使用编号 AL，则 1 层照明配电箱使用 1AL，2 层照明配电箱使用 2AL；某层中某个房间照明分配电箱，如某层 1 号配电箱，则编号为 nAL－1，2 号配电箱则编号为 nAL－2，依此类推。

(2) 电气设备标注

部分电气设备标注见表 2-8。

表 2-8　部分电气设备的标注方式

电气设备	标注方式	说　明
用电设备	$\frac{a}{b}$	a—设备编号或设备位号 b—设备功率（单位为 kW）
动力、照明配电设备	$a\frac{b}{c}$或 $a-b-c$ 当需要标注引入线规格时 $a\frac{b-c}{d(e\times f)-g}$	a—设备编号 b—设备型号 c—设备功率（单位为 kW） d—导线型号 e—导线根数 f—导线截面 g—导线敷设方式及部位
开关及熔断器	$a\frac{b}{c/i}$或 $a-b-c/i$ 当需要标注引入线规格时 $a\frac{b-c/i}{d(e\times f)-g}$	a—设备编号 b—设备型号 c—额定电流（单位为 A） i—整定电流（单位为 A） d—导线型号 e—导线根数 f—导线截面 g—导线敷设方式及部位
照明灯具	$a-b\frac{c\times d\times L}{e}f$	a—某场所同类型照明灯具的套数，通常在一张平面图中各类型灯分别标注 b—灯具型号或编号，可查阅产品样本或施工图册，平面图上可以不标 c—每套照明器内安装的灯泡或灯管数，一个或一根可不标 d—每个灯泡或灯管的功率（单位为 W） e—安装高度（单位为 m）；“－”表示吸顶安装 f—安装方式 L—光源种类

有时平面图上设备标注会与上表稍有不同，但主要内涵是相同的。例如，某断路器旁标有 iC65N－C25A/2P 表示断路器型号为 iC65N，极数 2（可同时切断相线和中线），其脱扣器额定电流为 25A；iDPNa Vigi 25A/30mA，表示上述断路器带漏电保护，漏电动作电流为 30mA。

常用电光源、灯具、灯具安装方式代号见表 2-9～表 2-11。

表2-9 常用电光源的代号

序 号	电光源种类	代 号	序 号	电光源种类	代 号
1	荧光灯	FL	4	钠灯	Na
2	白炽灯	IN	5	氙灯	Xe
3	碘钨灯	I	6	汞灯	Hg

表2-10 常用灯具代号

序 号	灯具名称	代 号	序 号	灯具名称	代 号
1	荧光灯	Y	7	搪瓷伞罩灯	S
2	吸顶灯	D	8	防水防尘灯	F
3	壁灯	B	9	工厂一般灯具	G
4	花灯	H	10	投光灯	T
5	普通吊灯	P	11	卤钨探照灯	L
6	柱灯	X	12	无磨砂玻璃罩万能型灯	Ww

表2-11 灯具安装方式代号

序 号	电光源种类	代 号	序 号	电光源种类	代 号
1	线吊式	CP	9	嵌入式（嵌入不可进人的顶棚）	R
2	固定线吊式	CP1	10	顶棚内安装（嵌入可进人的顶棚）	CR
3	防水线吊式	CP2	11	墙壁内安装	WR
4	吊线器式	CP3	12	支架上安装	SP
5	链吊式	CH	13	台上安装	T
6	管吊式	P	14	座装	HM
7	壁装式	W	15	柱上安装	CL
8	吸顶式	S			

例如，某图中灯旁边标注 $6\frac{100}{-}S$，表示共有6套灯，每个灯100W，吸顶式安装，不必标注安装高度。

（3）电气线路标注

图上电气线路的一般标注形式为：$a\ (b\times c)d-e$。其中，a 为导线型号；b 为导线根数；c 为导线截面；d 为敷设方式及穿管管径；e 为敷设部位。

绝缘导线的型号如下：

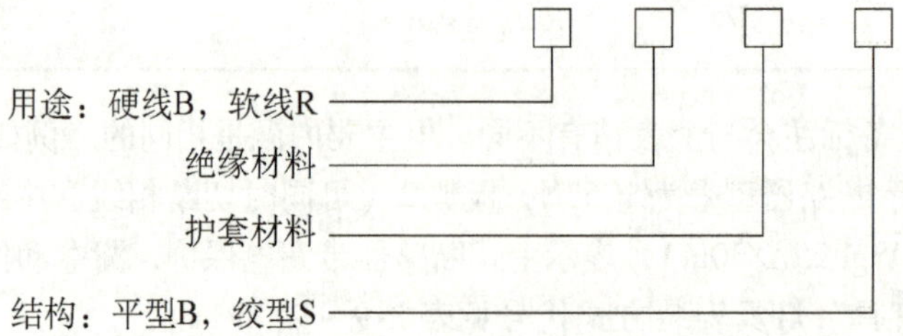

常用绝缘导线、电缆型号含义及电缆外护层代号见表 2-12 ~ 表 2-14。

表 2-12　常用绝缘导线

序号	导线型号	名　　称	主要用途
1	BV（BLV）	铜（铝）芯聚氯乙烯（PVC）绝缘线	室内固定明敷、暗敷
2	BVV（BLVV）	铜（铝）芯聚氯乙烯绝缘聚氯乙烯护套线	室内明敷
3	BX（BLX）	铜（铝）芯橡皮绝缘线	固定明敷、暗敷
4	RV	铜芯聚氯乙烯绝缘软线	
5	RVB	铜芯聚氯乙烯绝缘扁平软线	
6	RVV	铜芯聚氯乙烯绝缘聚氯乙烯护套软线	
7	RVS	铜芯聚氯乙烯绝缘软绞线	

表 2-13　电缆型号含义

类　别	导体	绝缘	内护套	特　征
电力电缆 （省略不表示） K：控制电缆 P：信号电缆 YT：电梯电缆 U：矿用电缆 Y：移动式软缆 H：市内电话电缆 UZ：电钻电缆 DC：电气化车辆用电缆	T：铜芯 （可省） L：铝芯	Z：油浸纸 X：天然橡胶 （X）D：丁基橡胶 （X）E：乙丙橡胶 V：聚氯乙烯 Y：聚乙烯 YJ：交联聚乙烯 E：乙丙胶	Q：铅套 L：铝套 H：橡套 （H）P：非燃性 HF：氯丁胶 V：聚氯乙烯护套 Y：聚乙烯护套 VF：复合物 HD：耐寒橡胶	D：不滴油 F：分相 CY：充油 P：屏蔽 C：滤尘用或重型 G：高压

表 2-14　电缆外护层代号

第一个数字		第二个数字	
代　号	铠装层类型	代　号	外被层类型
0	无	0	—
1	钢带	1	纤维外被
2	双钢带	2	聚氯乙烯护套
3	细圆钢丝	3	聚乙烯护套
4	粗圆钢丝		
5	皱纹钢带		
6	双铝带或铝合金带		

目前建筑供配电系统常用的电缆是 VV 和 YJV 电缆。VV 指 PVC 绝缘 PVC 护套电力电缆；YJV 指交联聚乙烯绝缘聚氯乙烯护套电力电缆；YJV22 指交联聚乙烯绝缘聚氯乙烯护套钢带铠装电力电缆。民用建筑推荐选用 YJV 电缆，虽然价格比 VV 高，但其工作温度高，同截面积其载流量比 VV 的大，更为主要的是，在电气火灾时，由于其绝缘材料不含氯，燃烧时不会产生有毒气体，环保性能好。

线路敷设方式代号和线路敷设部位文字符号见表2-15和表2-16。

表2-15 线路敷设方式代号

序号	名称	代号	序号	名称	代号
1	穿焊接钢管敷设	SC	9	用电缆桥架敷设	CT
2	穿电线管敷设	TC	10	用塑料夹敷设	PCL
3	穿水煤气管敷设	RC	11	穿蛇皮管金属软管敷设	CP
4	穿硬聚氯乙烯管敷设	PC	12	穿阻燃塑料管敷设	PVC
5	穿阻燃半硬聚氯乙烯管敷设	FPC	13	穿聚氯乙烯塑料波纹电线管敷设	KPC
6	金属线槽敷设	MR	14	直接埋设	DB
7	用塑料线槽敷设	PR	15	电缆沟敷设	TC
8	用钢线槽敷设	SR	16	混凝土排管敷设	CR

表2-16 线路敷设部位文字符号

序号	名称	代号	序号	名称	代号
1	沿钢索敷设	SR	7	暗敷设在柱内	CLC
2	沿屋架或跨屋架敷设	BE	8	暗敷设在墙内	WC
3	沿柱或跨柱敷设	CLE	9	暗敷设在地面或地板内	FC
4	沿墙面敷设	WE	10	暗敷设在屋面或顶板内	CC
5	沿天棚面或顶板面敷设	CE	11	在能进人的吊顶内敷设	ACE
6	暗敷设在梁内	BC	12	暗敷设在不能进人的吊顶内	ACC

例如，BV (3×2.5) SC20－FC，表示聚氯乙烯绝缘导线型号BV，相线、中性线和保护线截面积为2.5mm^2，穿直径20mm的焊接钢管沿地板暗敷。

例如，A2 $\frac{XL-12-100}{BLV-500-(3\times25+1\times16)RC40-FC}$，表示2号动力配电箱，型号为XL－12型，功率为100kW，配电箱进线为4根铝芯聚氯乙烯绝缘导线，其中3根相线截面积为25mm^2，1根中线截面积为16mm^2，穿管径40mm的水煤气管，沿地板暗敷。

有时，在上述线路标注最前端还加上线路编号或线路用途的符号。例如，WP2－BV (3×2.5) SC20－FC，表示2号电力线路。线路用途文字符号见表2-17。

表2-17 线路用途文字符号

序号	中文名称	英文名称	常用文字符号		
			单字母	双字母	三字母
1	电力线路	Power line	W	WP	
2	照明线路	Illuminating line		WL	
3	应急照明线路	Emergency line		WE	WEL
4	控制线路	Control line		WC	
5	直流线路	Direct－current line		WD	
6	电话线路	Telephone line		WF	
7	声道（广播）线路	Sound gate (broadcasting) line		WS	
8	电视线路	Television line		WV	
9	插座线路	Socket line		WX	

五、案例练习

根据给定的变配电所电气主接线图（图2-12）和低压柜系统图（图2-13、图2-14），回答：

1. 试画出该项目的供配电系统框图；
2. 说出低压柜系统图中线路标注WDZ－YJ(F)E－4×25＋1×16的含义；
3. 说出低压柜系统图中断路器标注E1N1600/3P PR122－LSI的含义。

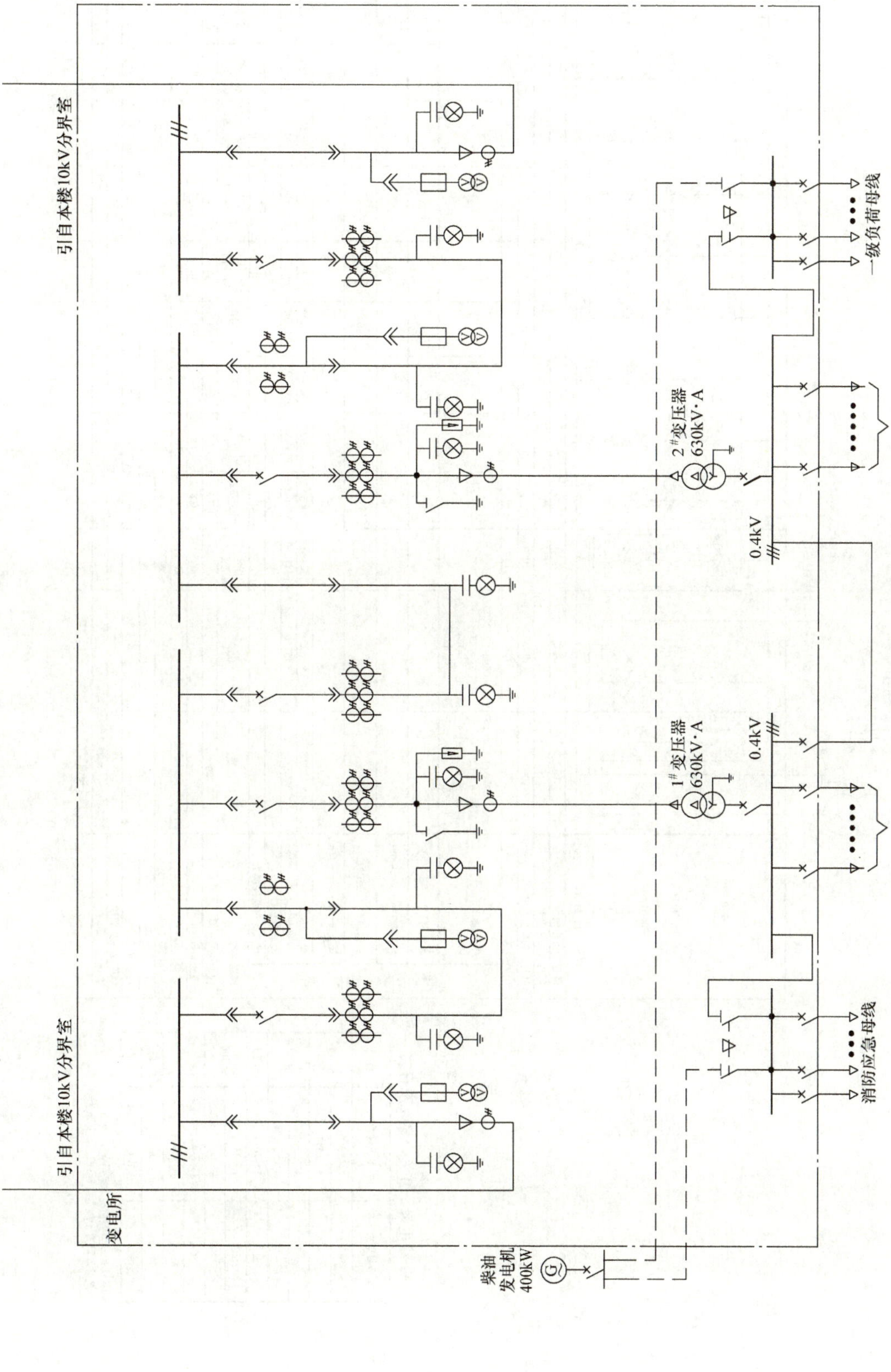

图 2-12　变配电所电气主接线图

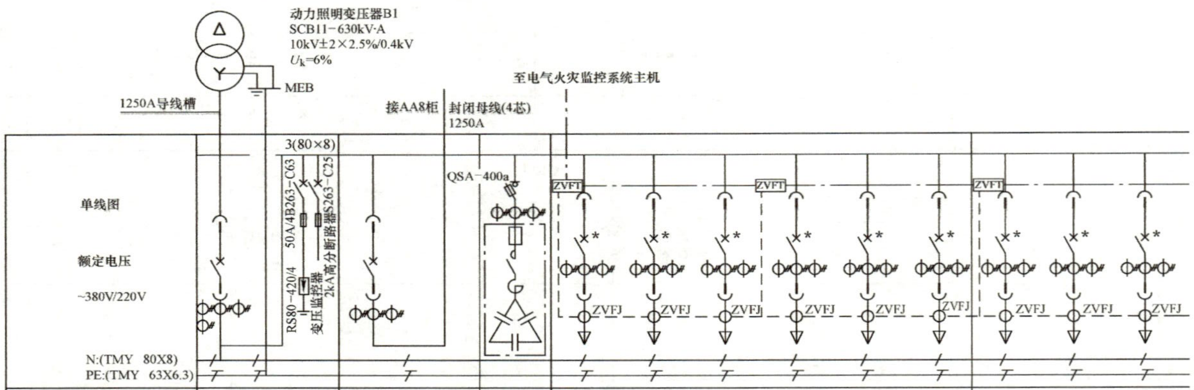

低压开关柜编号	AA1	AA2	AA3	AA4								
低压开关柜型号												
低压开关柜外尺寸W /mm	1000	1000	1000	600								
小室高度	72E	72E	72E	8E	8E	8E	8E	16E	24E	8/2E	8/2E	8/2E
主要设备 断路器	E1N1600/3P PR122−LSI 长延时 I_1=1200A 短延时 I_2=6000A 0.4s 瞬动关闭	E1N1600/3P PR122−LSI 长延时 I_1=730A 短延时 I_2=3640A 0.2s 瞬动 I_3=7300A										
断路器T5N−630/R630									400			
断路器T3N−400/R400								315				
断路器T2N−250/R250							160					
断路器T1N−160/R160				50	50	80				63	63	50
电流互感器	4×1500/5	3×1500/5	3×400/5	3×50/5	3×50/5	3×100/5	3×200/5	3×400/5	3×500/5	3×50/5	3×50/5	3×50/5
智能电力仪表	PM5350	PM5350	PM1200	PM6200	PM6200	PM6200	PM6200	PM6200	PM6200	PM6200	PM6200	PM6200
多回路监控单元												1
电气火灾监控探头				1	1	1	1	1	1	1	1	1
回路名称	1#进线	联络	串接电抗器的电容补偿	普通风机	弱电机房空调(备)	备用	厨房用电	11−14层办公用电	6−10层办公用电	地下应急照明(备)	地上应急照明(备)	交电所(备)
设备容量/kW	726			17.2	22.5		80	240	300	9	27	20
需要系数/Kx	0.73		200kVAR	0.8	0.8		0.8	0.7	0.7	0.8	0.8	0.8
计算负荷/kW	527×0.9(同时系数)=474		KLD−MR12	14	18		64	168	210	7.2	22	16
功率因数 cosφ	0.95		(#RS485通讯)	0.8	0.8		0.8	0.9	0.9	0.9	0.9	0.8
计算电流/A	758			26	36		122	284	355	13	37	32
回路编号				W1/APB1−FJ1	W1/AT3−1		W1/AP1−CF	W1/AL11−1	W1/AL6−1	W1/ALEB1−1	W1/ALE1−1	W1/AT1−BDS
电缆规格及型号												
备注	变压器630kV·A带风冷负荷率79%											
	额定电流957A	红绿灯各一										

干线电缆、开关、导线配合表

断路器整定值	电缆截面	管径
50A	5×16	SC50
63A	4×25+1×16	
80A	4×35+1×16	SC70
100A	4×50+1×25	
125A	4×70+1×35	SC80
160A	4×95+1×50	SC100
200A	4×120+1×70	
250A	4×150+1×70	SC125
315A	4×185+1×95	
350A	4×240+1×120	SC150
400A	2(4×120+1×70)	CT

说明：1. 动力照明线缆采用WDZ−YJ(F)E。
2. 动力干线电缆为3+2芯，其余为4+1芯。

消防干线、电缆、开关配合表

断路器整定值	电缆截面
50A	5×16
63A	4×25+1×16
80A	4×35+1×16
100A	4×50+1×25
125A	4×70+1×35
160A	4×95+1×50
200A	4×120+1×70
315A	4×185+1×95
400A	2(4×120+1×70)

说明：1. 竖井内敷设的消防干线电缆采用BTLY柔性矿物绝缘电缆。
2. 非竖井内敷设的消防电缆采用WDZN-YJ(F)E-1kV。
3. 动力干线电缆为3+2芯，其余为4+1芯。

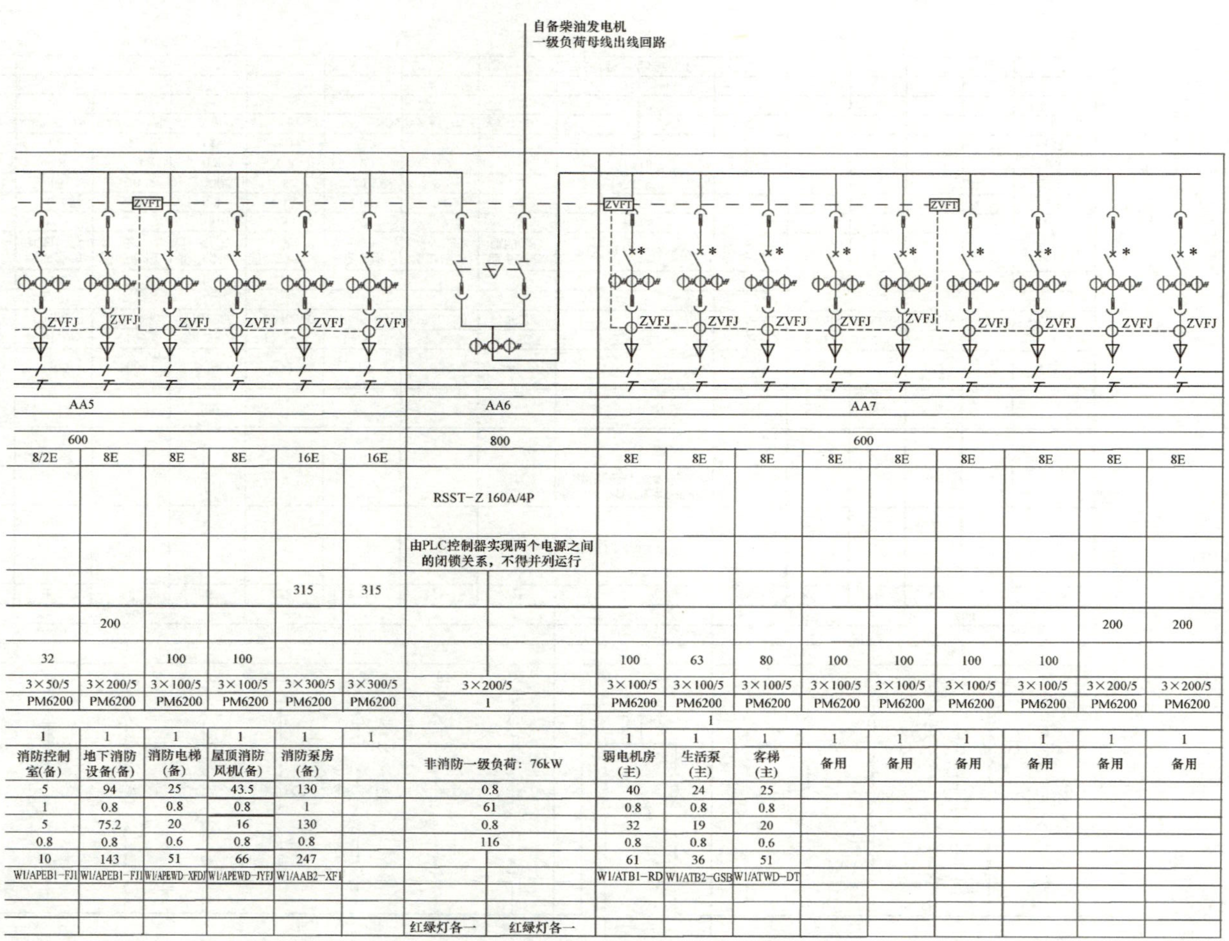

图2-13 低压柜系统图（一）

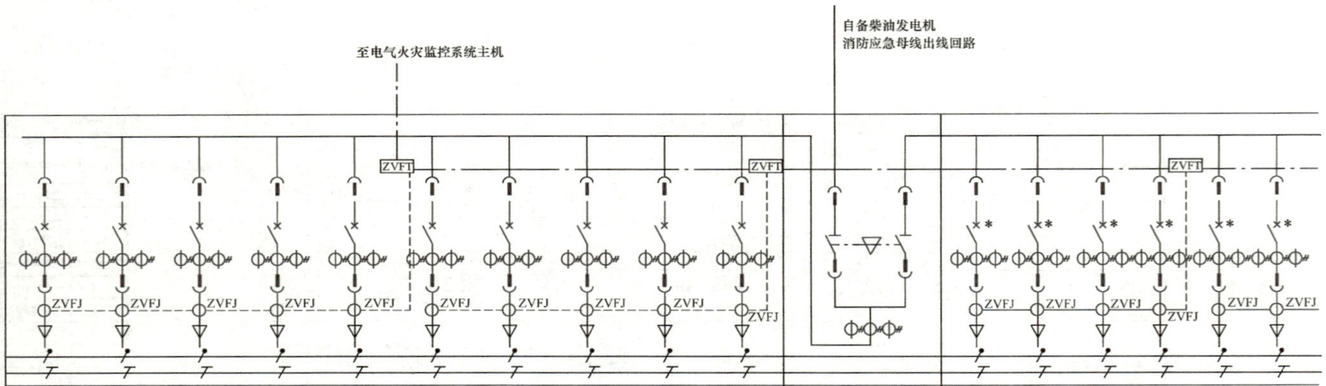

AA8										AA9		AA10					
600										800		600					
16E	8E	8E	8E	8E	8E	8/2E	8/2E	8/2E	8/2E			8E	8E	8E	8E	8E	8E
										RSST-Z 630A/4P							
										由PLC控制器实现两个电源之间的闭锁关系，不得并列运行							
315																	
					200							200	200	200			
	100	100	100	100		32	50	63	63						125	125	125
3×300/5	3×100/5	3×100/5	3×100/5	3×100/5	3×200/5	3×50/5	3×50/5	3×50/5	3×50/5	3×300/5		3×200/5	3×200/5	3×200/5	3×150/5	3×150/5	3×150/5
PM6200	PM6200	PM6200	PM6200	PM6200	PM6200	PM6200	PM6200	PM6200	PM6200	1		PM6200	PM6200	PM6200	PM6200	PM6200	PM6200
							1										
1	1	1	1	1	1	1	1	1	1			1	1	1	1	1	1
消防泵房(主)	备用	备用	屋顶消防风机(主)	消防电梯(主)	地下消防设备(主)	消防控制室(主)	变电所(主)	地上应急照明(主)	地下应急照明(主)	消防负荷：325kW							广告照明
130			43.5	25	94(平时65)	5	20	27	9	0.68							100
1			0.8	0.8	0.8	1	0.8	0.8	0.8	220							0.8
130			16	20	75.2(平时52)	5	16	22	7.2	0.8							80
0.8			0.8	0.6	0.8	0.8	0.8	0.9	0.9	418							0.8
247			66	51	143	10	32	37	13								152
W2/AAB2-XF1			W2/APEWD-JYFJ	WD/APEWD-XFDJ	W2/APEB1-FJ1	W2/APEB1-FJ1	W2/AT1-BDS	W2/ALE1-1	W2/ALEB1-1								W2/AL-GG
										红绿灯各一	红绿灯各一						

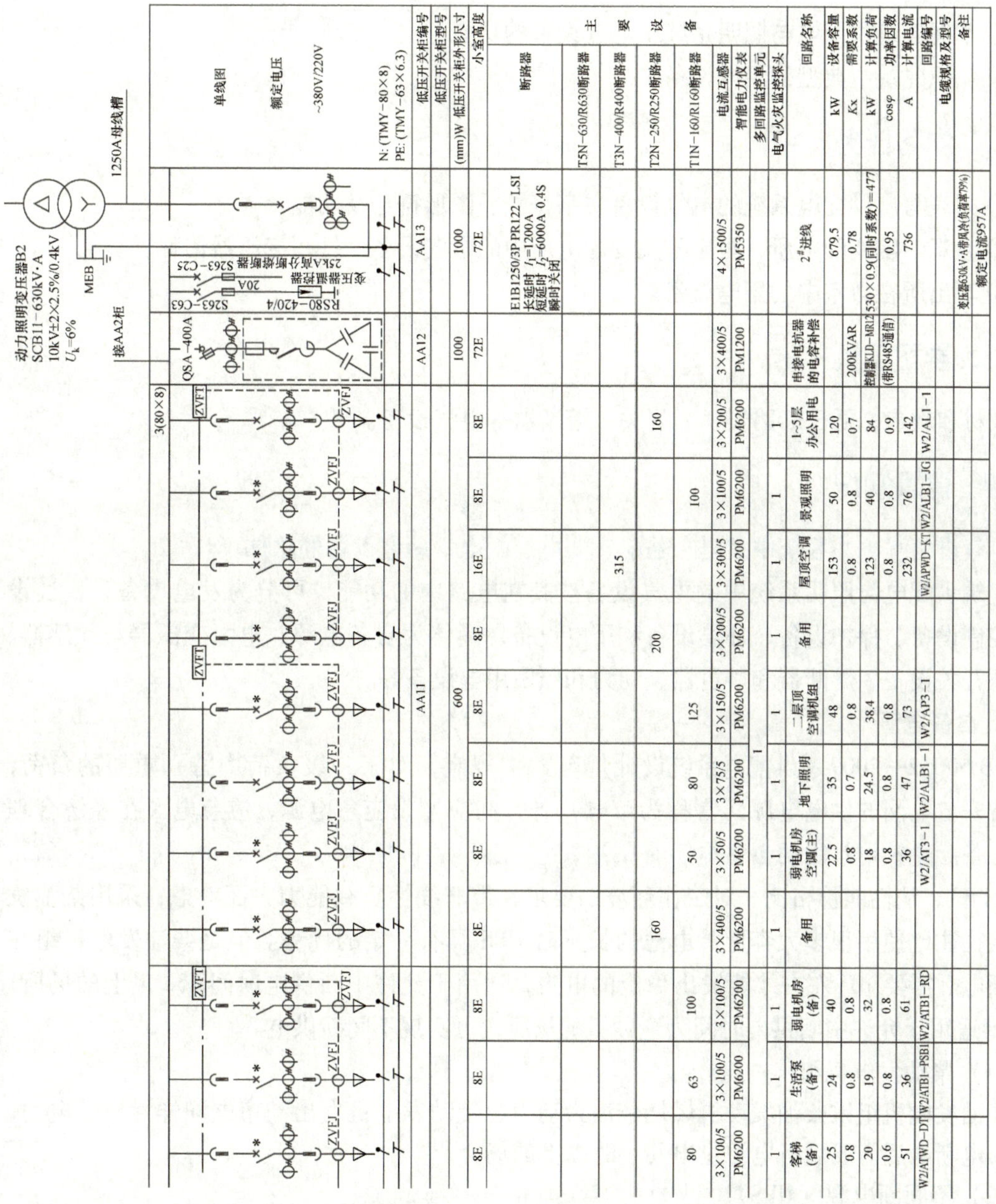

图 2-14　低压柜系统图（二）

单元4 建筑供配电与照明系统电气设备

一、学习目标

① 掌握建筑供配电与照明系统中电气设备的功能。

② 认识建筑中典型的用电设备。

二、学习任务

① 列表写出供配电系统的电气设备文字符号、图形符号及功能。

② 参观学院变配电所，写出学院变配电所中的电气设备，抄写变压器铭牌。

③ 写出所在教室中的用电设备。

三、学习工具

教材和教参，低压断路器、刀开关、熔断器等电气设备。

四、背景知识

电气设备是电力系统中发电、输电、变电、配电、用电设备的总称。

建筑供配电与照明系统中的电气设备按其在电路中的功能，可分为发电设备、变换设备、控制设备、保护设备、补偿设备和用电设备，具体为自备电源、电力变压器与互感器、高低压开关设备、熔断器和避雷器、动力和照明用电设备等。

1. 自备电源

GB 50052—2009《供配电系统设计规范》中规定，对于一级负荷中特别重要的负荷，除正常来自电网的供电电源（常称为市电）外，尚应增设应急电源，应急电源在经济合理时可自备。建筑中常用的自备电源有柴油发电机组、不间断电源（Uninterrupted Power Supply，UPS）。从性能价格比、对工作环境的要求、带非线性负载能力方面考虑，采用柴油发电机组往往比使用很多大容量蓄电池的长延时 UPS 具有一定的优势。但是柴油发电机组在市电断电后需要 10s 左右才能发出稳定的电力，适用于允许中断供电时间 15s 以上的场所；而 UPS 适用于允许中断供电时间为毫秒级的场所，可实现不间断供电。

（1）柴油发电机组

柴油发电机组以柴油发动机燃烧柴油为动力，带动发电机发出与市电同样性质的电力，用在市电断电后需要后备电源供电几小时以上的场合。

（2）不间断电源（UPS）

UPS 是一种含有储能装置，以逆变器为主要元件，稳压、稳频输出的电源保护设备。当市电正常输入时，UPS 就将市电稳压后供给负载使用。同时对机内电池充电，把能量储存在电池中，当市电中断（各种原因停电）或输入故障时，UPS 即将机内电池的能量转换为 220V 交流电继续供负载使用，使负载维持正常工作。

2. 电力变压器

按国际电工委员会（IEC）的界定，凡是三相变压器容量在5kV · A及以上，单相容量在1kV · A及以上的输变电用变压器，均称为电力变压器，简称变压器，文字符号为T，图形符号见表2-5所示。

变压器是把输入的交流电压升高或降低为同频率的交流电压，以满足不同电压等级负荷需要的电气设备。它是供配电系统中不可缺少的电气设备之一。

（1）电力变压器的分类

电力变压器的分类方法很多，常见分类如下：

电力变压器按功能分，有升压变压器和降压变压器两大类，用户变电所通常采用的是降压变压器。二次侧为低压配电电压的降压变压器，通常称为“配电变压器”。

电力变压器按相数分，有单相和三相两大类。用户变电所通常采用三相变压器。

电力变压器按容量系列分，有R8容量系列和R10容量系列两大类。R8容量系列，是指容量等级是按 $R8=\sqrt[8]{10}\approx 1.33$ 倍数递增的。我国老的变压器容量等级采用此系列，如容量100kV · A、135kV · A、180kV · A、240kV · A、320kV · A、420kV · A、560kV · A、750kV · A、1000kV · A等。R10容量系列，是指容量等级是按 $R10=\sqrt[10]{10}\approx 1.26$ 倍数递增的。R10系列的容量等级较密，便于合理选用，是国际电工委员会（IEC）推荐的。我国新的变压器容量等级均采用此系列，如容量100kV · A、125kV · A、160kV · A、200kV · A、250kV · A、315kV · A、400kV · A、500kV · A、630kV · A、800kV · A、1000kV · A等。

电力变压器按调压方式分包括：有载调压和无载调压两大类。有载调压变压器指变压器在负载运行中能完成分接电压切换。无载调压变压器不能带负荷进行切换电压，只能在断开变压器电源之后才能进行操作。用户变电所大多采用无载调压方式。

电力变压器按绕组导体材质分，有铜绕组变压器和铝绕组变压器两大类。用户变电所大多采用铜绕组变压器。

电力变压器按绕组形式分，包括双绕组变压器、三绕组变压器和自耦变压器。用户变电所大多采用双绕组变压器。

电力变压器按绕组绝缘和冷却方式分，包括油浸式、干式和充气式（SF_6）等变压器。其中油浸式变压器又分为油浸自冷式、油浸风冷式、油浸水冷式和强迫油循环冷却式等。工业用户变压器大多采用油浸自冷式变压器。民用建筑用户变压器大多采用环氧树脂浇注的干式变压器。

电力变压器按结构性能分，有普通变压器、全封闭变压器和防雷变压器等。用户变电所大多采用普通变压器。

电力变压器按安装地点分，有户内式和户外式两种。建筑用户变压器大多采用户内式。

除电力变压器外的其他变压器，习惯上称为特种变压器。常用的有电焊用的电焊变压器，供二次回路测量、保护等回路用的仪用互感器（包括电流互感器TA和电压互感器TV）等。

（2）电力变压器的结构

电力变压器是利用电磁感应原理工作的，因而它最基本的结构是电路部分和磁路部分。铁心是变压器的磁路部分；绕组是变压器建立磁场、输入及输出电能的电气回路。

建筑中安全防火要求高，广泛应用干式变压器。干式变压器具有低噪声、低损耗、难燃、不污染环境、防潮湿、过负荷能力强、热稳定性好、体积小、重量轻、安装简单方便、免维护等优点。目前主流干式变压器是环氧树脂浇注式，环氧树脂是难燃、阻燃、自熄的固体绝缘材料，安全、洁净；同时是经过几十年验证的具有可靠的绝缘和散热技术的固体绝缘材料。

图2-15所示干式变压器铁心用磁导率很高的硅钢片制成，高低压绕组由铜线（SC系列）或铜箔（SCB系列）绕制，各自用环氧树脂浇注，套在铁心柱上。高低压绕组之间有冷却气道，使绕组散热。三相绕组的联结也由环氧树脂浇注而成，因而其所有带电部分都不暴露在外面。变压器的容量较大时，均带有冷却风机。

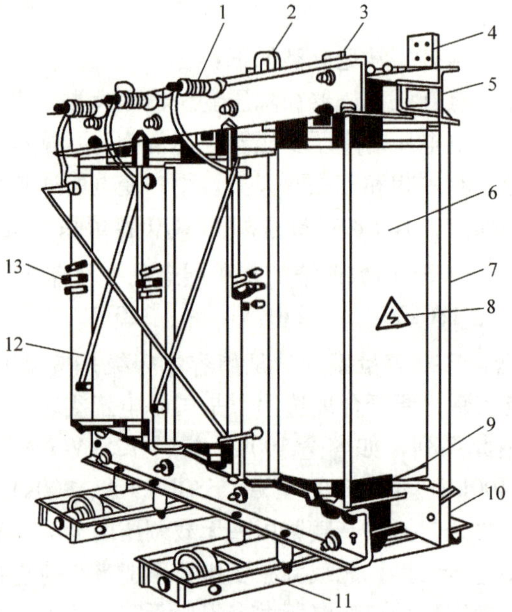

图2-15 环氧树脂浇注式干式变压器

1—高压出线套管和接线端子 2—吊环 3—上夹件 4—低压出线接线端子 5—铭牌 6—环氧树脂浇注绝缘绕组 7—上下夹件拉杆 8—警示标牌 9—铁心 10—下夹件 11—小车 12—三相高压绕组间的连接导体 13—高压分接头连接片

（3）变压器的技术数据

变压器型号的表示和含义：

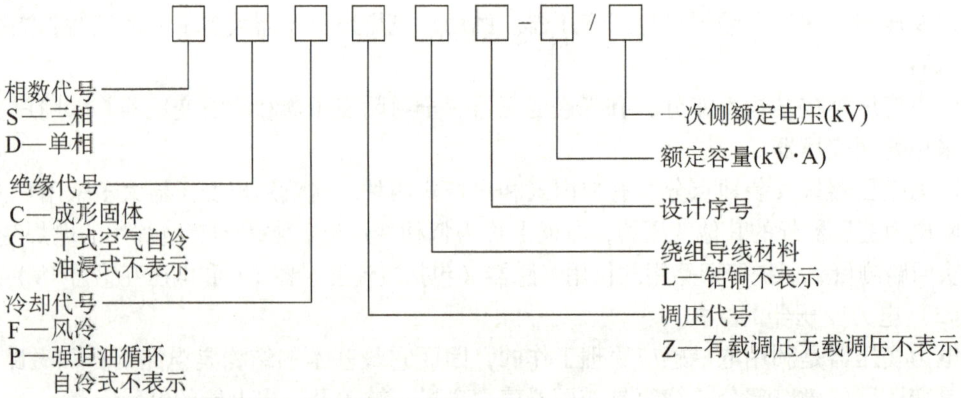

目前，民用建筑中常用的变压器为SCB系列，S表示三相，C表示环氧树脂浇注，B表示箔绕式线圈。SC（B）12系列变压器主要技术数据见表2-18。

表 2-18　SC(B)12 系列变压器技术数据表

额定容量/kVA	电压组合 高压/kV	电压组合 高压分接范围（%）	电压组合 低压/kV	联结组别	空载损耗/W	负载损耗75℃/W	空载电流（%）	短路阻抗（%）
SC(B)12-100	6 6.3 6.6 10 10.5 11	±2×2.5%	0.4	Dyn11 或 Yyn0	320	1370	1.7	4
SC(B)12-125					375	1610	1.5	
SC(B)12-160					430	1860		
SC(B)12-200					495	2200	1.3	
SC(B)12-250					575	2410		
SCB12-315					705	3030	0.9	
SCB12-400					785	3480	0.7	
SCB12-500					930	4260		
SCB12-630					1070	5130	0.5	
SCB12-630					1040	5200	0.5	6
SCB12-800					1215	6100		
SCB12-1000					1415	7000	0.4	
SCB12-1250					1670	8400		
SCB12-1600					1960	10200		
SCB12-2000					2440	12500	0.3	
SCB12-2500					2880	15000		

注：额定容量 <315kV·A 时，型号可能为 SC12。

1）额定容量 S_N（kV·A）

额定容量指变压器在额定电压和额定电流下工作时，其二次侧输出的视在功率，表示传输电能的大小。

双绕组变压器的额定容量一次侧与二次侧相等，多绕组变压器的额定容量是指最大容量绕组的一侧，其他各侧绕组的容量，由制造厂根据设计规定。有些变压器容量因冷却方式的变更，标有不同的额定容量，则额定容量是指正常冷却方式下的容量。

2）额定电压 U_{1N}/U_{2N}（kV）

额定电压指变压器长时间运行时所能承受的工作电压。变压器一次绕组额定电压 U_{1N} 是指电网电源加在一次侧的额定电压值；二次绕组额定电压 U_{2N} 是指一次侧加上额定电压后二次侧的空载电压值。对于三相变压器，额定电压 U_{1N}、U_{2N} 是指线电压，且均为有效值。

3）额定电流 I_{1N}/I_{2N}（A）

额定电流指变压器在额定容量下，一、二次绕组长期工作所容许通过的最大电流，均指线电流。

4）联结组别

三相变压器一、二次绕组对应电压之间的相位关系，称为联结组别。三相变压器的同一侧三个绕组，有星形联结、三角形联结和曲折形联结等三种联结方式。

一般采用时钟表示法表示变压器的联结组别，分成 12 个时区，每差 30°为一组号，因为一、二次侧对应的线电压之间的相位差为30°时正好和钟面上小时数之间的角度一样。即一次绕组线电压相量用分针表示方向恒指12，二次绕组线电压相量为时针表示，时针指向哪个数字，这个数字就是三相变压器联结组的标号。

Yyn0是配电变压器过去常用的联结组别，如图2-16所示，这种联结组别的一、二次绕组的线电压的相位关系如同时钟的分针和时针在零点的关系一样。

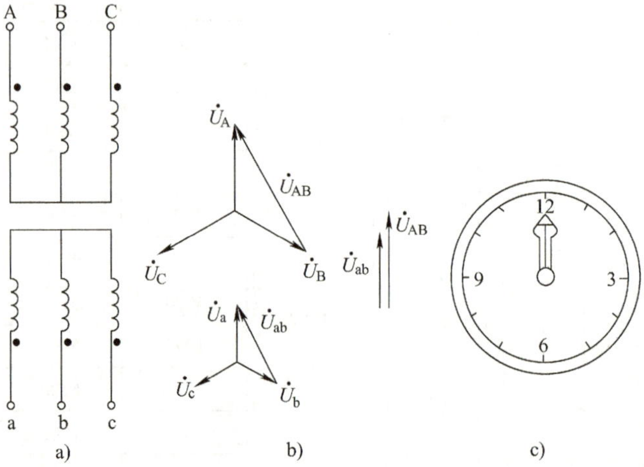

图2-16 变压器Yyn0联结组别

a）一、二次绕组接线 b）一、二次电压相量 c）钟表表示

目前配电变压器联结方法Dyn11应用较多，逐渐取代了Yyn0。这是一次绕组用三角形联结，二次绕组用星形联结的联结组别，其一、二次绕组相位关系如同时钟在11时的分针和时针的关系，如图2-17所示。

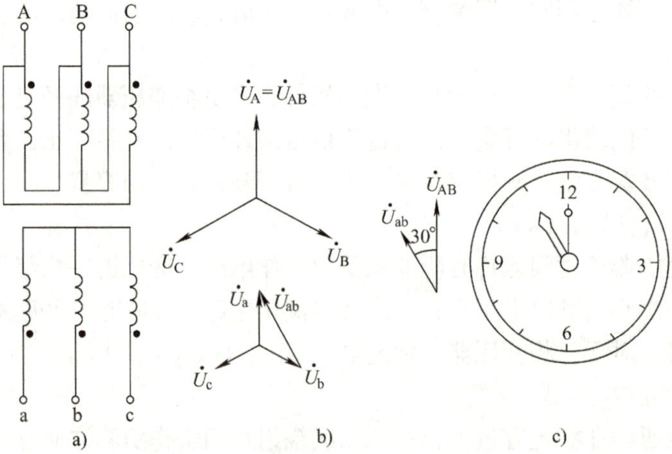

图2-17 变压器Dyn11联结组别

a）一、二次绕组接线 b）一、二次电压相量 c）钟表表示

Dyn11 接法比 Yyn0 接法更有利于抑制高次谐波电流；有利于低压单相接地短路故障时的保护和切除；Dyn11 联结变压器中性线电流允许达到相电流的 75% 以上，其承受单相不平衡负荷能力比 Yyn0 联结变压器要大。故配电变压器推荐使用 Dyn11 接法。

但是 Yyn0 联结变压器一次绕组的绝缘强度要求稍低，可降低制作成本，所以在一定范围内仍可选用。防雷变压器通常采用 Yzn11 联结组别，用材比 Yyn0 多 15% 以上，有利于防雷电过电压。

5）短路电压百分比（阻抗电压百分比）

将双绕组变压器的二次侧绕组短路，在一次侧绕组施加一个降低了的电压，并慢慢使电压加大，当一、二次侧绕组的电流等于额定电流时，一次侧所施加的电压叫作短路电压或阻抗电压，用 U_Z 表示。把这个数值与额定电压相比用百分数表示，即为该台双绕组变压器的阻抗电压百分比数，即 $U_Z\% = (U_Z/U_N) \times 100\%$。

变压器的短路电压百分比是一个很重要的数值，是计算短路电流的依据。它表明变压器在满载（额定负荷）运行时，变压器本身阻抗压降的大小，对于变压器二次侧发生突然短路时，将会产生多大的短路电流有决定性的意义，对于变压器并联运行也有重要的意义。

6）空载电流（百分比）

当变压器在额定电压下二次侧空载时，一次绕组中通过的电流即为空载电流。一般以额定电流的百分数表示，用 $I_0\%$ 表示。

7）空载损耗（W）

空载损耗指变压器二次侧绕组开路，一次侧绕组施加额定频率的额定电压时，变压器所吸取的功率。忽略空载运行状态下一次侧绕组的电阻损耗时又称铁损，用 P_{Fe} 表示，近似为 ΔP_0。空载损耗不随着负荷的变化而变化，大小主要取决于铁心硅钢片的性能及制造工艺和施加的电压。

8）负载损耗（W）

负载损耗指变压器额定功率时的损耗，即变压器一、二次绕组通过额定电流时产生的损耗，也称铜损，用 P_{Cu} 表示。实际负载损耗会随着负荷的变化而变化。

9）相数和频率

三相开头以 S 表示，单相开头以 D 表示。我国电力系统标准频率 f 为 50Hz，称为工频。

3. 互感器

互感器包括电流互感器和电压互感器。电流互感器文字符号简称为 TA（Current - transformer），图形符号如图 2-18 所示；电压互感器文字符号简称为 TV（Voltage - transformer），图形符号如图 2-19 所示。

（1）互感器的功能

互感器的功能主要体现在两个方面：一是用来使仪表、继电器等二次设备与主电路绝缘。这既可防止主电路的高电压大电流直接引入仪表、继电器等二次设备，又可防止仪表、继电器等二次设备的故障影响主电路，从而提高整个一、二次电路运行的安全性和可靠性，并有利于保障人身安全。二是用来扩大仪表、继电器等设备应用的范围，便于仪表、继电器等二次设备的规格统一和批量生产。

例如，用一只 5A 的电流表，通过不同变流比的电流互感器可测量很大的负载电流。用一只 100V 的电压表，通过不同变压比的电压互感器可测量很高的电压。

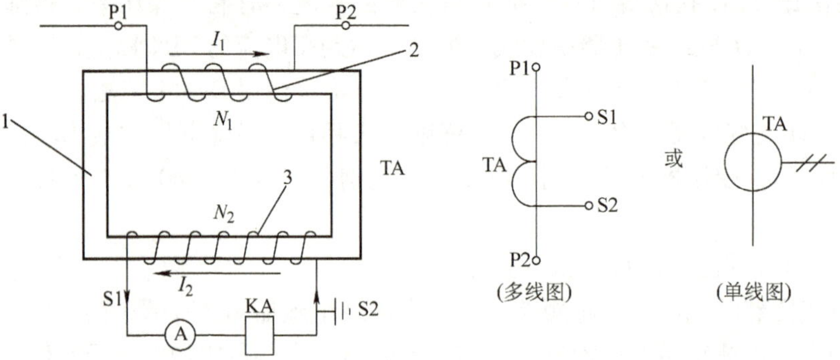

图2-18 电流互感器的基本结构和接线

1—铁心 2—一次绕组 3—二次绕组

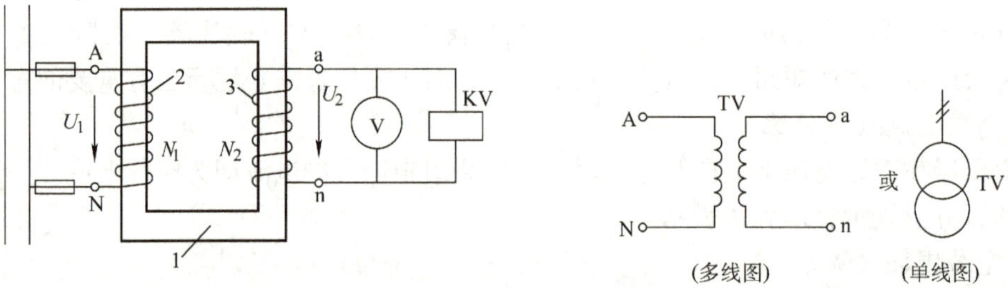

图2-19 电压互感器的基本结构和接线

1—铁心 2—一次绕组 3—二次绕组

（2）互感器原理

互感器是一种特殊变压器。

1）电流互感器原理

电流互感器一次绕组匝数少，二次绕组匝数多；一次绕组导体较粗，二次绕组导体细；一次绕组串接在一次电路中，二次绕组与仪表、继电器电流线圈串联，形成闭合回路。由于这些电流线圈阻抗很小，工作时电流互感器的二次回路接近短路状态，其阻抗很小。

$K_i = I_{1N}/I_{2N}$，K_i 表示一次绕组和二次绕组的电流比，称为变流比。二次绕组的额定电流 I_{2N} 一般为5A，一次绕组的额定电流 I_{1N} 按照一次电路电流选取，如100A/5A、300A/5A等。与电流互感器配套使用的安装式电流表的实际量程按互感器的二次额定电流选择，通常为5A。实际运行中原边负载中通过的电流 I_1 等于二次侧电流表指示的电流值 I_2 与变流比 K_i 的乘积。为读数方便，电流表标尺也直接按一次电流刻度，而将配套的变流比注明在刻度盘上。

2）电压互感器原理

电压互感器一次绕组匝数较多，二次绕组的匝数较少，相当于降压变压器；一次绕组的导线较细，二次绕组的导线较粗；一次绕组并联在主回路中，二次绕组并联在二次回路中的仪表、继电器等的电压线圈上。由于这些二次绕组的电压线圈阻抗很大，电压互感器工作时，二次绕组接近于开路状态，其阻抗很大。

$K_u = U_{1N}/U_{2N}$，如10000V/100V，K_u 表示其额定一、二次电压比，称为变压比。二次绕

组的额定电压 U_{2N} 一般为 100V。

（3）互感器的接线

1）电流互感器的接线

电流互感器一次绕组串入主电路，二次绕组与测量仪表等的连接方式有四种较常见。

① 一相式接线，如图 2-20a 所示，多用于三相对称负载电路，只测一相电流。

② 两相 V 形接线也叫两相不完全星形联结，如图 2-20b 所示，广泛应用于电压为 6～10kV 的中性点不接地三相三线电路中，用于测量三相电流、电能及做过电流继电保护。

③ 两相电流差接线，也叫两相交叉接线或两相一继电器接线，如图 2-20c 所示。这种接线适用于中性点不接地的三相三线电路（6～10kV），供过电流继电保护用。

④ 星形联结，如图 2-20d 所示，广泛用于三相负荷不平衡的三相四线制系统中，可测三相负荷电流，监视各相负荷不对称情况，也可用在负荷可能不平衡的三相三线制的电路中。

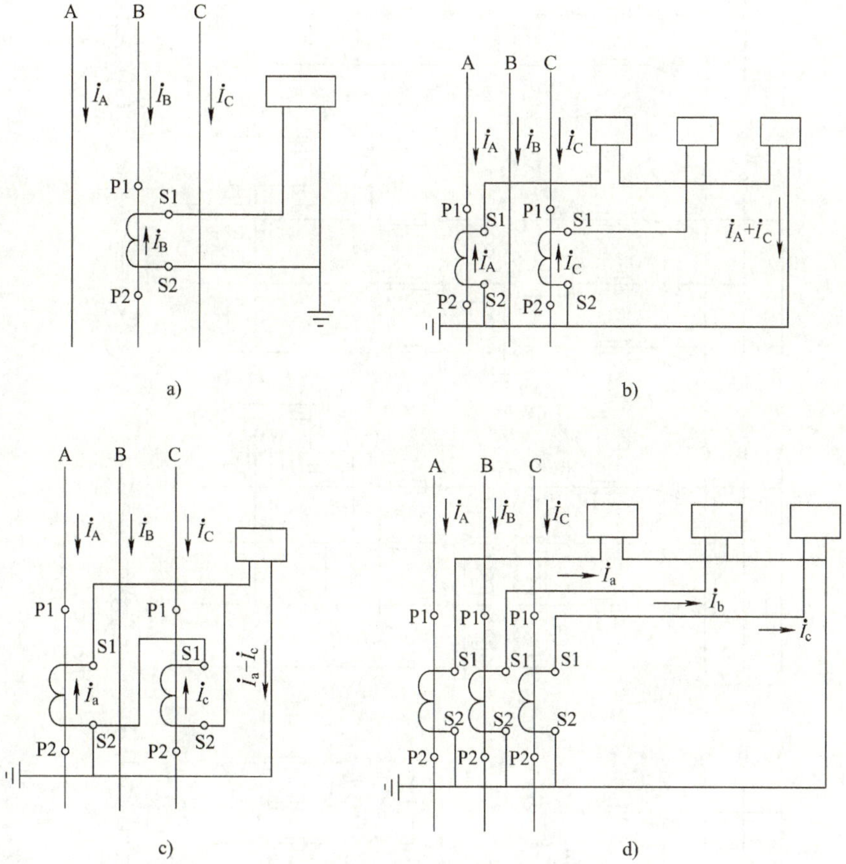

图 2-20 电流互感器的接线

2）电压互感器的接线

电压互感器一次绕组并入主电路，二次绕组与测量仪表等的联结方式最常见的有四种。

① 单相电压互感器测量线电压的接线，如图 2-21a 所示。

② 两个单相电压互感器接成 V/V 形，如图 2-21b 所示，供仪表、继电器接于三相三线

制电路的各个线电压，广泛应用在各变配电所的 6～10kV 高压配电装置中。

③ 三个单相电压互感器接成 Y0/Y0 型，如图 2-21c 所示。通过仪表、继电器测线电压，也可通过绝缘监视电压表测相电压。由于中性点不接地或经消弧线圈接地系统在一次侧单相接地时，另两相要升高到线电压，所以绝缘监视电压表不能接入按相电压选择的电压表，而要按线电压选择，否则发生单相接地时，电压表要烧毁。

④ 三个单相三绕组电压互感器或一个三相五芯柱三绕组电压互感器接成 Y0/Y0/△（开口三角）形，如图 2-21d 所示。接成 Y0 的二次绕组，为测线电压的仪表、继电器及绝缘监视用电压表供电。接成开口三角形的辅助二次绕组，接电压继电器，用以检测一次电路绝缘和接地。一次电压正常工作时，由于三个相电压对称，因此开口三角形端电压接近于零。当某一相接地时，开口三角形两端将出现近 100V 的零序电压，使电压继电器动作，发出信号。

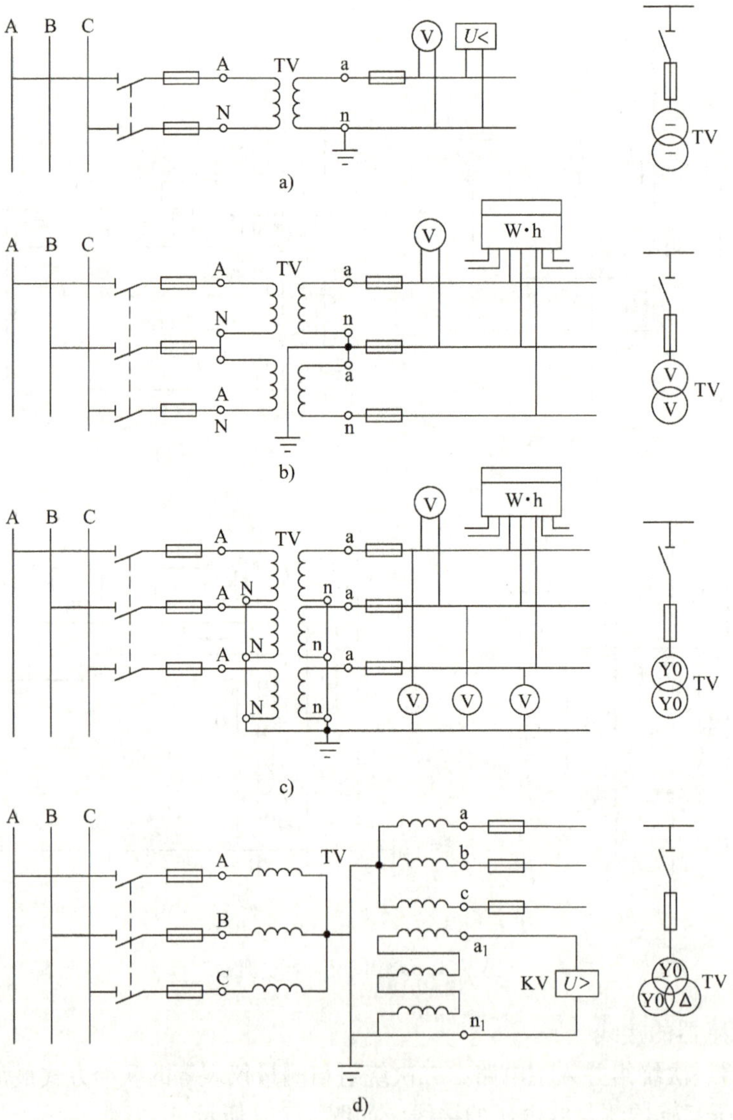

图 2-21 电压互感器的接线

(4) 互感器使用注意事项

① 互感器二次侧一端（包括线圈、铁心和外皮）必须接地，目的是为防止其一、二次绕组间绝缘击穿时一次侧的高电压窜入二次侧，危及人身和设备的安全。

② 在使用电流互感器时，二次绕组的电路是不允许断开的。否则一方面使得铁损大大增加，从而使铁心发热到不能容许的程度；另一方面又使二次绕组的感应电动势增高，高压会危及人身及设备安全。

电压互感器在工作时二次侧不得短路。电压互感器一、二次侧都在并联状态下工作，如有短路将会产生很大的短路电流，可能烧毁电压互感器，还会影响一次电路的安全运行。因此其一、二次侧都要安装熔断器进行短路保护。

③ 选用电流互感器时应注意它的额定电压应与线路的电压相符，其一次侧额定电流应等于或稍大于负荷电流。

④ 互感器在连接时，要注意端子的极性。所谓“极性”，是指互感器一、二次侧感应电动势的方向。若极性接错，则会影响测量的准确度和继电保护的可靠性，甚至烧坏设备、引起事故。

4. 开关设备

(1) 高压断路器

高压断路器是供配电系统中重要的控制保护开关电器，文字符号为 QF（Circuit breaker），图形符号见表 2-7。它的作用是在正常时用于接通及断开负荷电流；在线路或设备发生短路故障时，通过继电保护作用，自动切断故障电流，从而隔离故障，使系统非故障部分可以正常运行。

高压断路器要切除负荷电流及较大的短路电流，应在尽可能短的时间内完成，尽快地熄灭断口电弧，保证设备及系统的安全，因而必须有可靠的灭弧装置。为了保证断路器能够快速动作，断路器还应与操作机构配合使用，实现远距离控制及防误操作闭锁功能。

(2) 高压负荷开关

高压负荷开关文字符号为 QL（Load switch），图形符号见表 2-7。高压负荷开关设有简单的灭弧室，其灭弧能力比高压断路器差，所以，高压负荷开关可以接通或开断工作电流，但不能开断短路电流，这是高压负荷开关与高压断路器的主要区别。

高压负荷开关多用于 3～35kV 小容量配电系统中，用来接通或断开负荷工作电流。多数情况下，高压负荷开关应与高压熔断器配合使用。高压负荷开关用于接通和断开电路，切断工作电流，而高压熔断器用于在电路中出现过负荷或短路故障时，切断故障电流，作过负荷保护或短路保护。

(3) 高压隔离开关

高压隔离开关文字符号为 QS（Switch disconnector），图形符号见表 2-7。其主要用于在检修电器设备时形成明显的可靠断开点。它通常用作安全电器，隔离开关没有专门的灭弧机构，不具备接通和断开负荷电流及短路电流的能力，与高压断路器有根本的区别。隔离开关只可以通断小电流电路（如通断电压互感器和避雷器电路；通断电容电流不大于 5A 的 10kV 及以下长 5km 以内的空载输电线路；通断 35kV、1000kV · A 及以下空载电流不大于 2A 的空载变压器电路。

高压断路器和高压隔离开关通常串联使用，当有双侧来电可能性时，高压断路器两侧都加装高压隔离开关。

（4）低压断路器

低压断路器是建筑低压供配电与照明系统中的主要元件之一，是建筑物内应用最广泛的开关设备。1985年公布低压断路器标准以前，也称自动开关或者空气开关。

低压断路器按规定条件，对配电电路或其他用电设备（如电动机）实行不频繁地通断操作或线路转换，当电路出现过载、短路、失电压或欠电压等非正常情况时，能自动分断电路的开关电器。其文字和图形符号与高压断路器相同。

1）分类

低压断路器种类繁多，有多种不同的分类方法。

按用途可分为保护配电线路用、保护电动机用、保护照明线路用断路器等。

按主电路极数分，有单极、双极、三极和四极断路器，小型断路器可以经拼装由若干个单极的断路器组合成多极断路器。

按结构分有塑料外壳式（装置式，DZ系列）和框架式（万能式，DW系列）断路器。

按是否具有限流特性分有非限流型和限流型断路器。

按照保护脱扣器的种类不同分电磁脱扣器（短路保护用）、热脱扣器（过负荷保护用）、复式脱扣器（既有电磁脱扣器又有热脱扣器）、欠电压脱扣器、漏电保护脱扣器以及远距离控制分闸的分励脱扣器等。以上各类脱扣器可在断路器中单独或综合组合成非选择性或选择性保护断路器。A类为非选择型，B类为选择型。所谓选择型是指断路器具有过载长延时、短路短延时和短路瞬时的三段保护特性。仅有过载长延时、短路瞬时的二段保护，属于非选择型的A类断路器。

按操作方式分有手动操作、电磁铁操作和电动机预储能操作断路器等。

2）低压断路器的工作原理

低压断路器的工作原理如图2-22所示，断路器的主触头是由操作机构（手动或电动）合闸的。在正常情况下，触头能接通和分断工作电流。

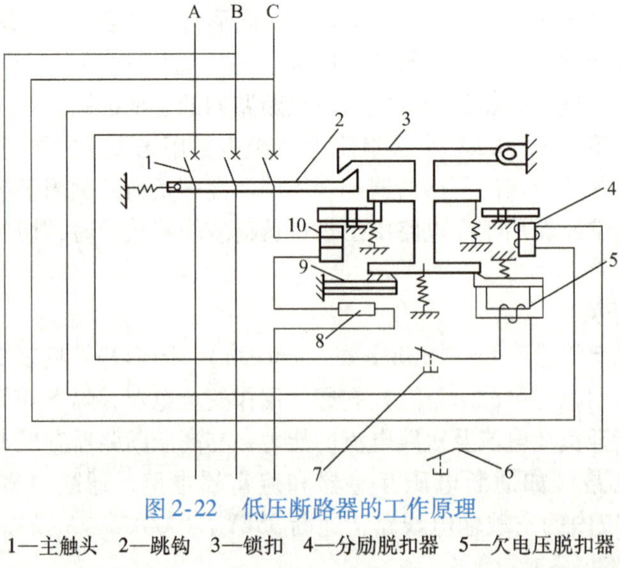

图2-22 低压断路器的工作原理

1—主触头 2—跳钩 3—锁扣 4—分励脱扣器 5—欠电压脱扣器
6、7—脱扣按钮 8—加热电阻 9—热脱扣器 10—过电流脱扣器

过电流脱扣器的线圈10串联在主电路中，主电路电流值正常时，衔铁处于打开位置。当主电路电流超过规定值时，衔铁闭合，推动锁扣3与跳钩2解扣，此时，主触头1由分断弹簧复位而断开。热脱扣器在电流过载时双金属片受热弯曲，推动锁扣3与跳钩2解扣，切断电路。

欠电压脱扣器在电源电压正常时，处于闭合状态。当电源电压低于规定值时，其衔铁打开，同样推动锁扣3与跳钩2解扣，从而使主触头断开。分励脱扣器用于远距离使开关分闸，以控制断开电路，如在民用建筑中消防控制室切除非消防电源电路。

3）常用低压断路器

① DW系列框架式断路器（Air Circuit Breaker，简称ACB）（又称万能式低压断路器）。DW系列框架断路器具有模块化结构、智能化过电流保护功能、选择性保护精度高、供电可靠性强等优点，同时带有开放式通信接口，可进行遥测、遥控，能够满足控制中心和自动化系统的要求。但是框架式断路器有体积大、价格高、接触防护较差等弱点。

② DZ系列塑壳式断路器（Moulded Case Circuit Breaker，简称MCCB）（又称装置式低压断路器）。DZ系列塑壳式断路器具有体积小，安装紧凑、外形美观、价格低、接触防护好等特点，但其容量小，短路分断能力低，选择性和短时耐受能力差。

③ 微型断路器（Micro Circuit Breaker，简称为MCB）：建筑电气终端配电装置中应广泛使用的控制保护电器。安装方便，动作灵敏度高，速度快、容量更小。

（5）低压开关

低压开关种类很多，有低压刀开关、低压负荷开关。

1）低压刀开关

① HD、HS系列刀开关。刀开关又称低压隔离开关，其文字符号是QK（Knife－switch），图形符号见表2-7。不带灭弧罩的刀开关只能无负荷操作，起“隔离开关”的作用。带灭弧罩的刀开关能通断一定的负荷电流，同时也具有“隔离开关”的作用。

② HR系列熔断器式刀开关（刀熔开关）。刀熔开关是以熔断器触刀作为刀开关触刀的，是兼有熔断器和刀开关两种功能的组合电器。通断正常供电线路由刀开关承担，切断故障电流由熔断器承担。其文字符号为QKF，图形符号见表2-7。

2）低压负荷开关

低压负荷开关用于低压交、直流电路中，作为手动不频繁接通、分断负荷电路及电路保护之用，其文字符号和图形符号与高压负荷开关相同。常用的有HH系列和HK系列。HH系列封闭式负荷开关将刀开关与熔断器串联，安装在金属盒（钢板）内构成，故亦称铁壳开关。HK系列开启式负荷开关为瓷质胶盖开关。

5. 保护设备

（1）熔断器

熔断器是常用的一种简单保护电器，用来保护电路中的电气设备，使其在短路或过负荷时免受损坏，文字符号为FU（Fuse），其图形符号见表2-7。熔断器是串联在电路中的，当被保护设备发生短路故障或过负荷时，故障电流明显地超过熔断器额定电流，熔体被迅速加热而熔断，从而切断电路，保护设备不受损坏。

1）熔断器的结构

熔断器主要由金属熔体、安装熔体的熔管和熔座三部分组成。为了增加熔断器的灭弧能力，有的熔断器内装有特殊灭弧物质，如空气纤维管、石英砂等。

2）熔断器的分类

熔断器根据使用电压的不同，有高压熔断器和低压熔断器之分。

熔断器根据有无限流作用分为限流型熔断器和非限流型熔断器。限流型熔断器在熔体熔化后的第一个“半周期”内，电流未达到最大值以前，可以熄灭电弧，切断故障电流。因其在短路电流到达最大值前，就可以切断电弧电流，从而表现出“限流特性”，此种熔断器灭弧能力较强。非限流型熔断器在熔体熔化后，需经几个“半周期”后，才能切断短路电流，其短路电流峰值已过，所以没有“限流”的能力。

熔断器根据熔管内有无填料，可以分为无填料封闭管式熔断器和有填料封闭管式熔断器。有填料封闭管式熔断器分断电流能力强，有限流能力，可用于对断流能力要求高的地方。

3）熔断器的技术参数

某型号熔断器的主要技术数据见表2-19。

表2-19 某型号熔断器的主要技术数据

熔管额定电压/V	额定电流/A		极限分断电流/kA
	熔管	熔体	
交流380	100	30，40，50，60，80，100	50（cosφ =0.1～0.2）
	200	120，150，200	
	400	250，300，35，400	

① 熔断器的额定电流。指载流部分及电气触头长期允许通过的最大电流。

② 熔体的额定电流。指熔体允许长期通过的最大电流。

③ 熔断器的极限分断电流。指熔断器所能切断的最大电流。

熔断器的额定电流与熔体的额定电流不一定相同。在同一个熔断器内，通常可以装入不同额定电流的熔体，但熔体的额定电流不能大于熔断器的额定电流，否则熔断器的载流部分及电气触头会由于发热严重而损坏。当短路电流大于熔断器极限分断电流时，有可能使熔断器损坏或由于电弧而引起相间短路。此时由于熔断器不能切除故障电流会使故障扩大，选择熔断器时要校验其断流能力。

4）熔断器的安秒特性

熔断器的动作是靠熔体的熔断来实现的，当电流较大时，熔体熔断所需的时间较短，而电流较小时，熔体熔断所需的时间较长，甚至不会熔断。因此对熔体来说，其动作电流和动作时间特性即为熔断器的安秒特性，为反时限特性，如图2-23所示。熔断器的安秒特性可从产品样本曲线图表中查出。

（2）避雷器

避雷器是一种过电压保护设备，用来防止雷电所产生的大气过电压沿架空线路侵入变电所或其他建筑物内，危及被保护设备的绝缘，文字符号为F（Arrester），图形符号见表2-7。避雷器与被保护设备并联且位于电源侧，其放电电压低于被保护设备的绝缘耐压值。如图2-24所示，沿线路侵入的过电压，将首先使避雷器击穿并对地放电，从而保护了它后面设

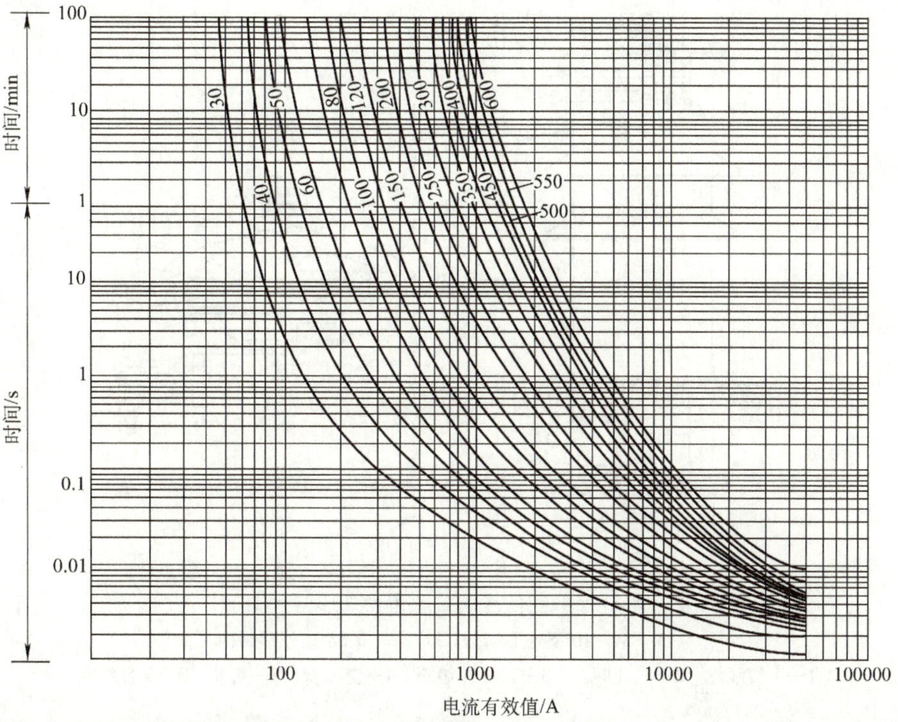

图 2-23　某型熔断器保护特性曲线

备的绝缘。

常用的有阀式避雷器和金属氧化物避雷器。

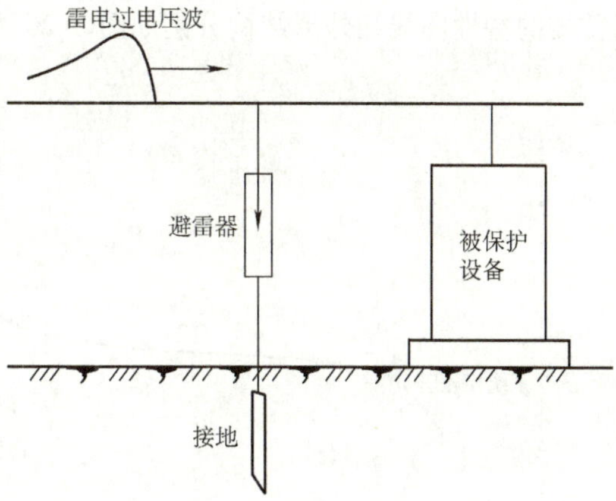

图 2-24　避雷器的接线

1）阀式避雷器

阀式避雷器由火花间隙和阀片串联组成，装在密封的瓷套管内。正常情况下，火花间隙可阻止线路上的工频电流通过；但在雷电过电压作用下，火花间隙被击穿放电。阀片具有非线性特性，当线路上出现过电压时，阀片电阻变得很小，因此火花间隙被击穿，阀片能使雷电流顺畅地向大地泄放，这就保护了电气设备免受雷电流的危害。而当过电压消失后，线路上恢复工频电压时，阀片则呈现很大的电阻，使火花间隙绝缘迅速恢复而切断工频续流，从而保证线路恢复正常运行。雷电流流过阀片电阻时要形成电压降，这就是残余的过电压，称为残压。残压要加在被保护设备上，因此残压不能超过设备绝缘允许的耐压值，否则绝缘设备仍可能被击穿。

如图 2-25a、b 所示分别为 FS4－10 型和 FS－0.38 型阀式避雷器外形结构图。

2）金属氧化物避雷器

金属氧化物避雷器又称压敏避雷器，是一种由压敏电阻片构成的避雷器。压敏电阻片以

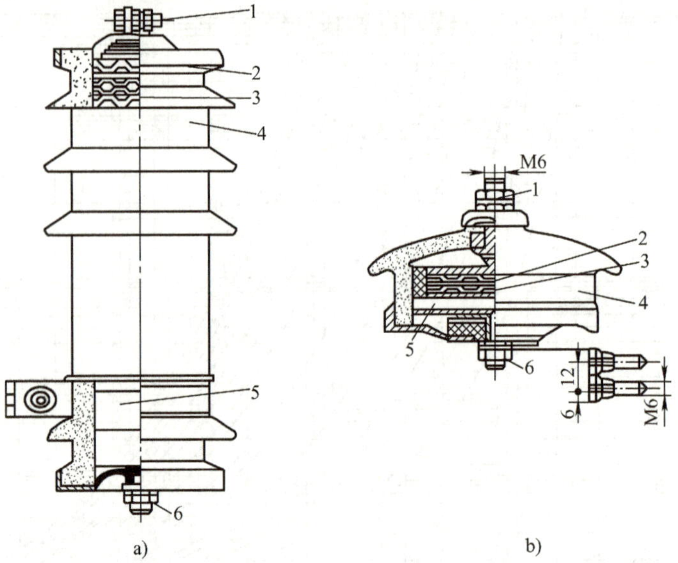

图 2-25　高低压阀式避雷器外形结构图

a）FS4-10型外形结构　b）FS-0.38型外形结构

1—上接线端　2—火花间隙　3—云母片垫圈　4—瓷套管　5—阀片　6—下接线端

氧化锌（ZnO）为主要原料，附加少量其他金属氧化物，经高温焙烧而成为多晶半导体陶瓷元件。它具有优良的阀特性，在工频电压下，呈现极大的电阻，能迅速有效地抑制工频续流；而在过电压下，其电阻又变得很小，能很好地泄放雷电流。金属氧化物避雷器因残压低，体积小，重量轻，结构简单，响应迅速等优点，被广泛应用于10kV以上电网中。ZnO避雷器的特性曲线和外形结构分别如图2-26和图2-27所示。

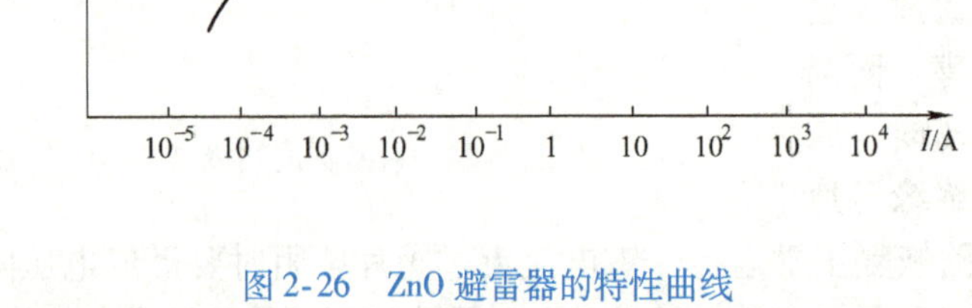

图 2-26　ZnO避雷器的特性曲线

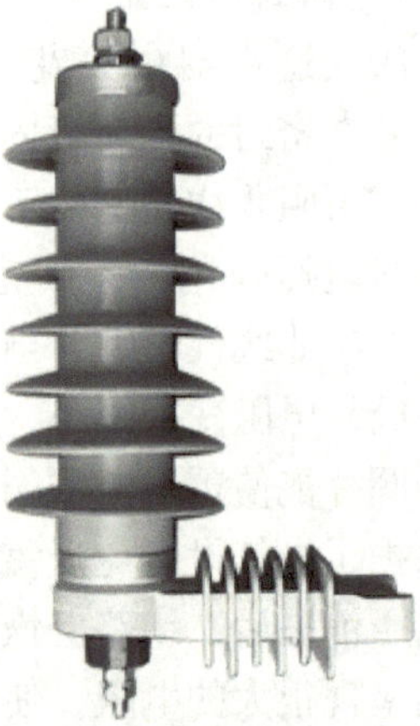

图 2-27　ZnO避雷器的外形结构

6. 用电设备

建筑物中的一般用电设备按照负荷重要性可分为三类，第一类为保安型设备，即保证大楼内人身及设备安全和可靠运行的设备，如消防水泵、消防电梯、防排烟设备、应急照明、通信设备、重要的计算机及相关设备等；第二类为保障型设备，即保障大楼运行的基本设备，主要是工作区照明、部分电梯、通道照明；第三类为一般设备，如空调、水泵及其他一般照明、动力设备。

（1）动力负荷（动力用电设备）

民用建筑中涉及的动力主要为电梯及消防水泵、喷淋泵等应用水泵和送风机、排风排烟机等电机设备，此类设备的核心设备为电动机。关于电动机的结构原理、起动方式选择、主电路以及控制电路的设计等，可参阅其他书籍。

（2）照明负荷（照明用电设备）

照明负荷指各种照明电光源和小功率的220V用电设备，如室内220V插座负荷。照明电光源是指将电能转换为光能，从而提供光通量（光源在单位时间内向周围空间辐射出去的，并使人眼产生光感的能量，称为光通量）的设备、器具。

如图2-28所示，电光源按工作原理可分为固体发光光源和气体放电光源。固体发光光源主要包括热辐射光源和电致发光光源两类。热辐射光源主要是利用电流的热效应，把具有耐高温、低挥发性的灯丝加热到白炽程度而产生可见光的。电致发光光源是指在电场作用下，使固体物质发光的光源，它将电能直接转变为光能。气体放电光源主要是利用电流通过气体（或金属蒸气）时，激发气体（或金属蒸气）电离和放电而产生可见光。气体放电光源有弧光放电光源和辉光放电光源两种，放电电压有低气压、高气压和超高气压3种。

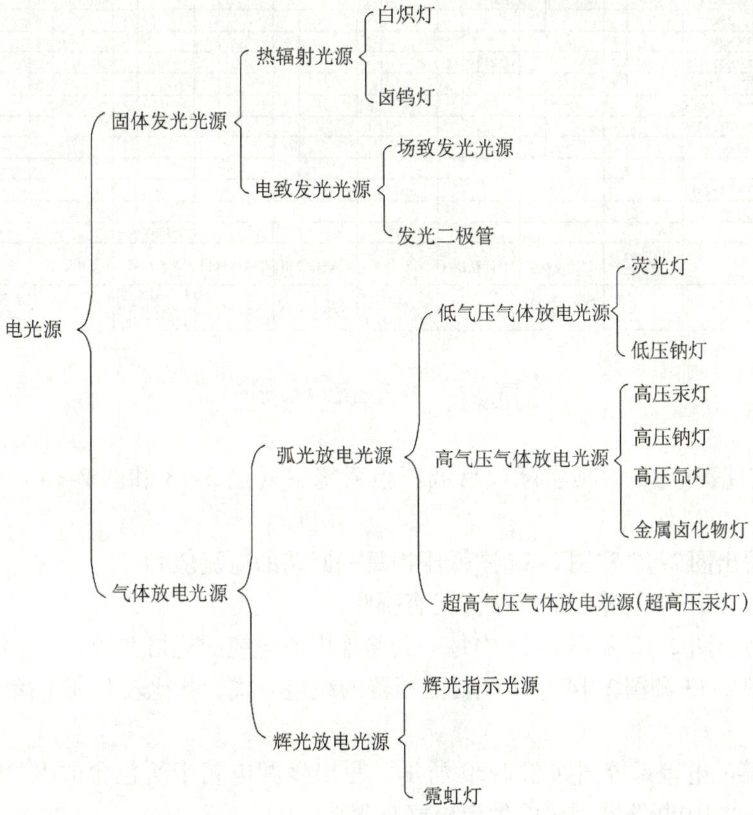

图2-28　电光源分类

五、案例练习

案例1：根据某项目高压柜配电系统图（图2-29），补充该图中表格左侧的开关柜电气设备名称，并写出图中涉及的电气设备名称、图形符号和功能。

开关柜型号																					
开关柜尺寸800×1500×2200																					
10kV母线	TMY-80×10																				
一次方案		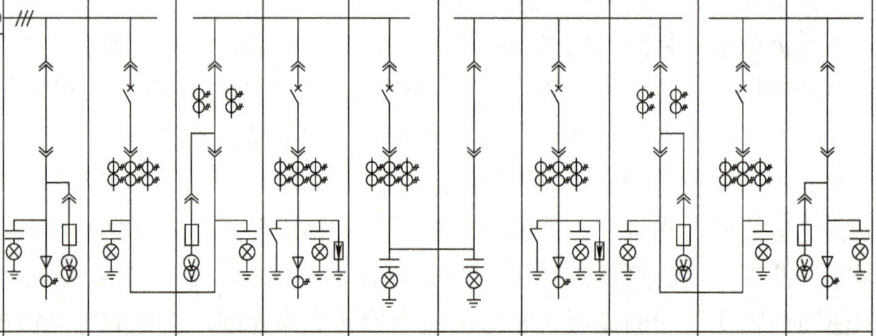																			
开关柜编号		AH1		AH2		AH3		AH4		AH5		AH6		AH7		AH8		AH9		AH10	
开关柜电气设备名称	型号	规格	数量	规格	数量	规格	数量	规格	数量	规格	数量	规格	数量	规格	数量	规格	数量	规格	数量	规格	数量
	12kV 25kA			630A	1			630A	1	630	1			630A	1			630A	1		
	弹簧储能操作机构DC220V				1				1		1				1				1		
	AS12 0.5/10P20			100/5	3			50/5	3	100/5	3			50/5	3			100/5	3		
	AS12 0.2S/10P20					100/5	2									100/5	2				
	JN15 25kA								1						1						
	DXN8B		3		3		3		3		3		3		3		3		3		3
	RZL10 10000/100 0.2级		2			0.2级	2									0.2级	2				2
	XRNP－12/1A		3				3										3				3
	HY5WZ－17/43.5								3						3						
零序互感器	KLH-IIA 100/5.10P5		1						1						1						1
综合保护继电器	REF615				1				1		1				1				1		
电缆型号规格 YJY-10kV (mm²)								3×120						3×120							
回路编号																					
变压器容量								630kV·A						630kV·A							
回路名称		1#线路PT及隔离柜		1#进线柜		1#计量柜		1#变压器		母联开关柜		母联隔离柜		2#变压器		2#计量柜		2#进线柜		2#线路PT及隔离柜	
保护类型				速断、过流 零序保护				速断、过流、温度报警超高温跳闸、零序保护		速断、过流				速断、过流、温度报警超高温跳闸、零序保护				速断、过流 零序保护			

图2-29 高压柜配电系统图

案例2：根据单元3中某实际项目低压柜系统图（图2-13和图2-14）和图2-29，回答：

1）分组写出图2-13和图2-14中低压柜每一回路的电流值。

2）简述图2-29中互感器的接线方案有哪些。

3）分组写出图2-13和图2-14中每一回路采用的电缆的规格型号。

4）写出图2-13和图2-14中该项目变压器的绕组方式，并比较Dyn11接法与Yyn0接法的优缺点。

案例3：某配电箱系统图如图2-30所示，写出该配电箱中所包含的电气设备名称及型号，并网上查阅图中断路器型号的生产厂家及含义。

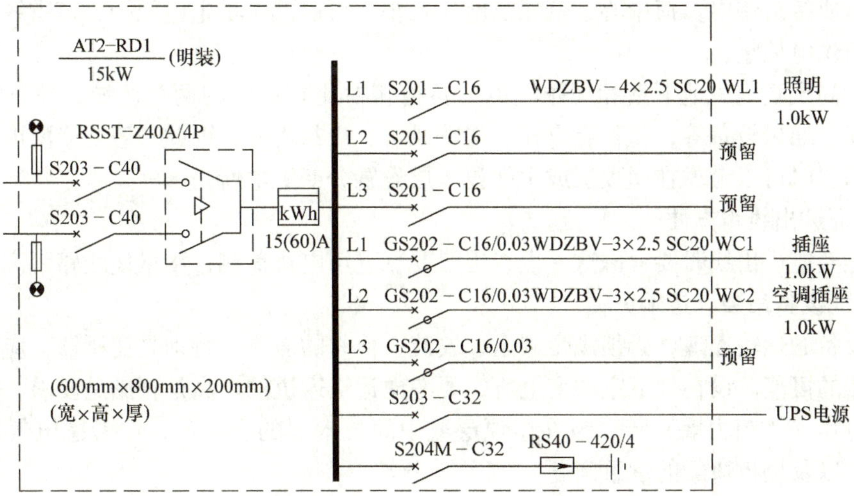

图 2-30　配电箱系统图

单元 5　变配电所

一、学习目标

① 认识建筑物内的变配电所。

② 理解变配电所的布置方案。

③ 熟悉变配电所内的配电装置。

④ 掌握变配电所常用的主接线方式，能看懂变配电所电气主接线图。

二、学习任务

① 实地参观一所建筑物的变配电所或者阅读图样相关内容，绘制某变配电所的布置方案示意图。

② 绘制某变配电所的主接线图。

三、学习工具

建筑电气施工图，绘图纸、笔、尺，教材和教参。

四、背景知识

1. 变配电所的总体布置

变配电所是建筑供配电与照明系统的枢纽，起着非常重要的作用。

（1）变电所所址的选择

变配电所位置应该按照 GB 50053—2013《20kV 及以下变电所设计规范》选择合适的位置。

1）尽可能接近负荷中心

变配电所接近用电负荷中心，低压供电半径小，可以减少供电电压降，节省线缆，降低能耗，提高供电质量。

例如，高层建筑中地下室和屋顶是电力负荷相对比较集中的两个区域，地下室有水泵房、锅炉间、通风设备等，屋顶有电梯、消防风机、冷却塔等，因此一般把变配电所建在地下室，超高层时可以考虑在屋顶层或中间技术层设置分变配电所。

2）保证进出线路方便

特别是架空进出线时要考虑这一点，出线要靠近用电负荷侧，尽量使线路距离最短。

3）电气设备吊装、运输方便

电气设备的运输通道，必须满足搬运、安装、检修的需要，特别是变压器，应注意今后更换变压器的可能。设在地下室的变电所，要考虑运输通道的层高是否满足要求，有无不可拆移的障碍物（如剪力墙）等；设在屋顶层或中间技术层的变电所，应考虑电气设备的吊装的可能，以及楼板荷载的承重问题。

4）环境要求

变配电所位置不应选在有剧烈震动的场所，不宜选在尘多、雾多和有腐蚀性气体的场所，应选在上述污染源的上风侧，变配电所也不应选在贴近厕所、浴室、洗衣房或低洼地等可能积水的场地，更不应选在有爆炸、火灾等危险场所的正上方或正下方。

在多层建筑中，如该建筑对防火没有特殊要求，当变配电所设置有可燃性油的电气设备时，变配电所应布置在非人员密集场所的该建筑物底层靠外墙部位。

高层建筑的变配电所宜设置在该建筑物的地下室或首层通风和散热条件较好的位置，但不能选在可能积水、受淹的场所。如果建筑物地下只有一层，变配电所不宜设在地下，或者应采取抬高变配电所地面、加强防水等措施。一类高层建筑内不允许设置装有可燃性油的电气设备的变配电所。二类高层建筑内不适宜设置装有可燃性油的电气设备的变配电所，如受条件限制则应当采用干式变压器并将其设置在该建筑首层靠外墙部位或地下室，且不应设置在人员密集场所的正上方、正下方、贴邻和疏散出口的两旁。

（2）变配电所的类型

根据变配电所本身有无专门建筑物及该建筑物与用电建筑物间的相互位置关系，可以把变配电所划分为独立式、附设式、地下式等多种形式，如图2-31所示。

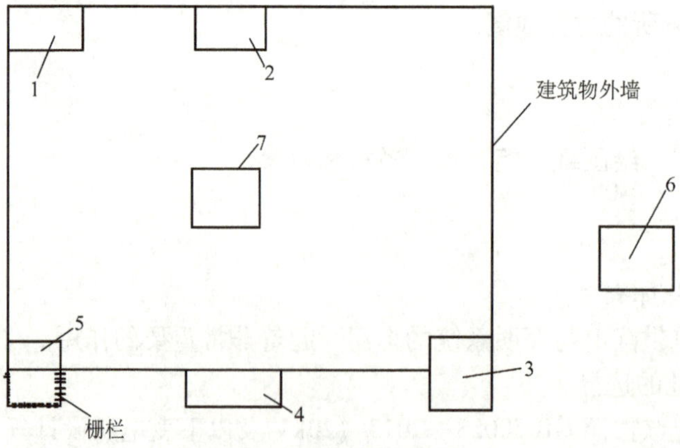

图2-31 变配电所的类型

1、2—内附式 3、4—外附式 5—露天式 6—独立式 7—室内变配电所

1）独立式

独立式是指整个变配电所设置在与建筑物有一定距离的单独建筑物内，如图 2-31 中的 6 所示。

2）附设式

附设式指变压器室的一面墙或几面墙与建筑物共用，且变压器室的门和通风窗向建筑物外开，还可分为内附式、外附式，工厂中采用较多。图 2-31 中 1 和 2 是内附式，3 和 4 是外附式。

3）地下式

地下式指整个变配电所设置在地下。

4）室内式

室内式位于建筑物内部的变配电所，且变压器的门向建筑物内开，如图 2-31 中的 7 所示。

上述附设变配电所、独立变配电所、室内变配电所及地下变配电所，统称为室内型变配电所；而露天、半露天及杆架式变配电所，统称为室外型变配电所。一般来说，住宅小区多层建筑的变配电所选择独立式较多，高层建筑中的变配电所多设置在地下。

（3）变配电所的布置

1）变配电所的布置方案

变配电所的布置型式有户内、户外和混合式 3 种。户内式变配电所将变压器、配电装置安装于室内，工作条件好，运行管理方便；户外式变配电所将变压器、配电装置全部安装于室外；混合式则将变压器、配电装置部分安装于室内、部分安装于室外。建筑变配电所一般采用户内式。户内式又分为单层布置和双层布置，视投资和土地情况而定。6～10kV 变配电所宜采用单层布置，主要由变压器室、高压配电室、低压配电室、电容器室、控制室（值班室）等组成，变配电所平面布置方案可参考图 2-32 所示。

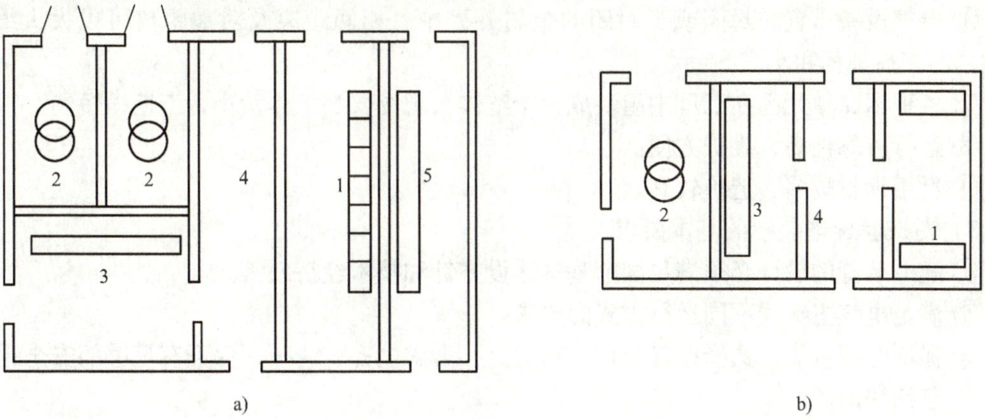

图 2-32　变配电所平面布置图

a）室内型，有两台变压器、值班室和电容器室　b）室内型，有一台变压器、值班室

1—高压配电室　2—变压器室　3—低压配电室　4—值班室　5—高压电容器室

2）变配电所的布置要求

① 室内布置应紧凑合理，便于值班人员操作、检修、试验、巡视和搬运，配电装置安放位置应保证所要求的最小允许通道宽度，并考虑今后发展和扩建的可能。

② 合理布置变配电所各室位置，高压电容器室与高压配电室、低压配电室与变压器室应相邻，高、低压配电室的位置应便于进出线，控制室与值班室的位置应便于运行人员工作和管理。

③ 变压器室和高压电容器室应避免日晒，控制室和值班室应尽量朝南方，尽可能实现自然采光和通风。

④ 配电室的设置应符合安全和防火要求，对电气设备载流部分应采用金属网板隔离。

⑤ 高、低压配电室、变压器室、电容器室的门应向外开，相邻配电室的门应双向开启。

⑥ 变配电所内不允许采用可燃材料装修，不允许热力管道、燃气管道等各种与其无关的管道从变配电所内经过。

2. 变配电所内的成套配电装置

为了便于控制和统一管理供配电系统，前述的变配电所内电气设备，通常分路集中布置在一起，形成了成套配电装置。变配电所高、低压配电室内布置的都是成套配电装置。

成套配电装置是指制造厂把同一回路的开关电器、测量仪表、保护电器和辅助设备都装配在全封闭或半封闭的金属柜内或做好大部分的装配，只在现场留下少量安装工作。一般来说，成套配电装置制造厂可以根据不同回路的要求生产各种典型回路元件，每个用户根据自己的主接线要求选择相应标准元件来组装成一套配电装置，用来接受或分配电能。

（1）成套配电装置概述

1）成套配电装置的分类

成套配电装置按照电压高低可分为低压成套配电装置（也称低压配电屏）和高压成套配电装置（也称高压开关柜）。按安装地点可分为屋内式和屋外式。

低压成套配电装置只做成屋内式，高压开关柜有屋内式和屋外式。民用建筑目前大量使用的是屋内式成套配电装置。

2）成套配电装置的特点

① 电气设备布置在封闭或半封闭的金属外壳中，相间距离及对地距离可以大大缩短，结构紧凑，占地面积小。

② 各种回路单元已在工厂中组装成一个整体，现场安装工作量小，工期缩短。

③ 运行可靠性高，维护方便。

④ 耗用钢材较多，造价较高。

3）对成套配电装置的基本要求

① 配电装置的设计必须满足国家基本建设方针和技术经济政策。

② 满足电气主接线不同运行方式的要求。

③ 保证运行可靠，选择设备合理。布置上，力求整齐、清晰，保证有足够的安全距离。

④ 节约用地。

⑤ 检修、运行操作、安装和扩建方便。

⑥ 在满足要求的情况下，力求节约材料，降低造价。

（2）高压成套装置（高压开关柜）

高压开关柜按照安装地点可以分为户内式和户外式两类；按照外壳结构不同可以分为开启式、封闭式、箱式；按主元件的装置方式又可以分为固定式和手车式两类。户外式高压开关柜一般为全封闭式结构，常用于35kV及110kV系统中。户内式高压开关柜有全封闭式及半封闭式结构两种，一般用于 3 ~ 35kV 系统。

民用建筑变配电所通常采用 10kV 户内固定式或手车式高压开关柜。

高压开关柜的型号和含义为

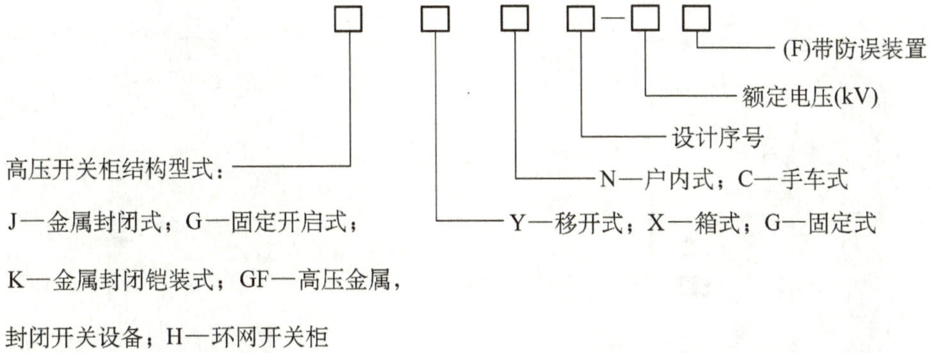

某些制造厂新开发的开关柜，在柜型号的命名上有些变化，识别和选用开关柜时要查阅产品说明，搞清型号意义。常用高压开关柜有以下系列：

1）固定式高压开关柜

各种电气设备固定连接，结构较为合理，运行也较方便，更经济，但检修更换设备引起的停电时间长，供电可靠性差。

固定式高压开关柜型号意义为

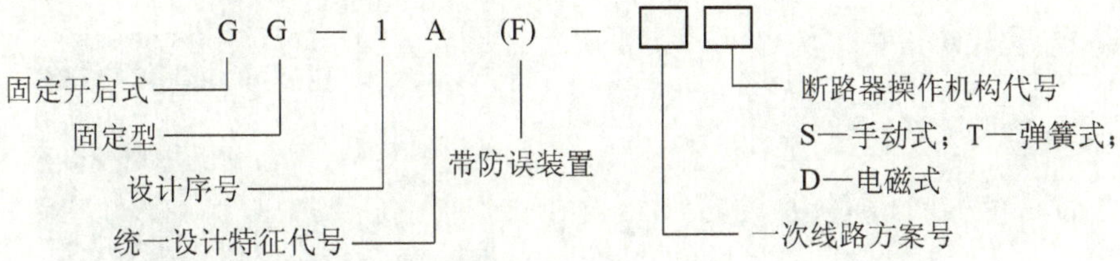

早期的 GG - 1A 系列固定式高压开关柜结构简单、制造方便、安全距离较大、维护检修较简便，已广泛使用几十年，但占地面积大，房屋需足够高，开启式结构易积尘且易钻进小动物，防护性能较差，如图 2-33 所示。

在 GG - 1A 基础上采取措施生产出了具有“五防”功能的防误型高压开关柜 GG - 1A（F）型，如图 2-34 所示。“五防”即防止误分、合断路器，防止带负荷拉、合隔离开关，防止带电挂接地线，防止带接地线合隔离开关，防止误入带电间隔。

2）手车式高压开关柜

手车式高压开关柜是将高压成套配电装置中的某些主要电器（断路器、电压互感器、避雷器等）安装在可以移开的手车上，更换、检修时可以迅速拉出，而把同样的备用小车立即推入恢复供电的高压开关柜。由于手车式高压开关柜具有密封性能好，能防灰尘，运行可靠，维护工作量小，检修方便，开关小车具有良好的互换性，以及可缩短用户停电时间等优点，手车式高压开关柜广泛用于对供电可靠性要求高的高压配电装置中。

手车式高压开关柜类型较多，现只简单介绍其中三种，其详细的技术参数可查阅相关产品手册。

① GFC 型手车式高压开关柜。GF 表示高压金属封闭开关设备，C 表示手车式。GFC 型手车式高压开关柜为全封闭式柜架结构，一般采用单母线，由手车室、电流互感器室、主母线室、小母线室等部分组成，如图 2-35 所示。

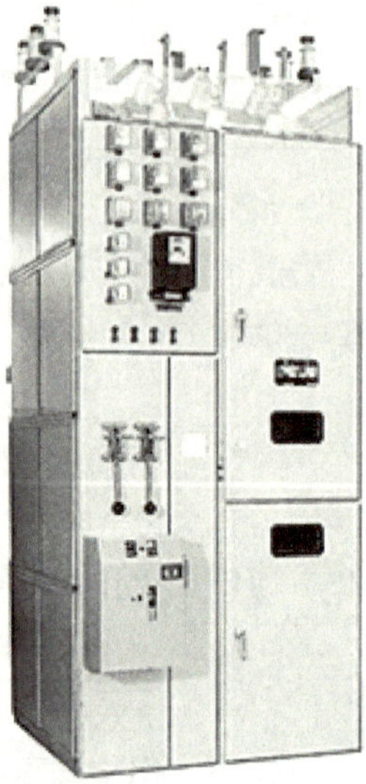

图 2-33 GG－1A 型固定式高压开关柜

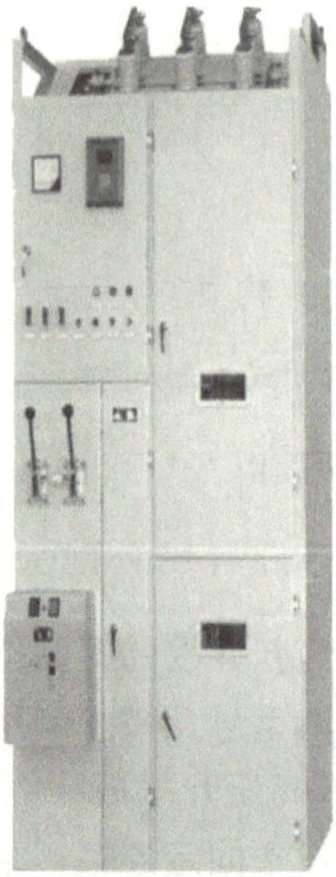

图 2-34 GG－1A（F）型固定式高压开关柜

图 2-35 GFC 型手车式高压开关柜

② JYN 型高压开关柜。JYN 型金属封闭开关柜是移开式（手车式）高压开关柜，其技术性能指标靠近或达到 IEC 标准。

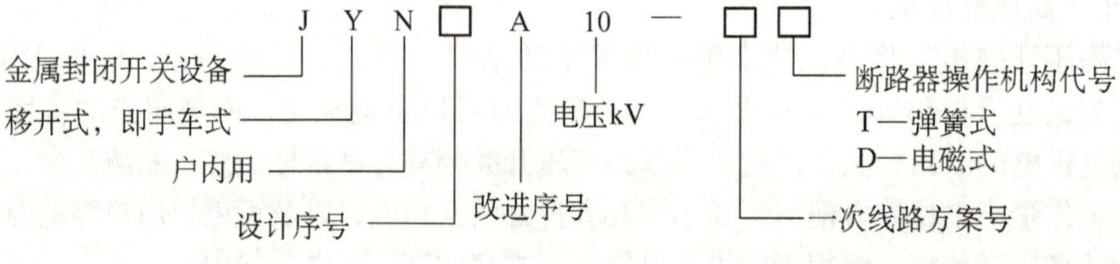

如 JYN2－10 型高压开关柜，该型号开关柜可配用 SN10－10 系列少油断路器、ZN21－10 系列真空断路器和户内 SF_6 断路器，外形结构如图 2-36 所示。

产品的柜体用钢板弯制焊接而成，由可移开部件室、母线室、电缆室、继电器仪表室几部分组成。

③ KYN 型高压开关柜。KYN 型金属封闭开关柜也是移开式（手车式）高压开关柜，其技术性能指标接近或达到 IEC 标准。

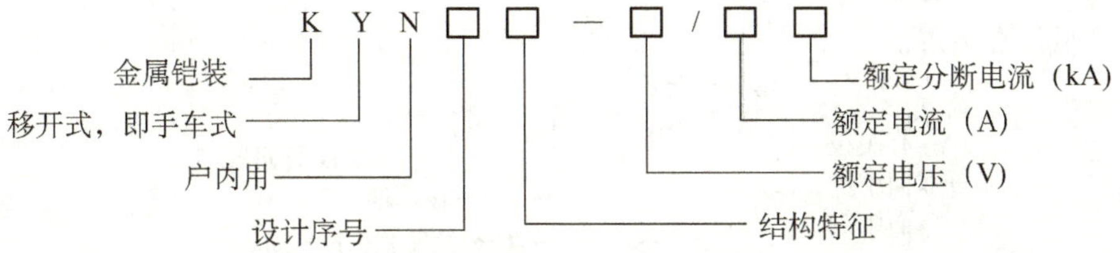

图 2-37 为上海中发电气集团生产的 KYN1－12 户内型交流金属铠装移开式开关柜，是根据 GB 3906—2006《3～35kV 交流金属封闭开关设备》标准，并参照采用国际电工委员会 IEC－298《交流金属封闭开关设备和控制设备》标准设计制造的。该开关柜也具有“五防”的功能，该产品为三相 50Hz，额定电压 3～12kV 中心点不接地的单母线及单母线分段系统的户内成套配电装置，作为接受和分配网络电能之用，并对电路实行控制保护及监测。

图 2-36　JYN2－10 型高压开关柜

图 2-37　KYN1－12 型高压开关柜

KYN1－12 金属铠装手车式开关柜是用钢板弯制焊接而成的封闭型结构，由继电仪表室、手车室、母线室和电缆室四个部分组成，各部分用钢板分隔、螺栓连接，具有架空进出线、电缆进出线及左右联络的功能。

手车根据用途分为断路器手车、电压互感器手车、电容器手车、所用变压器手车、隔离手车及接地手车等。同类型规格的手车能互换，不同类型手车由于手车识别装置的作用，不能互换。手车进入柜内有三个位置，依次为隔离位置、试验位置、工作位置。每一位置均设有定位装置，以保证手车处于某一位置时不得移动。

（3）低压成套装置（低压配电屏）

低压配电屏一般按其安装方式不同可分为固定式和抽屉式两种。固定式的所有电器元件都固定安装，而抽屉式的某些电器元件按一次线路方案可灵活组合安装，按需要抽出或推入。低压配电屏还可按装置外壳的不同分为开启式和保护式两种。

固定式低压配电屏简单经济，应用广泛；抽屉式低压配电屏结构紧凑，安装灵活方便，防护安全性能好，应用也越来越多。

1）早期的固定式低压配电屏

① B系列低压配电屏。

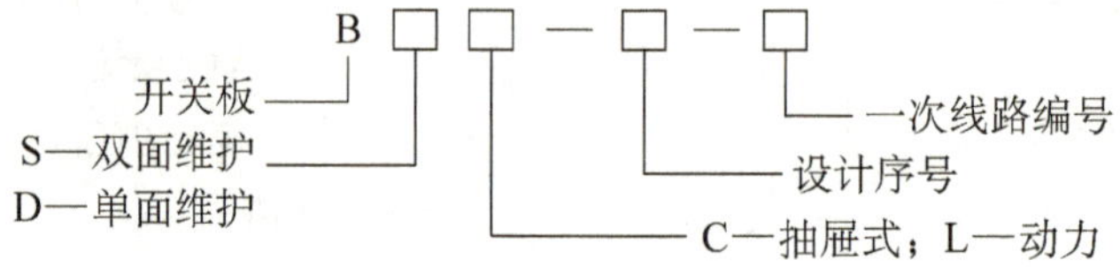

图2-38所示为BSL－1型低压配电屏，可离墙安装，双面维护，共有34种标准接线方案，分仪表板和上、下操作板三段。

② PGL型低压配电屏。

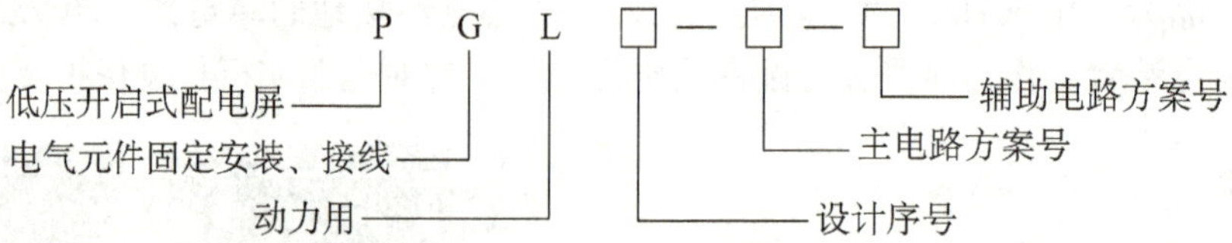

PGL型是BSL、BDL型的代替产品，用于交流380V及以下的低压供配电系统中的动力和照明配电，如图2-39所示。

PGL型低压配电屏的屏前有门，为可开启式小门，屏面上方有仪表板，屏后上方为安装于绝缘框上的主母线，并在其上装有母线防护罩，以防金属物落于母线上造成短路事故。PGL1型产品采用DW10型低压断路器，分断能力为15kA（有效值）；PGL2型产品采用DW15型低压断路器，分断能力为30kA（有效值）。两种型式的一次线路方案大体相同，只是短路容量有所差别，可按用户需要制造。

图2-38 BSL－1型低压配电屏

图2-39 PGL1、PGL2型低压配电屏

2）目前常用低压配电屏

① GGD型交流低压配电柜。

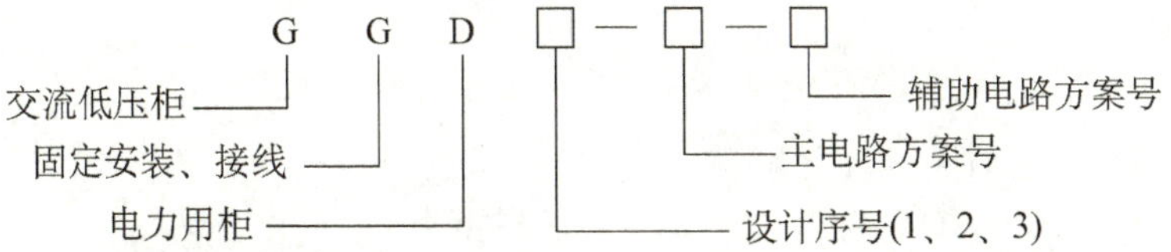

GGD 型交流低压配电柜具有分断能力高，稳定性好，电气方案灵活、组合方便，以及防护等级高等特点。它适用于电力用户交流 50Hz、额定工作电压 380V、额定工作电流至 3150A 的配电系统，作为动力、照明及配电设备的电能转换、分配与控制之用。图 2-40 所示即为一种 GGD 型交流低压配电柜。

GGD 型交流低压配电柜符合 GB 7251—2005～2015/IEC 60439—2006《低压成套开关设备和控制设备》标准。GGD 型交流低压配电柜设计序号有 1、2、3 三种，分断能力分别为 15kA、30kA、50kA。GGD系列低压配电屏，主电路设计了 129 种方案，298 个规格。按辅助电路的功能变化及控制电压的变化还可以派生出更多的方案和规格。

图 2-40　GGD 型交流低压配电柜

② GCK 型低压开关柜。GCK 型低压开关柜是抽屉式低压配电屏。抽屉式低压配电屏的特点是它的某些电器都装在抽屉或手车中，在开关发生故障需要检修时，可以立即更换抽屉或手车，使故障电路迅速恢复供电，从而缩短停电时间，提高供电可靠性，并便于对故障元件进行检修。此外，屏内设备布置紧密，可以节省占地面积。它的缺点是结构复杂，价格较贵，一般用于负荷较重要的场合。

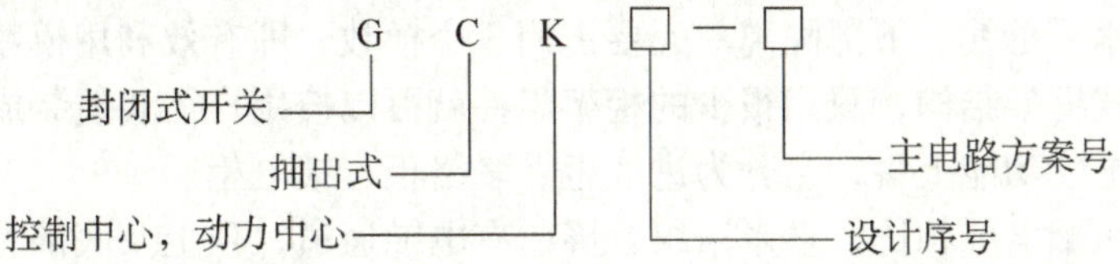

GCK 低压抽出式开关柜适用于三相交流 50Hz、60Hz，额定电压 660V，额定电流 4000A 及以下的三相四线制及三相五线制电力系统，作为接受电能和分配电能之用。图 2-41 为上海中发电气集团生产的 GCK 型低压开关柜，产品符合国家标准 GB 7251—2005～2015/IEC 60439—2006《低压成套开关设备和控制设备》和国家专业标准 JB/T 9661—1999《低压抽出式成套开关设备》。

开关柜隔室可分为功能单元室、母线室、电缆室，各单元的功能作用相对独立且区域之间由连续接地的金属板严格分隔，保证使用安全且防止事故蔓延。

抽屉位置有连接位置、试验位置和分离位置。各抽屉与开关设有机械联锁装置；当开关处于分断时，抽屉才能抽出或插入；当开关处于合闸时，抽屉不能抽出或插入。同规格的功能单元抽屉可以方便地实现互换，每一个功能单元抽屉对应有 20 对辅助接点，能满足异地操作控制、电度计量和与计算机接口的自动化监测系统的需要。

图 2-41 GCK 低压抽出式开关柜

GCK 系列柜为不靠墙安装、正面操作、双面维修的低压配电柜，使用中注意空气断路器、塑壳开关经过多次分、合，特别是经过短路分、合后，会使触头局部烧伤并产生碳类物质，使接触电阻增大，应按断路器使用说明书进行维护和检修；经过安装或修复后，必须严格检查各隔室之间、功能单元之间的隔离状态并确认恢复情况。

③ 多米诺（DOMINO）组合式低压配电屏。多米诺组合式低压配电屏是一种技术先进、结构合理、选件精良的低压配电设备，适用于交流 50Hz、额定电压 660V 及以下供配电系统作动力供配电、电动机控制及照明配电。

多米诺组合式低压配电屏是以模数为设计依据的，单元模数尺寸宽 $W=431\text{mm}$，深 $D=250\text{mm}$，高 $H=172\text{mm}$。一般最高设计成 14 个模数，习惯为 12 或 10 个模数，最低设计成 2 个模数；抽屉柜整体设计宽度为 1.5 模数，其中含 0.5 个模数内电缆室；抽屉柜在总高 12 个模数时，上部水平母线、下部隔离单元要占用 3 个模数，即有效利用模数为 9 个。

它采用组合式框架结构，只用很少的柜架组件就可以按用户需要组装成多种尺寸、多种类型的柜体。从电气功能上讲，它分为进线柜、联络柜、馈电柜。

与传统的低压配电屏相比，多米诺组合屏内有电缆通道，顶上及底部有电缆进出口；回路采用间隔式布置，故障发生时互不影响；门上设有机械联锁或电气联锁；具有自动排气防爆功能；抽屉有很好的互换性，有工作、试验、断离、抽出四个位置；断流能力大；屏列两端扩展容易。

随着技术的发展，在开关柜中可采用标准的、开放式的现场总线将具有通信能力的开关器件与之相接（或通过接口单元），与上位机（主站）进行数据通信，达到遥控、遥调及遥测的功能，实现供配电与照明系统的智能化监控。

3. 变配电所的结构

（1）高压配电室的结构

装有高压配电装置的房间称为高压配电室。高压配电室的结构，主要决定于高压开关柜的型式、尺寸、数量，同时考虑运行维护的方便和安全，留有足够的操作维护通道，并且考虑今后发展，预留适当数量的备用开关柜的位置。

1）高压开关柜的型式

10kV户内高压开关柜有两种型式：一种是固定式高压开关柜，另一种是手车式高压开关柜。布置高压开关柜时，应避免各高压出线相互交叉，特别是高压架空出线；经常需要操作、维护、监视或故障机会较多的电路的高压开关柜，最好布置在靠近值班人员的地方。

2）通道及遮栏

高压配电室内应设操作通道、维护通道。为了便于维护和搬运配电装置中的设备所设的通道称为维护通道；若通道中又装有断路器和隔离开关的操作机构，则这种通道称为操作通道。高压配电室内各种通道的最小宽度见表2-20。

表2-20　高压配电室内各种通道的最小宽度　（单位：mm）

开关柜布置方式	柜后维护通道	柜前操作通道	
		固定式	手车式
单排布置	800	1500	单车长度+1200
双排面对面布置	800	2000	双车长度+900
双排背对背布置	1000	1500	单车长度+1200

注：1. 固定式开关柜为靠墙布置时，柜后与墙净距应大于50mm，侧面与墙净距应大于200mm；
2. 在建筑物的墙面遇有柱类局部凸出时，凸出部位的通道宽度可减少200mm。

为了防止运行人员在维护和检修中因意外接触带电部分，配电装置应设有固定的或可拆卸的遮栏。网状遮栏的网孔不应大于40mm×40mm；栅栏的栅条间净距和栅栏最低栏杆至地面的净距不应大于200mm。

3）高压配电室的尺寸

高压配电室的长度由高压开关柜的宽度和台数决定。台数少时采用单列布置，台数在6台以上时，则可采用双列布置。

母线在运行中受热伸胀会影响安全净距，故靠墙的开关柜与墙之间应留有不小于0.2m的距离；最后推进的开关柜与墙之间的距离应不小于0.4m，以便于安装时调整开关柜的位置。

综上所述，高压配电室的净长度≥开关柜宽度×单列开关柜数量+0.6m，如图2-42所示。

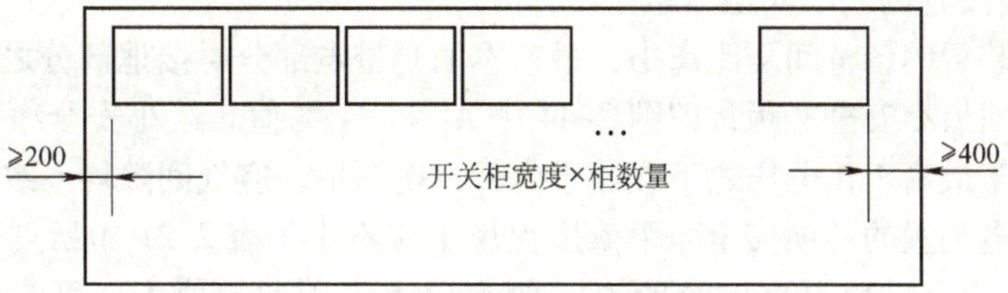

图2-42　高压配电室的长度（单位：mm）

当考虑高压配电室的发展时，应在配电装置的一端或两端留有适当数量的开关柜位置。

高压配电室的深度等于高压开关柜的深度加上维护通道、操作通道的宽度，即高压配电室的深度=开关柜深度+通道宽度。图2-43为10kV封闭式高压配电室布置图。

高压配电室的高度与开关柜型式及进出线方式有关，采用架空进出线，其高度应为4.2m以上；采用电缆进出线，其高度应为3.5m。高压开关柜下方宜设有电缆沟，柜前和柜后也宜设电缆沟。

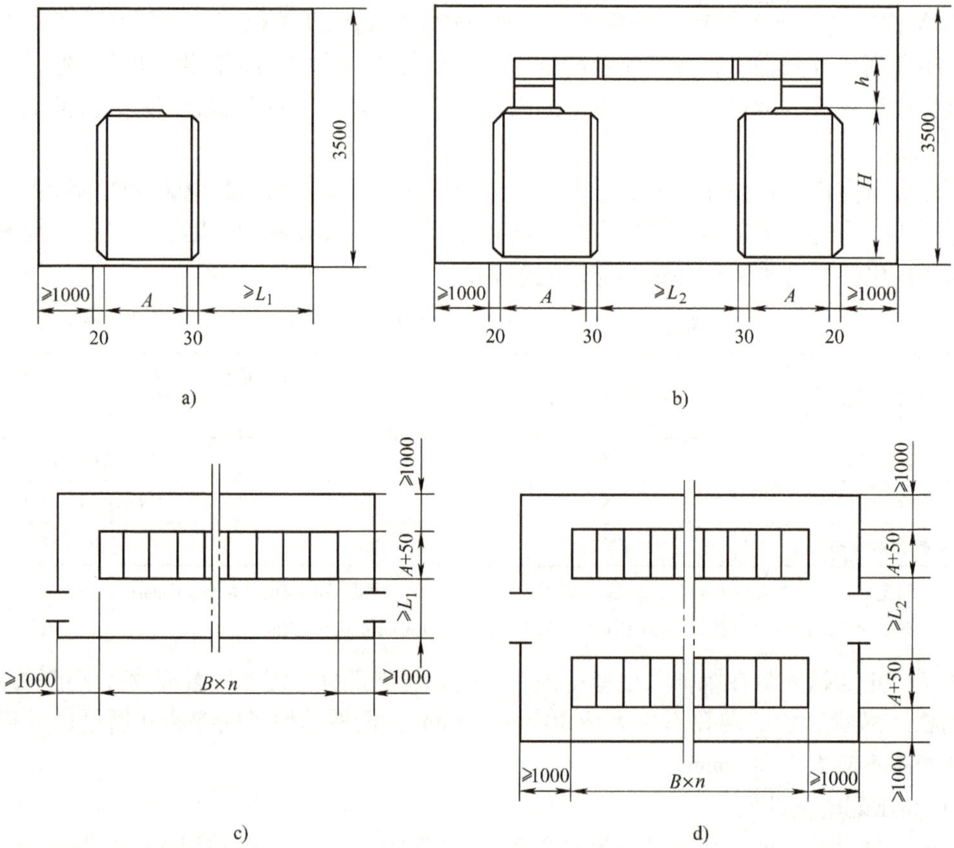

图2-43　10kV封闭式高压配电室布置图（单位：mm）

a）单列　b）双列　c）、d）平面布置

注：n为一列开关柜的台数

高压配电室的尺寸面积还与高压开关柜的安装方式有关。高压开关柜的安装方式有靠墙安装和离墙安装两种。如果变配电所采用架空出线，则采用离墙安装方式；如果采用电缆出线，则采用靠墙安装方式，可减少变配电室的建筑面积。

4）高压配电装置的最小安全净距

在高压配电装置的各种间隔距离中，最基本的是带电部分对接地部分之间和不同相的带电部分之间的空间最小安全净距，即图2-44中A_1和A_2的值。最小安全净距，是指在此距离下，无论是处于最高工作电压之下或处于内外过电压下，空气间隙均不致被击穿。

屋内高压配电装置的各项安全净距依规程规定应不小于表2-21中所列数值，其意义如图2-44所示。工程上采用电气安全距离一般都比表中所列数值大，可为表中数值的2～3倍。

5）高压配电室的建筑要求

高压配电室应设出入口数与配电装置的长度有关，长度大于7m的配电室应设两个安全出口，并宜布置在配电室的两端。当配电室的长度大于60m时，宜增加一个安全出口，相邻安全出口之间的距离不应大于40m。

当变电所采用双层布置时，位于楼上的配电室应至少设一个通向室外的平台或通向变配

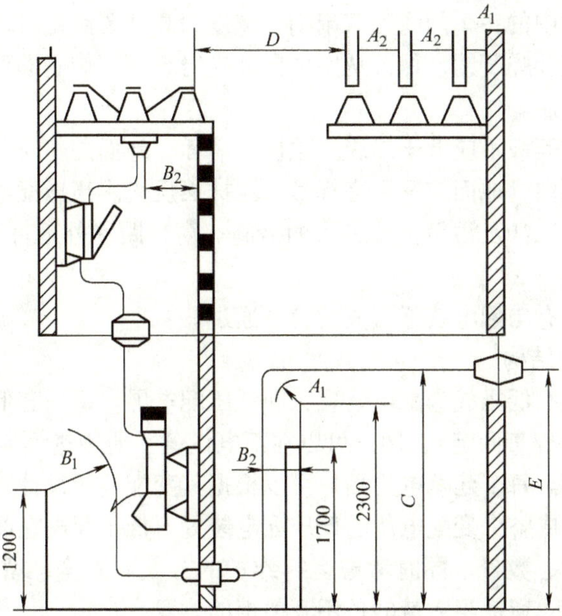

图 2-44 屋内配电装置安全净距（单位：mm）

电所外部通道的安全出口。

表 2-21 屋内配电装置的安全净距 （单位：mm）

符号	适用范围	系统额定电压/kV								
		3	6	10	15	20	35	66	110J	110
A_1	1. 带电部分至接地部分之间； 2. 网状和板状遮栏向上延伸线距地2300mm处与遮栏上方带电部分之间	75	100	125	150	180	300	550	850	950
A_2	1. 不同相的带电部分之间； 2. 断路器和隔离开关的断口两侧引线带电部分之间	75	100	125	150	180	300	550	900	1000
B_1	1. 栅状遮栏至带电部分之间； 2. 交叉的不同时停电检修的无遮栏带电部分之间	825	850	875	900	930	1050	1300	1600	1700
B_2	网状遮栏至带电部分之间	175	200	225	250	280	400	650	950	1050
C	无遮栏裸导体至地（楼）面之间	2500	2500	2500	2500	2500	2600	2850	3150	3250
D	平行的不同时停电检修的无遮栏裸导体之间	1875	1900	1925	1950	1980	2100	2350	2650	2750
E	通向屋外的出线套管至屋外通道的路面	4000	4000	4000	4000	4000	4000	4500	5000	5000

注：1. 110J 指中性点有效接地系统。
2. 海拔超过 1000m 时，A 值应进行修正。
3. 当为板状遮栏时，B_2 值可在 A_1 值上加 30mm。
4. 本表所列各值不适用于制造厂的产品设计。

高压配电室出入口中的一个门应为双扇门，宽度、高度要满足要求，可以用来搬运开关柜。门应向外开，并应装弹簧锁，保证从室内向外走时，不用钥匙即可开门。相邻配电室之间有门时，应能双向开启。

高压配电室的耐火等级不应低于二级；顶棚、墙面、地面的建筑装修应使之少积灰或不起灰，顶棚和墙面应刷白，地面应采用高标号水泥抹面压光。高压配电室可开窗，但应采取防止雨、雪、小动物、风沙及污秽尘埃进入的措施。窗台距室外地坪不宜低于1.8m，但临街的一面不宜装设窗户。

高压配电室内不应有与配电装置无关的管道通过。

（2）低压配电室的结构

低压配电室内装设有低压成套配电装置，即低压配电屏。每一套低压配电屏可以组成一条或多条电路（依电路容量而定），用户可以在配电设备手册中查到制造厂生产的各种不同电路方案的低压配电屏。每个建筑电力用户可以根据其变配电所设计的电气主接线，选用各种适合的低压配电屏构成整个变配电所的低压配电装置。低压配电室的结构，主要决定于低压配电屏的型式、尺寸、数量，同时考虑运行维护的方便和安全，留有足够的操作维护通道，并且考虑今后发展，留适当数量的备用开关柜的位置。

1）低压配电屏型式

低压配电屏有两种型式，一种是固定式，如GGD型；另一种是抽屉式，如GCK型。

2）低压配电装置的安全净距

低压配电室内各种通道的宽度不应小于表2-22中所列值。

表2-22 低压配电室内各种通道最小宽度 （单位：mm）

布置方式	屏前操作通道	屏后操作通道	屏后维护通道
固定式屏单列布置	1500	1200	1000
固定式屏双列面对面布置	2000	1200	1000
固定式屏双列背对背布置	1500	1500	1000
单面抽屉式屏单列布置	1800		1000
单面抽屉式屏双列面对面布置	2300		1000
单面抽屉式屏双列背对背布置	1800		1000

注：当屏后有需要操作的断路器时，则称为屏后操作通道。当建筑物墙面有柱类局部凸出时，凸出处通道宽度可减少0.2m。

低压配电装置网状遮栏的高度不应低于1.7m；无孔遮栏的高度不应低于1.7m；栅栏的高度不应低于1.2m。

3）低压配电室的尺寸

低压配电室的长度由低压配电屏的宽度和台数决定。当双面维护时，还要考虑最外边屏两端离墙的维护通道宽度，一般取600～800mm。

低压配电室的净长度≥屏宽度×单列屏数量+2×800mm，如图2-45d所示。

低压配电室考虑发展时，应在配电装置的一端或两端留有适当数量的配电屏位置。

低压配电室的深度由低压配电屏的深度加上维护、操作通道的宽度决定。常用的低压配电屏采用双面维护（屏前操作，屏后检修），离墙安装。运行经验表明，距离墙1000mm较

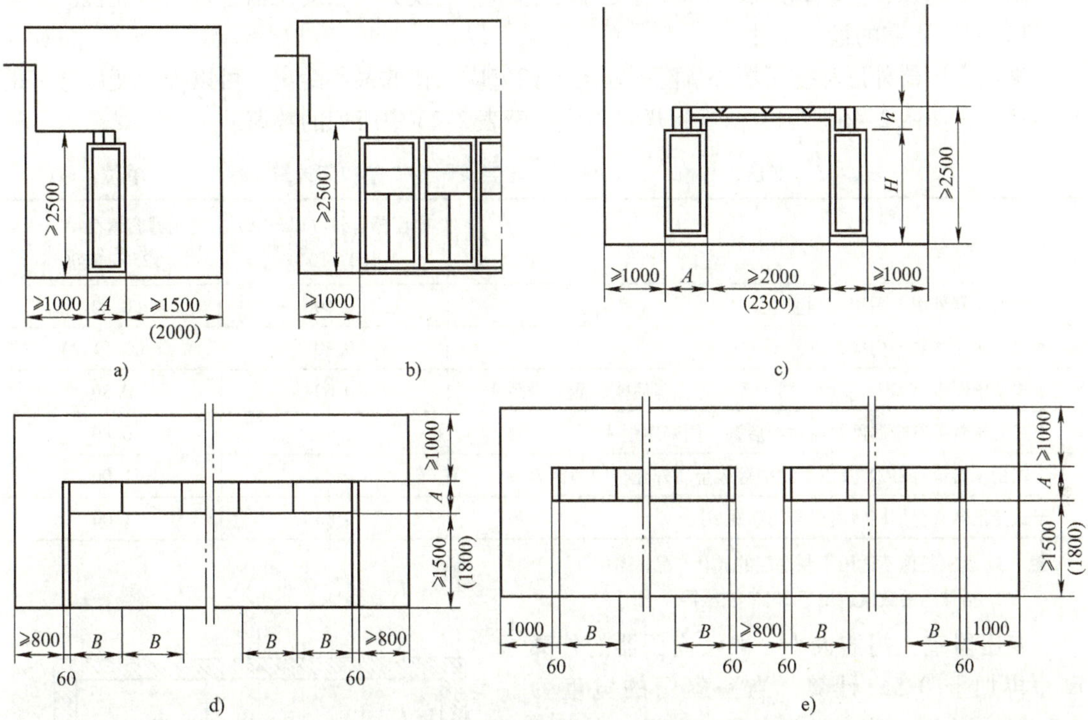

图2-45 低压配电室的布置（单位：mm）

a）单列离墙安装 b）侧面尽显 c）单列离墙安装 d）、e）平面布置

注：括号内的数值用于抽屉式低压配电屏

为适宜。

低压配电室的高度应根据低压配电屏的高度和毗邻的变压器室综合考虑，以便于变压器低压出线。一般当配电室与抬高地坪的变压器室相邻时，高度应不低于4.0m；当配电室与不抬高地坪的变压器室相邻时，高度应不低于3.5m。

4）低压配电室的建筑要求

低压配电室中成排布置的配电屏，其长度超过6m时，屏后的通道应设2个出口，并宜布置在通道的两端；当两出口之间的距离超过15m时，其间还应增加出口。当通道净宽为3m及以上时，则不受上述限制。

低压配电室长度超过7m时，应设两个出口，并宜布置在配电室两端。配电装置室的门的高度和宽度，宜按最大不可拆卸部件尺寸的高度加0.5m、宽度加0.3m设定，其疏散通道的门的最小高度宜为2.0m、最小宽度宜为750mm。

低压配电室可以设置能开启的自然采光窗。低压配电室的耐火等级不应低于三级。低压配电室也应设置防止雨、雪和蛇、鼠类小动物从采光窗、通风窗、门、电缆沟等进入室内的设施；低压配电室的顶棚、墙面、地面的建筑要求与高压配电室相同。

（3）变压器室

变压器室的结构、型式取决于变压器的型式（油浸式或干式）、容量、放置方式、主接线方案及进出线的方式（电缆或架空）和方向等诸多因素，并应考虑运行维护的安全及通风、防火等问题，兼顾到发展，需要考虑变压器室有更换大一级变压器容量的可能性。

1）变压器室的最小尺寸

根据变压器外形和变压器外廓至变压器室四壁应保持的最小距离，可以确定变压器室的最小尺寸，如图2-46所示，依规程规定不应小于表2-23中所列的数值。

表2-23 变压器外廓（防护外壳）与变压器室墙壁和门的最小净距 （单位：m）

项目	变压器容量/(kV·A) 100～1000	变压器容量/(kV·A) 1250～1600
油浸变压器外廓与后壁、侧壁净距 *A*	0.60	0.80
油浸变压器外廓与门净距 *B*	0.80	1.00（1.2）
干式变压器带有IP2X及以上防护等级外壳与后壁、侧壁净距 *A*	0.60	0.80
干式变压器带有金属网状遮栏与后壁、侧壁净距 *A*	0.60	0.80
干式变压器带有IP2X及以上防护等级金属外壳与门净距 *B*	0.80	1.00
干式变压器有金属网状遮栏与门净距 *B*	0.80	1.00

注：1. 表中各值不适用于制造厂的成套产品。
2. 括号内的数值适用于35kV变压器。

变压器室大门的大小一般按变压器的外廓尺寸再加上0.5m计算，当一扇门的宽度为1.5m及以上时，应在大门上开一小门，小门宽度为0.8m、高度为1.8m，以便日常维护人员进出。变压器室的门要向外开。

变压器室的布置方式，按变压器推进方式，分为宽面推进式和窄面推进式两种。

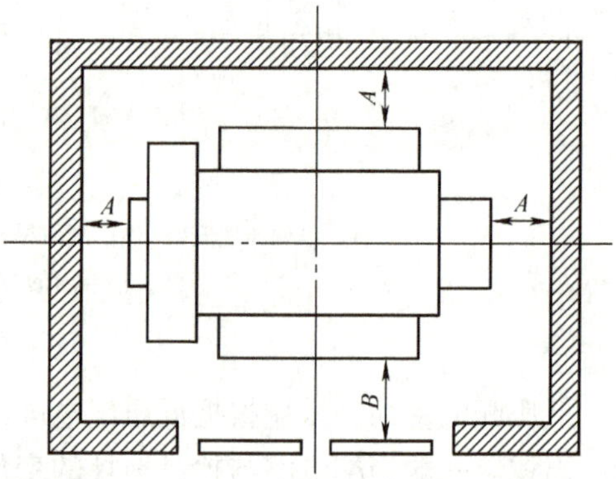

图2-46 变压器室的最小尺寸

2）变压器室的高度和通风

变压器室的高度与变压器的高度、进线方式、通风条件有关。

变压器室根据容量大小，进风温度的高低，可以采用不同的通风方式。变压器室只设通风窗，不设采光窗，一般采用自然通风。通风窗采用非燃烧材料。通风系统应保证变压器在一年四季内均能安全满载运行。在夏季最热的月份，变压器室的排风温度不宜高于45℃，进风和排风的温差不宜大于15℃。

变压器室的进风窗宜设在变压器室前门的下方，出风窗设在变压器室的上方，通风窗的面积有规定。通风窗还应设置防止雨、雪和蛇、鼠类小动物等进入室内的设施。一般对进风窗，用圆钢栅栏加铁丝网；对出风窗，因其位置高于变压器，应考虑用百叶窗。

3）变压器室的地坪

按通风要求，变压器室的地坪分为地坪抬高和不抬高两种形式。变压器室的地坪抬高时，通风散热更好，但建筑费用较高。

4）变压器室的防火

干式变压器室的耐火等级不应低于二级。变压器室的通风窗应采用非燃烧材料，防止变压器发生火灾时，通风窗因辐射热和火焰而烧毁，扩大灾情。变压器室除大门外，可以开设通向电工值班室或高、低压配电室的小门，以便值班人员巡视，门的材料除采用非燃烧体或难燃烧体的建筑材料。

（4）值班室

GB 50053—2013《20kV 及以下变电所设计规范》规定，“有人值班的配电所，应设单独的值班室。高压配电室与值班室应直通或经过通道相通，值班室应有直接通向户外或通向走道的门”。值班室内应张贴各种值班制度。

值班室内不得有高压电气设备，可与低压配电室合并，但在放置值班工作桌的一面或一端，低压配电装置到墙的距离不应小于 3m。

值班室要有良好的自然采光，其通向外边的门应朝外开。

（5）电容器室

1000V 以下的电容器内部每个元件都有熔丝保护，因此运行比较安全，所以 1000V 以下电容器可以不单独设置低压电容器室，而将低压电容器柜与低压配电屏连在一起布置。低压电容器柜与低压配电屏的高度和深度可以完全相同，一起布置整齐、美观。

变配电所具有高压电容器装置时，高压电容器柜应设置在单独房间内，高压电容器室应有良好的自然通风。当电容器容量较小时，也可与高压配电装置设在一个房间内，但与高压配电装置的距离不应小于 1.5m。电容器室与高低压配电室相邻时，中间应有防火隔墙。

注意，如果变配电所内安装的是符合 IP3X（Ingress Protection，IP）防护等级外壳的不带可燃性油的高、低压配电装置和非油浸电力变压器，当环境允许时，可相互靠近布置在同一空间内。

4. 变配电所主接线

（1）概述

变配电所的主接线是供配电系统中实现电能输送和分配的一种电气接线；对应的接线图叫主接线图或主电路图、一次电路图、一次接线图。虽然电力系统是三相系统，但通常电气主接线图采用单线表示，更简单、清楚和直观。

1）主接线图形式

根据主接线图作用的不同可分为如下两种形式。

① 系统式主接线图。即按照电能输送和分配的顺序、用规定的电气符号和文字说明来表示和安排其主要电气设备相互连接关系的主接线图。这种图能全面系统地反映主接线中电力电能的传输过程，即相对电气连接关系，但不能反映电路中各电气设备和成套设备之间的相互排列位置，即实际位置。它一般在运行中使用。

② 装置式主接线图。即按照高、低压成套配电装置之间的相互连接和排列位置绘制的主接线图。在装置式主接线图中，各成套配电装置的内部设备、接线及各成套配电装置之间的相互连接和排列位置一目了然。这种图多用于施工图，便于配电装置的采购和安装施工。

图 2-47 和图 2-48 分别表示同一个变配电所的两种主接线图。

2）对主接线的基本要求

① 安全性。主接线的设计应符合国家标准及有关技术规范的要求，充分保证人身和设备的安全（如高、低压断路器的电源侧和可能反馈电能的另一侧须装设隔离开关；变配电所的高压母线和架空线路的末端需装设避雷器）。

② 可靠性。主接线应根据负荷的等级，满足不同等级负荷对供电可靠性的不同要求

（如对一级负荷，应考虑两个电源供电；二级负荷，应采用双回路供电）。

③ 灵活性。主接线能适应各种不同的运行方式，并能灵活地进行不同运行方式间的转换，使之能做到便于操作、检修，又能适应负荷的发展，有扩充、改建的可能。

④ 经济性。在满足以上要求的前提下，应力求主接线的设计简单、投资少、运行管理费用低，并能节约电能和有色金属消耗量（如尽可能采用技术先进、经济实用的节能产品；尽量采用开关设备少的主接线方案；在优先提高自然功率因数的基础上，采用人工补偿无功功率的措施，使功率因数达到规定的要求）。

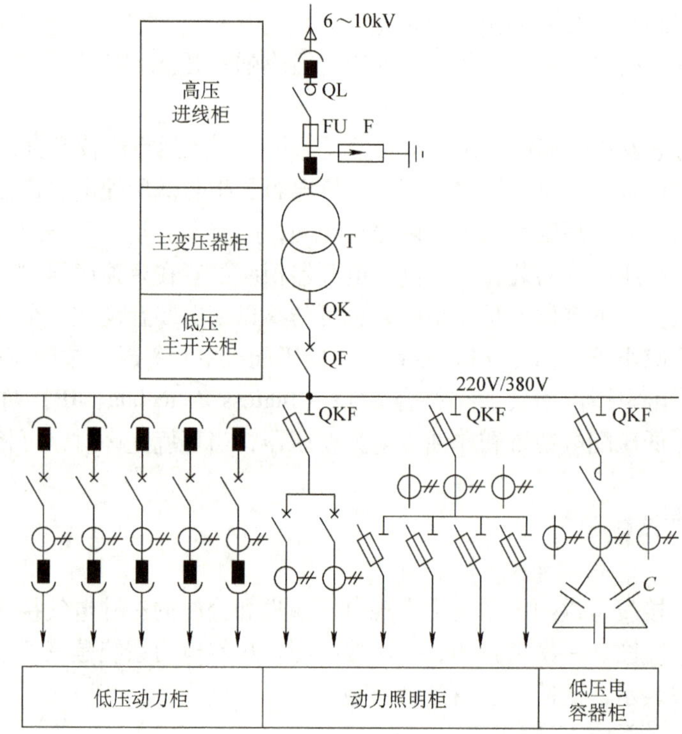

图 2-47 变电所系统式主接线图

T—主变压器 QL—负荷开关 FU—熔断器 F—避雷器 QK—低压刀开关 QF—断路器 QKF—刀熔开关

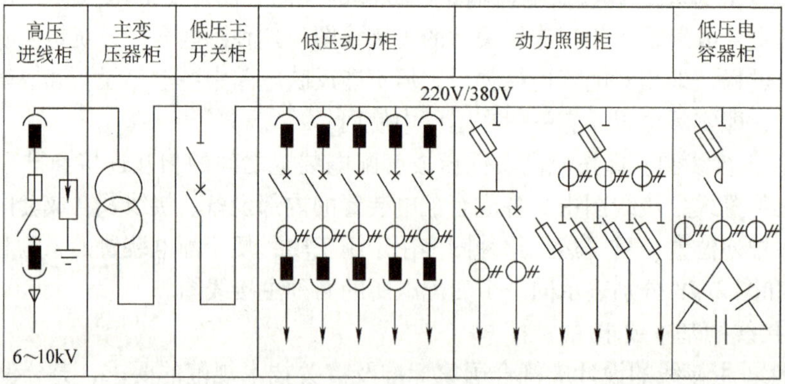

图 2-48 变电所装置式主接线图

主接线图中常用电气设备和导线的图形符号和文字符号见表 2-7。

（2）变配电所常用主接线类型和特点

1）线路 - 变压器组单元接线

在变配电所中，当只有一路电源进线和一台变压器时，可采用线路 - 变压器组单元接线，如图 2-49 所示。根据变压器高压侧情况的不同，可以装设图中右侧三种不同的开关电器组合。

① 当电源侧继电保护装置能保护变压器且灵敏度满足要求时，变压器高压侧可只装设隔离开关或跌落式熔断器（变压器容量一般不得大于 630kV·A）。

② 当变压器高压侧短路容量不超过高压熔断器断流容量，而又允许采用高压熔断器保护变压器时，变压器高压侧可装设跌落式熔断器或熔断器式负荷开关（变压器容量一般不得大于 1250kV·A）。

③ 一般情况下，在变压器高压侧装设隔离开关和断路器。

线路 - 变压器组单元接线简单，所用电气设备少，配电装置简单，节约了建设投资。缺点是当该线路中任一设备发生故障或需检修时，变配电所都要全部停电，供电可靠性不高，适用于小容量三级负荷。

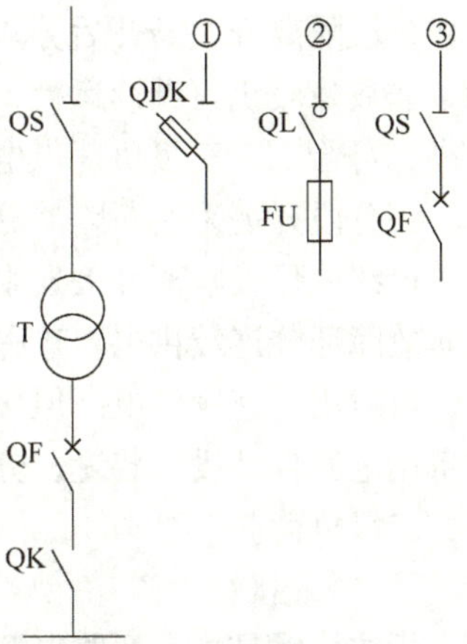

图 2-49 线路 - 变压器组单元接线方案

2）单母线接线

母线称汇流排，是用来汇集、分配电能的硬导线，文字符号为 W 或 WB。设置母线可方便地把多路电源进线和出线通过电气开关连接在一起，提高供电的可靠性和灵活性。

① 单母线不分段接线。当只有一路电源进线时，常用这种接线方式，如图 2-50a 所示。

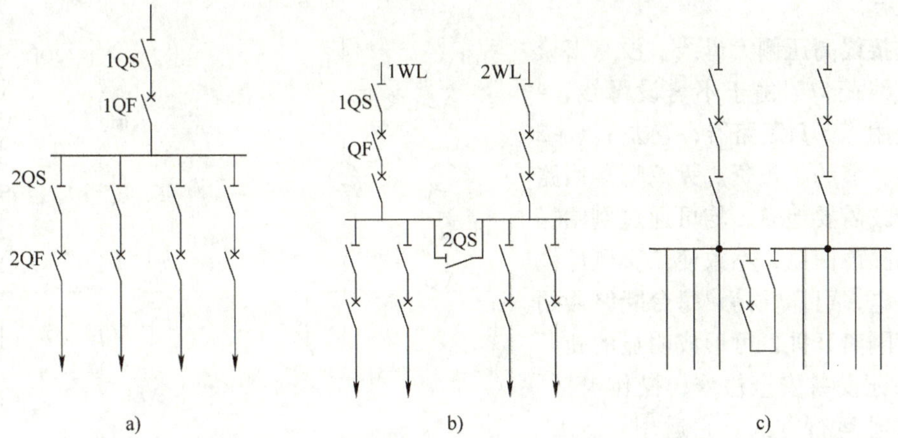

图 2-50 单母线接线

a）单母线不分段 b）单母线分段（分段开关为隔离开关） c）单母线分段（分段开关为断路器）

每路进线和出线中都配有一组开关电器。断路器用于通断正常的负荷电流，并能切断短路电流。隔离开关有两种作用，靠近母线侧的称母线隔离开关，用于隔离母线电源和检修断路器；靠近线路侧的称线路侧隔离开关，用于防止在检修断路器时从用户侧反向送电并防止雷电过电压沿线路侵入，保证维修人员安全。

单母线不分段接线简单清晰，使用设备少，投资低，比较经济，发生误操作的可能性较小。但其可靠性和灵活性差，当母线或母线侧隔离开关发生故障或进行检修时，必须断开所有回路及供电电源，从而造成全部用户供电中断。这种接线适用于对供电可靠性和连续性要求不高的中、小型三级负荷用户或有备用电源的二级负荷用户。

② 单母线分段接线。当有双电源供电时，常采用单母线分段接线，分段开关可采用隔离开关或断路器；母线可分段运行，也可不分段运行。

当分段开关采用隔离开关分段时，如图 2-50b 所示，如需对母线或母线隔离开关检修，可将分段隔离开关断开后分段进行检修。当母线发生故障时，经短时间倒闸操作将故障段切除，非故障段仍可继续运行，只有故障段所接用户停电。该接线方式的供电可靠性和灵活性较高，可给二、三极负荷供电。

当分段开关采用断路器分段时，如图 2-50c 所示，可分段检修母线或母线隔离开关，还可在母线或母线隔离开关发生故障时，母线分段断路器和进线断路器能同时自动断开，以保证非故障部分连续供电。这种接线方式的供电可靠性高，运行方式灵活。除母线故障或检修外，可对用户连续供电。但接线复杂，使用设备多，投资大，适用于有两路电源进线、装设了备用电源自动投入装置，分段断路器可自动投入及出线回路数较多的变配电所，可供电给一、二级负荷。

3）桥式接线

桥式接线是指在两路电源进线之间跨接一个断路器，犹如一座桥，有内桥式和外桥式两种接线：

① 内桥式接线。断路器跨接在进线断路器的内侧，靠近变压器，称为内桥式接线，如图 2-51a 所示。

② 外桥式接线。断路器跨在进线断路器的外侧，靠近电源侧，称为外桥式接线，如图 2-51b 所示。

桥式接线高压侧无母线，没有多余设备，接线简单。由于不需设母线，4 个回路只用了 3 只断路器，省去了 1～2 台断路器，节约了投资。无论哪条回路发生故障或需要检修，均可通过倒闸操作迅速切除该回路，不致使二次侧母线长时间停电，可靠性高；每台断路器两侧均装有隔离开关，可形成明显的断开点，以保证设备安全检修；操作灵活，能适应多种运行方式。它适用于 35kV 及以上变电所一、二级负荷。

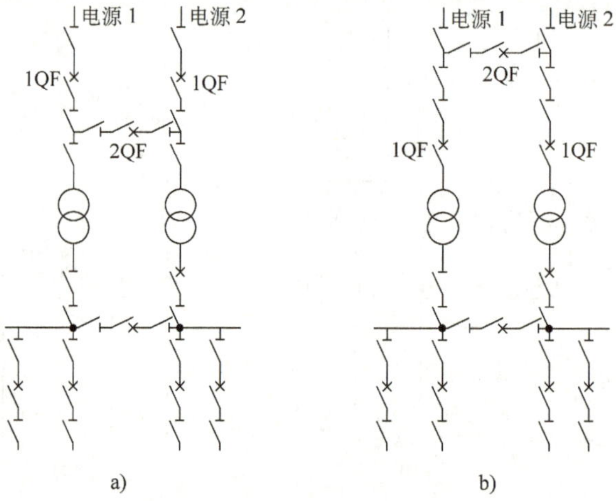

图 2-51 桥式接线

a）内桥式接线 b）外桥式接线

内桥式接线多用于电源线路较长因而发生故障和需要检修的可能性就会较多，但变电所的变压器不需要经常切换的 35kV 及以上总降压变电所。外桥式接线适用于电源线路较短而变电所的变压器需经常进行切换操作以适应昼夜负荷变化大，需经济运行的总降压变电所。

（3）变电所主接线典型方案介绍

1）装设一台变压器的 6～10kV 变电所主接线

当变电所只有一台变压器时，高压侧可不设母线，这种接线就是上述的“线路－变压器组单元”接线方式。根据高压侧采用的控制开关不同，有下面几种主接线形式：

① 高压侧采用隔离开关－熔断器或跌落式熔断器的变电所主接线方案，如图 2-52 所示。

该接线结构简单，投资少，但供电可靠性不高，且不宜频繁操作，这种接线的低压侧应采用低压断路器以便带负荷进行停、送电操作。一般只用于 500kV · A 及以下容量变电所，对三级负荷供电。

② 高压侧采用负荷开关－熔断器的变电所主接线方案，如图 2-53 所示。

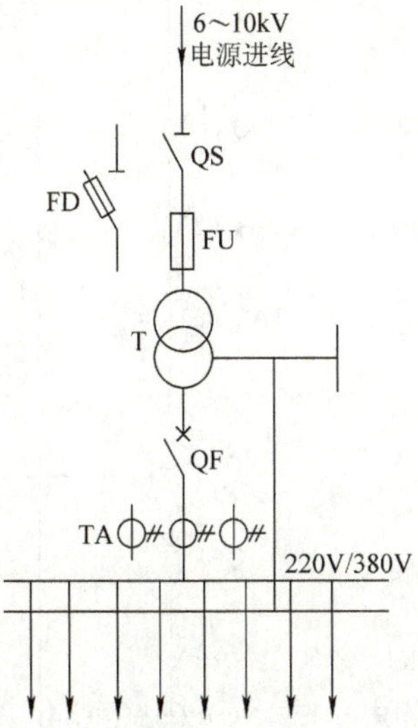

图 2-52　高压侧采用隔离开关－熔断器或跌落式熔断器的变电所主接线图

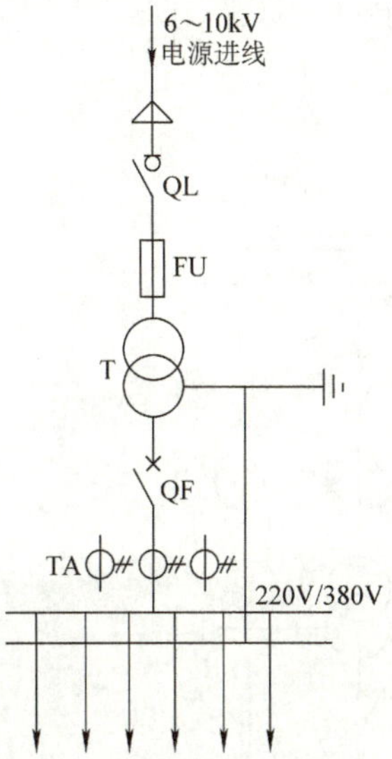

图 2-53　高压侧采用负荷开关－熔断器的变电所主接线图

由于负荷开关能带负荷操作，使变电所的停、送电操作比图 2-52 的方案要简便、灵活，但仍用熔断器进行短路保护，其供电可靠性依然不高；该接线的低压侧的主开关既可采用低压断路器，也可采用低压刀开关。一般也用于不重要的三级负荷的小型变电所。

③ 高压侧采用隔离开关－断路器的变电所主接线方案。

当有一路电源进线时，如图 2-54 所示，该接线方案停、送电操作十分方便灵活，而且高压断路器都配有继电保护装置，因此短路保护和过负荷保护的性能好，恢复供电的时间短，供电可靠性较前两种接线方案高；当不需带负荷操作时，变压器的低压侧可采用刀开关作为主开关。

由于只有一路电源进线，一个回路，一般也只能用于三级负荷，但供电容量较大。

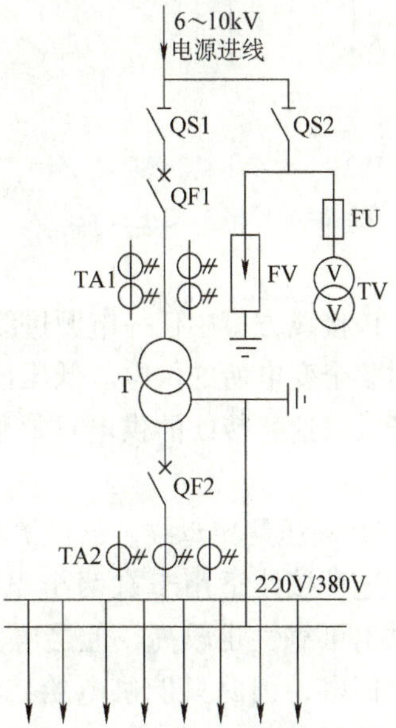

图 2-54　高压侧采用隔离开关－断路器的变电所主接线图

当有两路电源进线时，如图 2-55 所示，该接线方案供电可靠性较图2-54大大提高，可供电给二级负荷，如果低压侧还有来自其他变配电所的公共备用线或有备用电源，还可供电给少量的一级负荷。

2）装设两台变压器的6～10kV变电所主接线方案

① 高压侧无母线、低压侧单母线分段的变电所主接线，如图2-56所示。

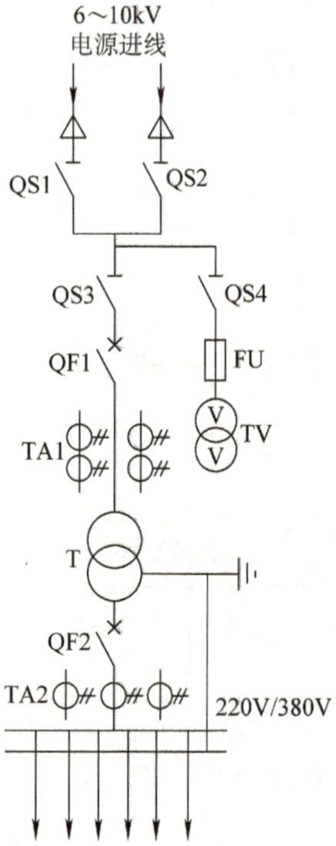

图2-55　双电源进线、一台变压器的变电所的主接线图

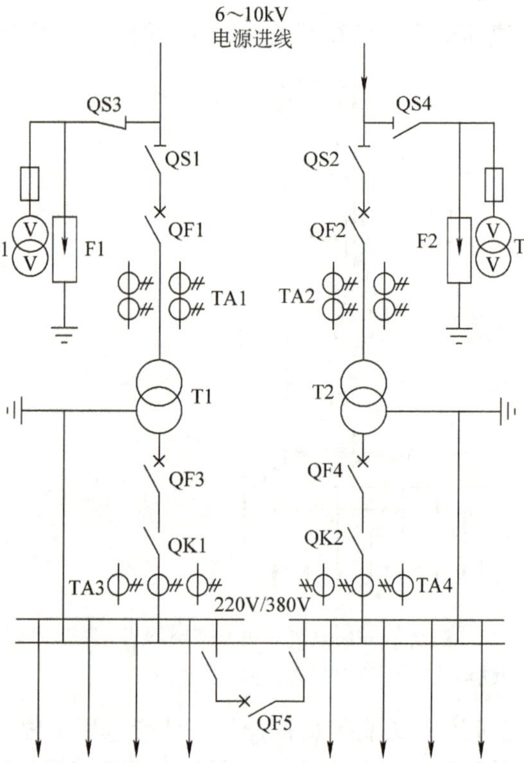

图2-56　两路电源进线、高压侧无母线、低压侧单母线分段的两台变压器变电所主接线图

该接线方案中任一电源进线或变压器故障及检修时，可通过闭合低压母线分段开关，恢复对整个变电所的供电。低压母线的分段开关一般为断路器，如无自动切换要求，也可采用刀开关。这种接线的供电可靠性高，操作灵活方便，适用于负荷等级是一、二级的重要变电所。

② 高压侧单母线、低压侧单母线分段的变电所主接线，如图2-57所示。

这种接线适用于有两个电源、两台或两台以上变压器或需多路高压出线的变电所。其供电可靠性也较高，但当电源进线或高压母线发生故障或需停电检修时，整个变电所都要停电，因此只能供电给二、三级负荷，如有高压或低压联络线时，可供电给一、二级负荷用。

③ 高低压侧均采用单母线分段的两台变压器变电所的主接线，如图2-58所示。

高压侧采用双回路电源进线单母线分段，再加之低压母线的分段，使其供电可靠性相当高，且操作灵活方便，可供电给一、二级负荷，用于有两个电源的重要变配电所。

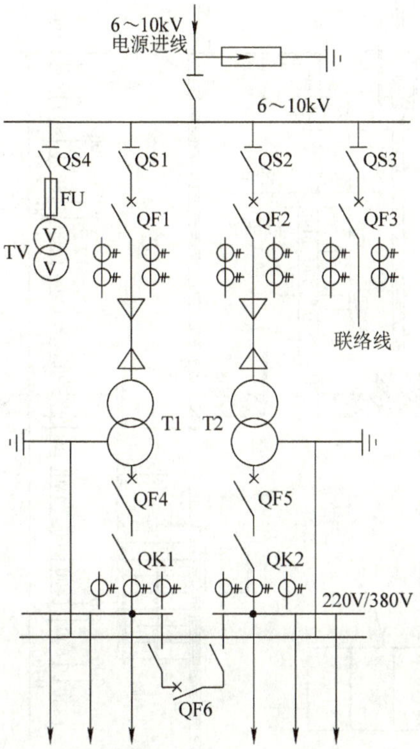

图2-57 一路进线、高压侧单母线、低压侧单母线分段的两台变压器变电所主接线图

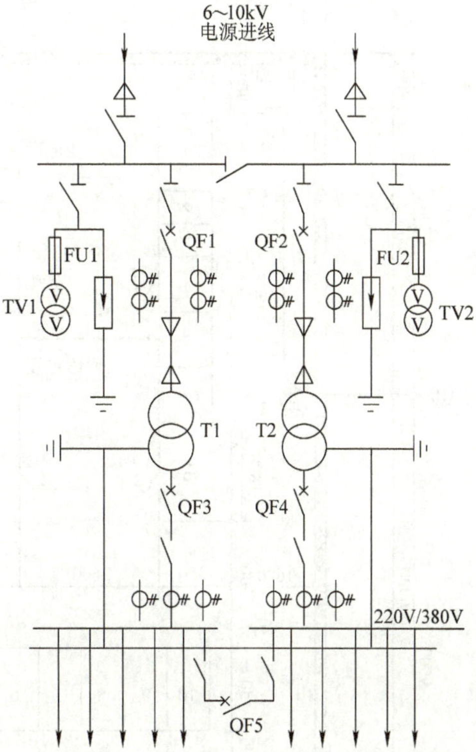

图2-58 高低压侧均采用单母线分段的两台变压器变电所的主接线图

五、案例练习

根据图2-59所示某项目的变电所平面布置图，回答：

1. 用箭头简要画出供配电进出线流向图，指出图2-59中哪些是高压柜、变压器、低压柜。

2. 根据单元3案例练习中低压柜系统图（图2-13和图2-14）和单元4案例练习中的高压柜配电系统图（图2-29），在变电所平面布置图上标注出具体的成套配电装置编号。

3. 变电所的整体布置应考虑哪些要求？

4. 配电装置应满足哪些基本要求？

5. 主接线设计的基本要求是什么？

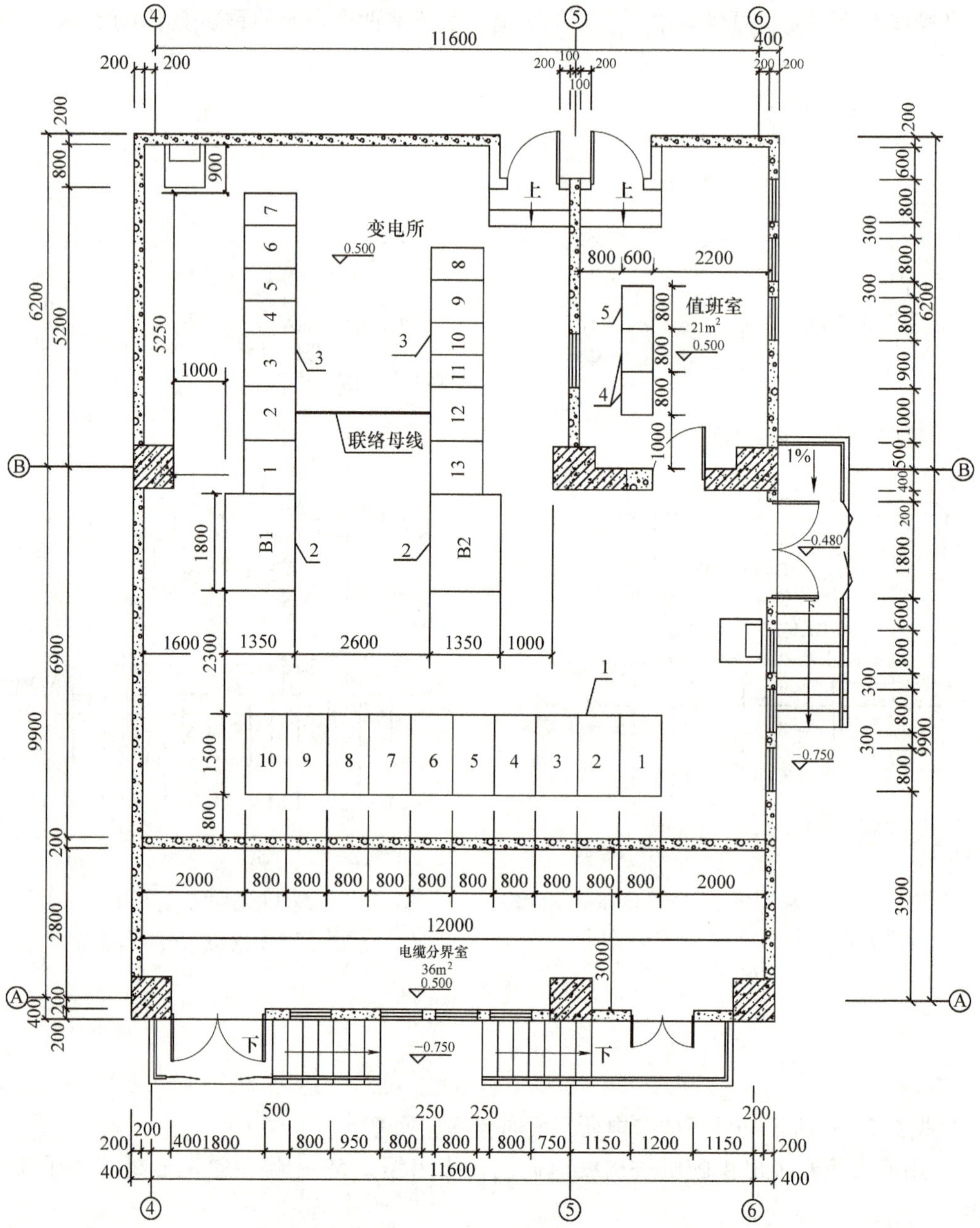

图2-59 变电所平面布置图（1∶50）

单元6 低压配电箱和高低压配电线路

一、学习目标

① 熟悉配电箱的型号。

② 掌握高压线路和低压线路的接线方式。

③ 了解电力线路的结构与敷设方式。

二、学习任务

① 以表格形式列出给定的图样中配电箱的型号、规格、数量、位置。

② 以表格形式列出给定的图样中线路的型号、规格、位置。

③ 说出给定的图样中配电线路的接线方式与特点。

三、学习工具

某建筑电气图样 1 套，教材和教参。

四、背景知识

1. 低压配电箱

配电箱是直接向低压用电设备分配电能的控制、计量盘，是供配电系统中用电设备的最后一级控制和保护设备，在民用建筑中用量很大。按照用电设备的种类，配电箱分为照明配电箱、动力配电箱等；按照结构配电箱可分为板式、箱式、台式、落地式等；按照装设地点又可分为户内式和户外式。配电箱可明装在墙外或暗装镶嵌在墙体内，有标准定型产品和非标准定型产品。

配电箱应根据接线方案和所选设备类型、型号和尺寸，尽量选适合要求的定型标准配电箱。民用建筑中大量使用的是户内式定型的铁制配电箱。

（1）配电箱的常用型号

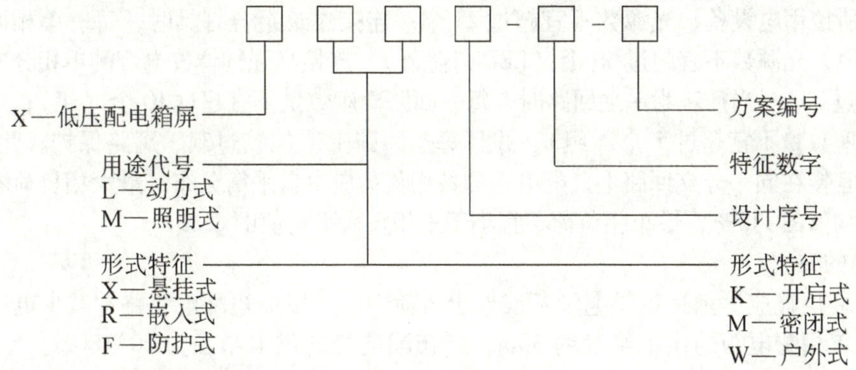

1）动力配电箱

动力配电箱通常具有配电和控制两种功能，主要用于动力配电和控制，但也可用于照明配电与控制。常用的动力配电箱有 XL 系列。

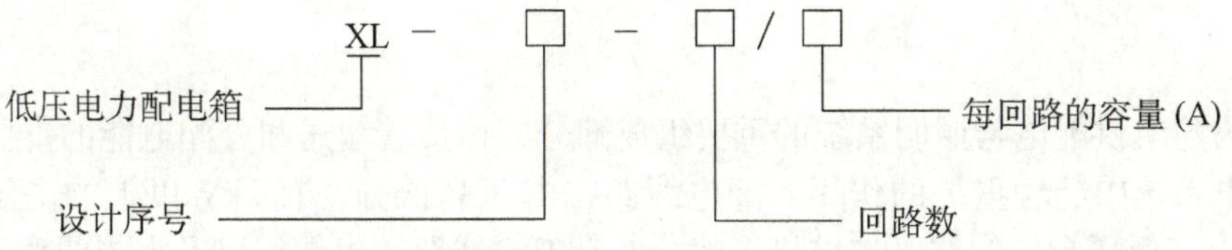

例如，XL－10－4/15 表示该配电箱设计序号是 10，有 4 个回路，每个回路有 15A 容量。

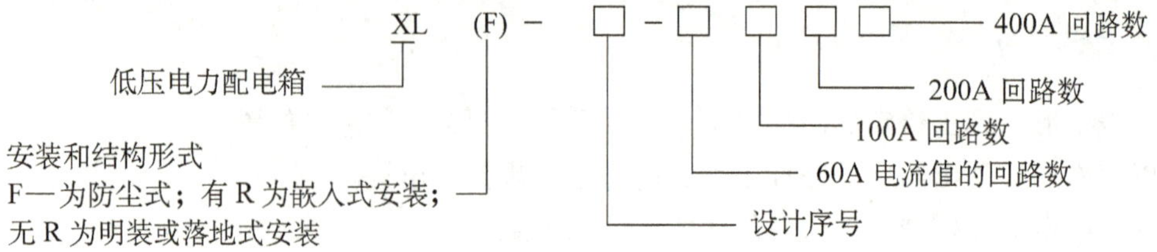

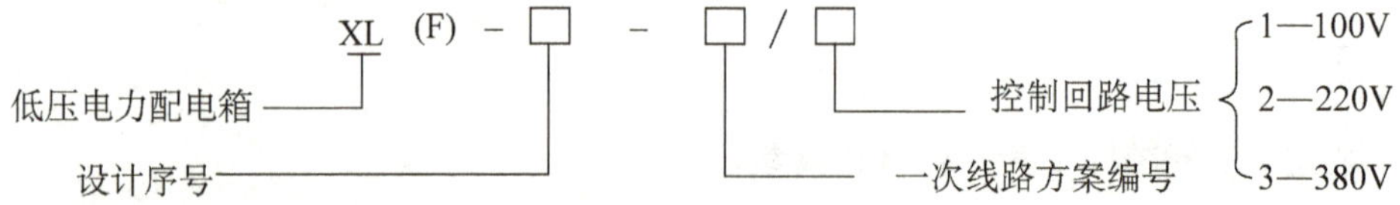

XL 系列动力配电箱适用于 500V 以下、50Hz 三相三线和三相四线动力或照明系统。

2）照明配电箱

照明配电箱主要用于照明和小型动力线路的控制、过负荷和短路保护。常用的照明配电箱有 XM 系列。

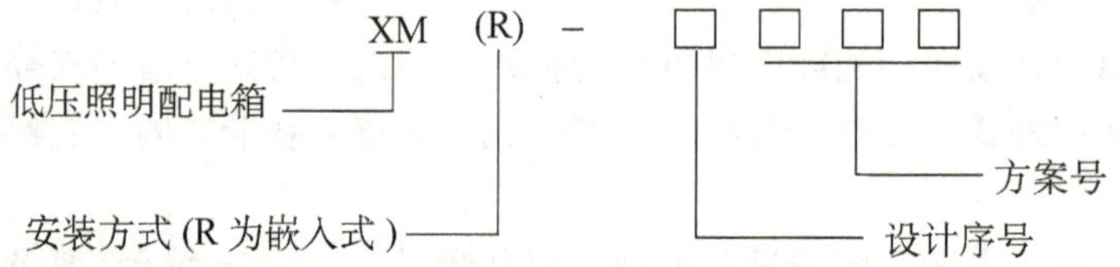

照明配电箱内主要装有控制各支路用的自动开关、熔断器，有的还装有漏电保护开关和电度表。

照明配电箱宜设置在靠近负荷中心，便于操作、维护的位置。每个照明单相分支回路电流不宜超过 16A，所接用电设备、光源数不宜超过 25 个；连接建筑组合灯具时，每一单相回路电流不宜超过 25A，光源数不宜超过 60 个（LED 灯除外）；连接高强气体放电灯的单相分支回路的电流不应超过 30A。当插座为单独回路时，每一回路插座数量不宜超过 10 个（组）；用于计算机电源的插座数量不宜超过 5 个（组），并且每条回路上应加装过载、短路保护。此外，插座和照明灯不宜接在同一分支回路上，配电箱的各相负荷应尽量平衡分布，最大相负荷不宜超过三相负荷平均值的 115%，最小相负荷不宜小于三相负荷平均值的 85%。

（2）配电箱的布置

配电箱的安装位置应尽量接近供电设备或处于负荷中心，以缩短配电线路并减少电压损失。一般规定，单相配电箱的供电半径约 30m，三相配电箱的供电半径为 60～80m。另外，还要注意配电箱安装位置应便于操作、方便维修、采光良好、干燥通风、美观安全等。通常为了有利于层间配线和维护管理，每层配电箱应布置在相同的平面位置处。

配电箱明装时，应在墙内适当位置预埋木砖或铁件，若不加说明，盘底距离地面的高度一律为 1.2m。配电箱暗装时，应在墙面适当部位预留洞口，若不加说明，底口距地面高度则为 1.4m。

2. 配电线路

配电线路作为建筑供配电与照明系统的重要组成部分，担负着输送和分配电能的重要任务，在整个供配电系统中起着重要的作用。配电线路按电压高低分，有 1kV 以上的高压配电线路和 1kV 及以下低压配电线路；按结构形式分，有架空线路、电缆线路及室内线路。

对配电线路的基本要求是安全可靠，操作方便，运行灵活、经济和有利于发展。配电线路的接线应力求简单、有效，且层次不宜过多，同一电压供电系统的配电级数不宜多于两级。否则不但会造成投资的浪费，而且还会增大故障出现的概率，延长停电时间。高低压配电线路应尽量深入负荷中心，以减少线路的电能损耗和金属的消耗量，并提高供电质量。

（1）配电线路的接线方式

接线方式是指由电源端（变、配电站）向负荷端（电能用户或用电设备）输送电能时采用的网络形式。

1）高压配电线路的接线方式

高压配电线路是指以6～10kV电压向建筑物变电所或高压用电设备配电的电力线路。常用的接线方式有高压放射式、高压树干式和高压环形等。

① 高压放射式接线。高压放射式接线是指电能在高压母线汇集后向各高压配电线路输送，每个高压配电回路直接向一个用户供电，沿线不分接其他负荷。

高压放射式接线的基本形式是高压单回路放射式接线，如图2-60a所示。该方式接线清晰，操作维护方便，各供电线路互不影响，供电可靠性较高，还便于装设自动装置，保护装

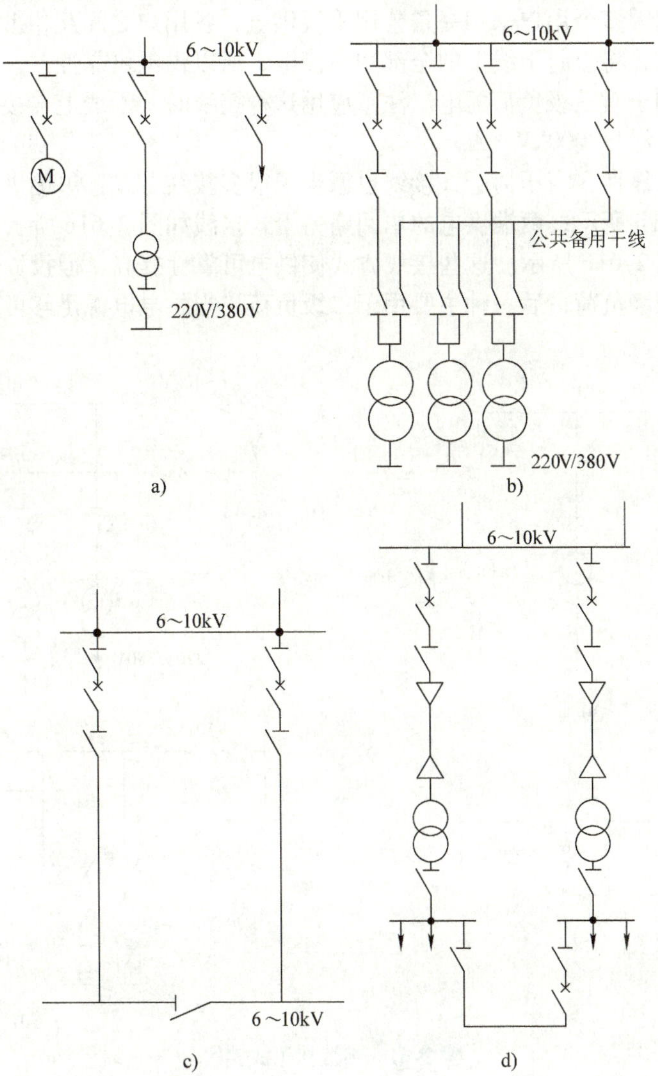

图2-60　高压放射式接线

a）单回路放射式　b）具有公共线路的放射式　c）双回路放射式　d）具有低压联络线的放射式

置也较简单；但高压开关设备用得较多，投资高，某一线路发生故障或需检修时，该线路供电的全部负荷都要停电。故只能用于二、三级负荷或容量较大及较重要的专用设备。

为提高供电可靠性，高压放射式接线出现了其他派生方式，如带公共备用干线的放射式接线，如图2-60b所示；双回路放射式接线，如图2-60c所示；采用低压联络线路作备用干线的放射式接线，如图2-60d所示。

这些派生方式与单回路放射式接线相比，除拥有其优点外，供电可靠性也得到了提高；开关设备的数量和导线材料的消耗量比单回路放射式接线有所增加，投资增加。可供电给二级负荷或一级负荷。

② 高压树干式接线。高压树干式接线是指由变配电所高压母线上引出的每路高压配电干线上，沿线均连接了数个负荷点的接线方式。

高压树干式接线的基本形式是单回路树干式接线，如图2-61a所示。较单回路放射式接线，该接线方式大大减少了变配电所的出线，高压开关柜数量也相应减少，同时可节约有色金属的消耗量。但因多个用户采用一条公用干线供电，各用户之间互相影响，当某条干线发生故障或需检修时，将引起干线上的全部用户停电，所以供电可靠性差，且不容易实现自动化控制，故一般用于对三级负荷配电。注意应用这种接线时，干线上连接的变压器不得超过5台，总容量不应大于3000kV·A。

为提高供电可靠性，高压树干式接线也派生了很多接线方式：单侧供电的双回路树干式接线方式如图2-61b所示；两端供电的单回路树干式接线如图2-61c所示；两端供电的双回路树干式接线如图2-61d所示。这些接线方式使供电可靠性提高，但投资也相应增加。前两种可供电给二、三级负荷；后一种主要用于二级负荷，当供电电源足够可靠时，亦可用于一级负荷。

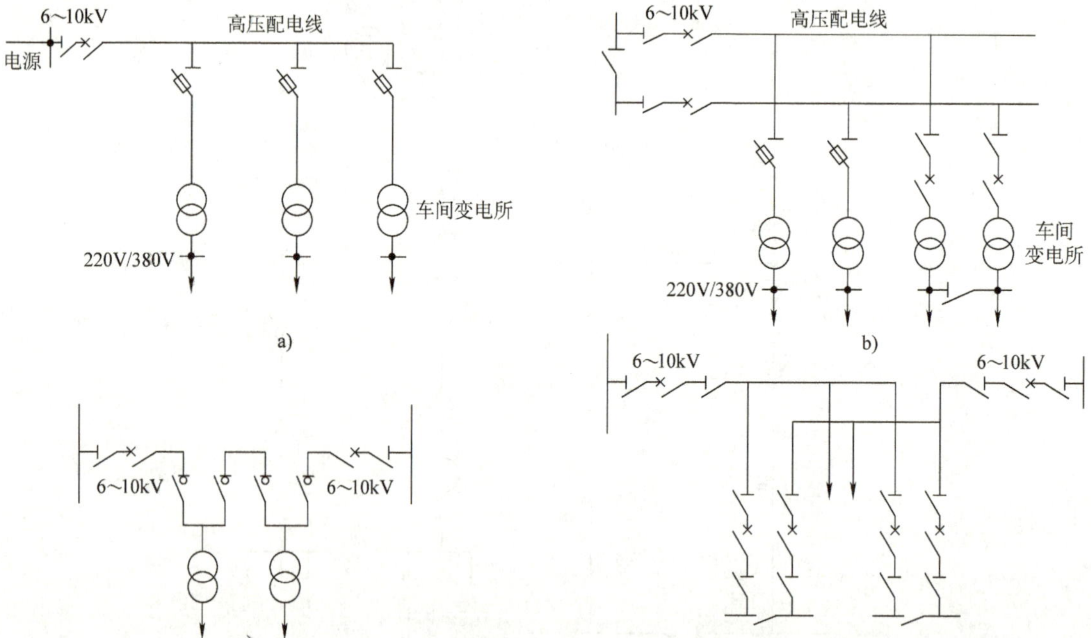

图2-61　高压树干式接线

a）单回路树干式接线　b）单侧供电的双回路树干式接线

c）两端供电的单回路树干式接线　d）两端供电的双回路树干式接线

③ 高压环形接线。高压环形接线实际上是将两端供电的树干式接线连接起来，构成环形接线，如图2-62所示。这种接线运行灵活，线路检修时可切换电源；出现故障时可切除故障线路，缩短停电时间，供电可靠性高。可供电给二、三级负荷，在现代化城市电网中应用较广泛。

由于闭环运行时继电保护整定较复杂，同时也为避免环形线路上发生故障影响整个电网，需要简化继电保护，限制系统短路容量，大多数环形线路采用“开环”运行方式，即环形线路中有一处开关是断开的。高压环形电网中通常采用以负荷开关为主开关的高压环网柜。

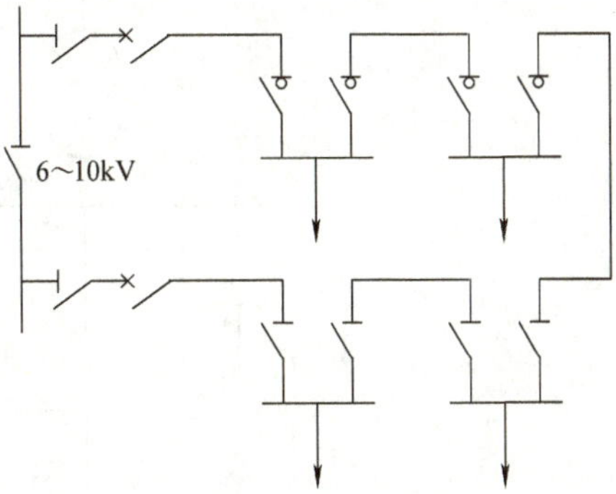

图2-62　高压环形接线

实际上，供配电系统高压配电线路的接线往往是几种接线方式的组合，究竟采用什么接线方式，应根据具体情况，考虑对供电可靠性的要求，经技术经济方面综合比较后才能确定。对大中型建筑，高压配电系统宜优先考虑采用放射式接线。因为放射式接线的供电可靠性较高，便于运行管理。由于放射式的投资较大，对于供电可靠性要求不高的辅助生产区和生活住宅区，可考虑采用树干式或环形配电。

2）低压配电线路的接线方式

低压配电线路是指以1kV以下电压向建筑物各低压配电箱或低压用电设备配电的电力线路。常用的基本接线方式有低压放射式、低压树干式和低压环形3种。

① 低压放射式接线。低压放射式接线是指由变配电所低压母线将电能分配出去经各个配电干线（配电屏）供电给配电箱或低压用电设备的接线方式，如图2-63所示。

这种接线方式的各低压配电出线互不影响，供电可靠性较高；但所用配电设备及导线材料较多，且运行不够灵活。故多用于用电设备容量大、负荷集中或重要的负荷，以及需要集中连锁起动、停车的用电设备和有爆炸危险的场所。对于特别重要的负荷，可采用由不同母线段或不同电源供电的双回路放射式接线。

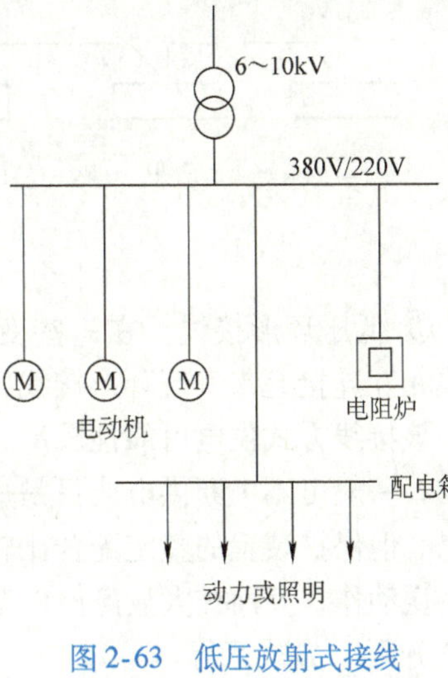

图2-63　低压放射式接线

② 低压树干式接线。低压树干式接线有3种形式，即低压母线放射式配电的树干式接线、“变压器－干线组”的树干式接线、链式接线。

低压母线放射式配电的树干式接线如图2-64a所示，这种接线方式引出配电干线较少，采用的开关设备较少，金属消耗量也少，这种接线多采用成套的封闭式母线槽，运行接线方式灵活方便，也比较安全。干线发生故障时，停电的范围大，与放射式相比，供电的可靠性较低。适宜于用电容量较小而分布均匀的场所，如照明配电线路。

“变压器－干线组”的树干式接线如图2-64b所示，该接线方式省去了变配电所低压侧的整套低压配电装置，简化了变配电所的结构，大大减少了投资。为了提高母干线的供电可靠性，一般接出的分支回路数不宜超过10条，而且不适用于需频繁起动、容量较大的冲击性负荷和对电压质量要求高的设备。

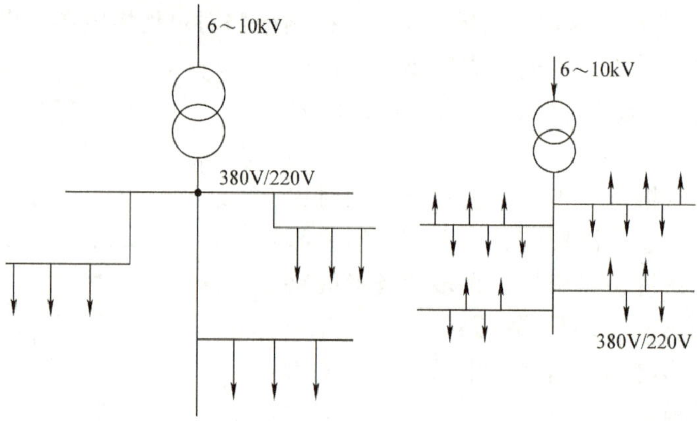

a) b)

图 2-64 低压树干式接线

a）低压母线放射式配电的树干式接线 b）低压“变压器－干线组”的树干式接线

链式接线如图 2-65 所示，它是变形的树干式接线，该接线适用于用电设备彼此距离近、容量都较小的情况。链式连接的配电箱不超过 3 个、用电设备台数不能超过 5 台，且总容量不宜超过 10kW。

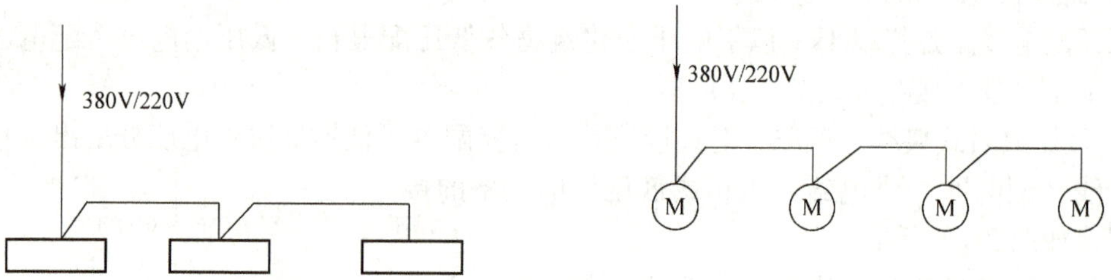

a) b)

图 2-65 低压链式接线

a）连接配电箱 b）连接电动机

③ 低压环形接线。在一些变电所的低压侧，可以通过低压联络线相互连接起来实现环形接线，如图 2-66 所示。

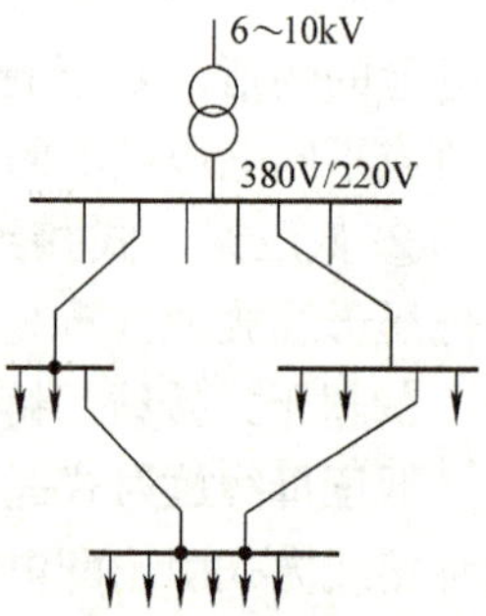

图 2-66 低压环形接线

该接线方式供电可靠性较高，灵活性较好，任一段线路故障或检修，一般可不中断供电或只是短时停电，经切换操作后即可恢复供电。但保护装置的整定配合比较复杂，如果整定配合不当，容易发生误动作，反而扩大故障停电范围，所以低压环形线路通常多采用“开环”方式运行。

实际建筑物内低压配电系统的接线，往往是上述几种接线的综合，并且需根据建筑物具体情况而定。一般在正常环境下，当大部分用电设备容量不大而且无特殊要求时，宜采用树干式配电。一方面是因为树干式比放射式经济，另一方面是因为工作人员对树干式接线的运行和管理有较多的经验。

（2）配电线路的结构与敷设

1）架空线路

架空线路具有成本低，投资少，安装容易，维护和检修比较方便，容易发现和排除故障的优点，但其易受环境（如气温、大气质量和雨雪、大风、雷电等）影响，容易发生断线或倒杆事故，且架空线路要占用一定的地面和空间，有碍观瞻、交通和整体美化，因此其使用受到一定的限制。目前，民用建筑不推荐使用架空线路。

2）电缆线路

电缆线路具有受外界因素（雷电、风害等）的影响小，供电可靠性高，不占路面，不碍观瞻，发生事故不易影响人身安全的优点。但其成本高，投资大，查找故障困难，工艺复杂，施工周期长。现代民用建筑中电缆线路已得到广泛应用。在有腐蚀性气体和易燃、易爆危险物的场所，不方便架设架空线路的场所，也宜采用电缆线路。

① 电缆的类型。电缆的分类方法很多。

按电压分，有高压电缆和低压电缆。

按线芯数分，有单芯电缆（用于工作电流较大的电路、水下敷设的电路和直流电路）、双芯电缆（用于低压 TN－C、TT 和 IT 系统的单相电路）、三芯电缆（用于三相电路、两相三线电路和 TN－S 系统的单相电路）、四芯电缆（用于低压三相四线电路）、五芯电缆（用于低压 TN－S 系统电路）。

按线芯材料分，有铜芯电缆和铝芯电缆。控制电缆应采用铜芯，须耐高温、耐火。有易燃、易爆危险物和剧烈振动的场合等也应选择铜芯电缆，其他情况下，一般可选用铝芯电缆。

按绝缘材料分，有油浸纸绝缘电缆、塑料绝缘电缆和橡胶绝缘电缆。油浸纸绝缘电缆耐压强度高，耐热性能好，使用寿命长，且易于安装和维护，但其内部的浸渍油会流动，因此不宜用在高度差较大的场所；我国生产的塑料绝缘电缆有聚氯乙烯绝缘及护套电缆和交联聚乙烯绝缘聚氯乙烯护套电缆两种，结构简单，成本低，制造加工方便，稳定性高，重量轻，敷设安装方便，不受敷设高度差的限制，抗腐蚀性好。特别是交联聚乙烯绝缘电缆的电气性能更好，耐热性好，载流量大，适宜高落差甚至垂直敷设，因此其应用日益广泛，但塑料受热易老化变形。橡胶绝缘电缆弹性好，性能稳定，防水防潮，一般用做低压电缆。

② 电缆的结构。电缆是一种特殊结构的导线，由线芯、绝缘层和保护层三部分组成。电缆结构的剖面示意图如图 2-67 所示。

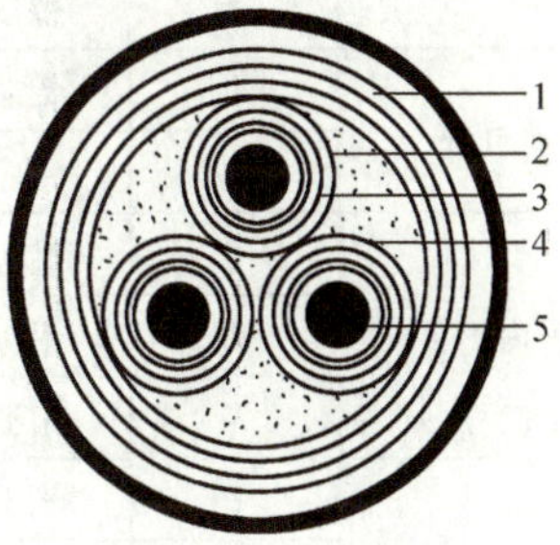

图 2-67　电缆结构的剖面图

1—铅皮　2—缠带绝缘层

3—线芯绝缘层　4—填充物

5—线芯导体

线芯的导体要有好的导电性，以减少输电时线路上电能的损失；绝缘层的作用是将线芯导体和保护层相隔离，必须具有良好的绝缘性能和耐热性能。油浸纸绝缘电缆以油浸纸作为绝缘层，塑料电缆以聚氯乙烯或交联聚乙烯作为绝缘层；保护层的内护层直接用来保护绝缘层，常用的材料有铅、铝和塑料等，外护层用以防止内护层受到机械损伤和腐蚀，通常为钢丝或钢带构成的钢铠，外覆沥青、麻被或塑料护套。

油浸纸绝缘电缆和交联聚乙烯绝缘电缆的结构如图 2-68 和图 2-69 所示。

电缆线路中有中间接头和电缆终端的封端头，统称为电缆头。电缆头是电缆线路的薄弱环节，电缆线路绝大部分非外力故障发生在电缆头处。因此，电缆头的安装和密封非常重要，在施工和运行中要由专业人员完成。

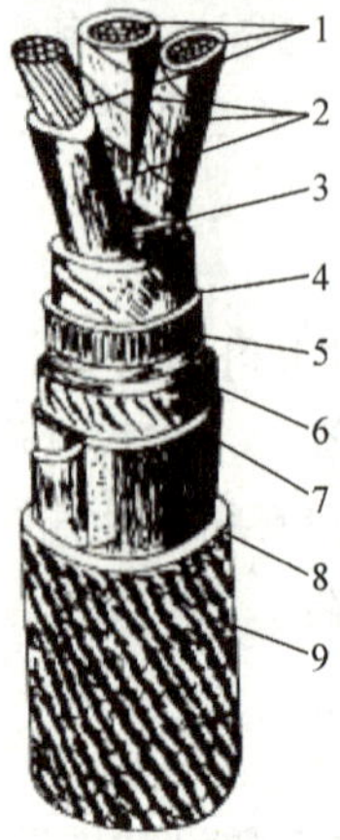

图2-68 油浸纸绝缘电缆

1—缆芯（铜芯或铝芯） 2—油浸纸绝缘层
3—麻筋（填料） 4—油浸纸（纸包绝缘层）
5—铅包 6—涂沥青的纸带（内护层）
7—浸沥青的麻被（内护层） 8—钢铠（外护层）
9—麻被（外护层）

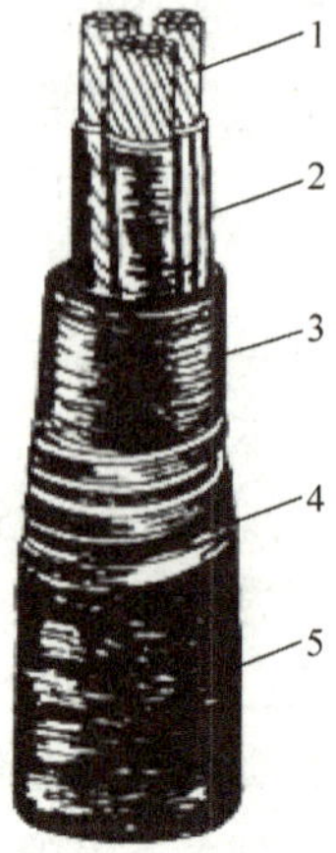

图2-69 交联聚乙烯绝缘电缆

1—缆芯（铜芯或铝芯） 2—交联聚乙烯绝缘层
3—聚氯乙烯护套（内护层） 4—钢铠或铝铠（外护层）
5—聚氯乙烯外套（外护层）

③ 电缆的型号。每一种电缆都有型号，表示这种电缆的结构、使用场合、绝缘种类和某些特征，见表2-13。电力电缆型号的含义见表2-24。

表2-24 电力电缆型号中各字母和数字的含义

项目	型号	含义	项目	型号	含义
类别	Z	油浸纸绝缘	外护套	20	裸钢带铠装
	V	聚氯乙烯绝缘		(21)	钢带铠装纤维外被
	YJ	交联聚乙烯绝缘		22	钢带铠装聚氯乙烯套
	X	橡皮绝缘		23	钢带铠装聚乙烯套
导体	L	铝芯		30	裸细钢丝铠装
	T	铜芯（一般不注）		(31)	细圆钢丝铠装纤维外被
内护套	Q	铅包		32	细圆钢丝铠装聚氯乙烯套
	L	铝包		33	细圆钢丝铠装聚乙烯套
	V	聚氯乙烯护套		(40)	裸粗圆钢丝铠装
特征	P	滴干式		41	粗圆钢丝铠装纤维外被
	D	不滴流式		(42)	粗圆钢丝铠装聚氯乙烯套
	F	分相铅包式		(43)	粗圆钢丝铠装聚乙烯套
外护套	02	聚氯乙烯套		441	双粗圆钢丝铠装纤维外被
	03	聚乙烯套			

电缆的敷设方式有直接埋地敷设、电缆隧道敷设、电缆排管敷设、电缆沟敷设、电缆桥架敷设等多种。

建筑物变配电所中，电缆常采用电缆沟敷设，如图2-70所示。当建筑物内电缆数量较多或较集中，设备分散或经常变动，一般采用电缆桥架的方式敷设电缆线路，如图2-71所示。电缆桥架敷设使电缆的敷设更标准、更通用，结构简单、安装灵活，可任意走向，具有绝缘和防腐蚀性能，适用于各类型的工作环境，使配电线路的敷设成本大大降低。

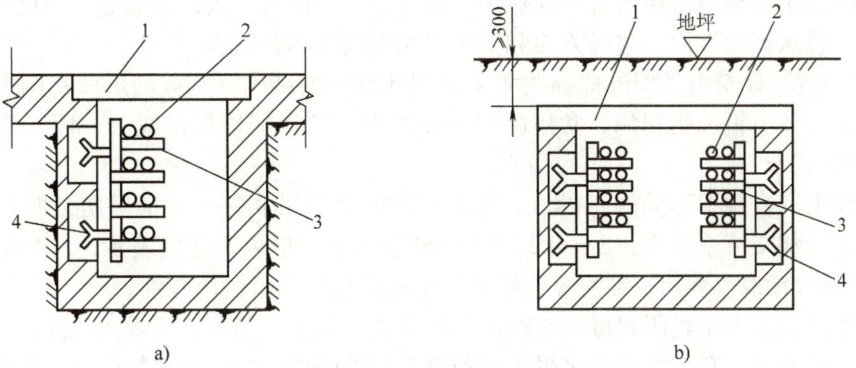

图2-70 电缆在电缆沟内敷设

a）户内电缆沟 b）建筑物外电缆沟

1—盖板 2—电力电缆 3—电缆支架 4—预埋铁件

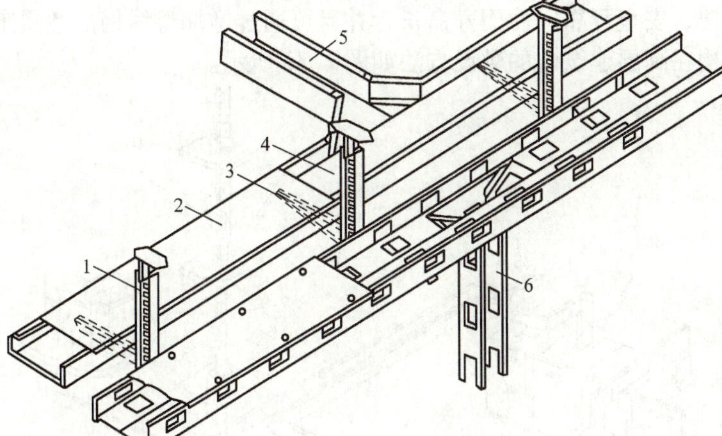

图2-71 电缆桥架的结构

1—支架 2—盖板 3—支臂 4—线槽 5—水平分支线槽 6—垂直分支线槽

电缆敷设要求严格遵守技术规程和设计要求；竣工后，要按规定的手续、要求检查和验收，以保证电缆线路的质量；具体的规定和要求可查阅GB 50217—2007《电力工程电缆设计规范》。

电缆敷设选择路径时，应避免电缆遭受机械性外力、过热和腐蚀等的危害；在满足安全条件下尽可能缩短电缆敷设长度；便于运行维护；避开将要挖掘施工的场所。

3）室内线路

① 绝缘导线。绝缘导线型号含义可查表2-12。绝缘导线按芯线材料分为铜芯绝缘导线和铝芯绝缘导线。民用建筑内推荐采用铜芯绝缘导线。

绝缘导线按绝缘材料分为橡皮绝缘导线和塑料绝缘导线。橡皮绝缘导线有较好的电气性能和化学稳定性，在很大的温度范围内具有高弹性等；塑料绝缘导线绝缘性能好，耐油和酸碱腐蚀，机械加工性能好，不延燃，价格便宜，在室内敷设中优先选用塑料绝缘导线；但塑料耐热和耐寒性差，在低温下易变硬发脆，高温时又易软化、老化等。

绝缘导线的敷设方式有明敷和暗敷两种。明敷是指导线每隔一定距离，固定在夹持件上或者穿过硬塑料管、钢管、线槽等保护体内，再直接固定在建筑物的墙壁上、顶棚的表面或支架上。暗敷是指导线直接或者穿在保护它的管子、线槽内，敷设在墙壁、顶棚、地坪、楼板等的内部或水泥板孔内。暗敷方法和要求参阅模块4相关内容。

② 裸导线。建筑内的配电裸导线大多采用硬母线的结构，其截面形状有圆形、管形和矩形等，其材质有铜、铝和钢。常用的裸导线类型有矩形的硬铝母线（LMY）和矩形的硬铜母线（TMY）。

裸导线上通常刷有不同颜色的漆，不仅可用来代表其相序，且能够防蚀并改善散热条件。规定在三相交流系统中，L1、L2、L3分别用黄色、绿色、红色表示；N线用淡蓝色表示；PE线用黄绿双色表示；在直流系统中，正极用褚色，负极用蓝色。

裸导线的敷设采用封闭式母线布线，具有安全、灵活、美观、容量大的优点，但耗用金属材料多，投资大。敷设方式有水平敷设和垂直敷设两种方式。水平敷设时封闭式母线至地面的距离不应小于2.2m；垂直敷设时，距地面1.8m以下的封闭式母线部分应采取防止机械损伤的措施，但敷设在电气专用房间内如配电室时除外。

封闭式母线常采用插接式母线槽结构进行敷设。这种敷设方法容量大、绝缘性能好、通用性强、拆装方便、安全可靠、使用寿命长，并且可通过增加母线槽的数量来延伸线路。

插接式母线槽在高层建筑内的敷设方法如图2-72所示。

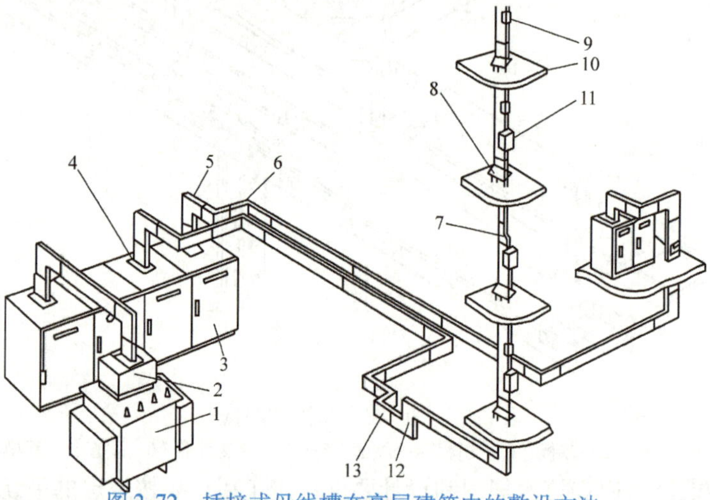

图2-72 插接式母线槽在高层建筑内的敷设方法

1—变压器 2—进线箱 3—配电箱 4—接线节 5—垂直L形弯头 6—水平L形弯头 7—变容节 8—地面支架 9—出线口 10—楼层 11—分线箱 12—垂直Z形弯头 13—水平Z形弯头

五、案例练习

根据某项目竖向干线图（图2-73），回答：

1. 计算出该项目共需多少台配电箱？
2. 该项目共涉及几种类型配电箱？（如有问题查阅图例）
3. 分组指出配电箱的具体用电设备有哪些。
4. 该项目低压系统采用了哪几种接线方式？该接线方式有什么优缺点？
5. 图2-13中，电力电缆有哪几种敷设方式？

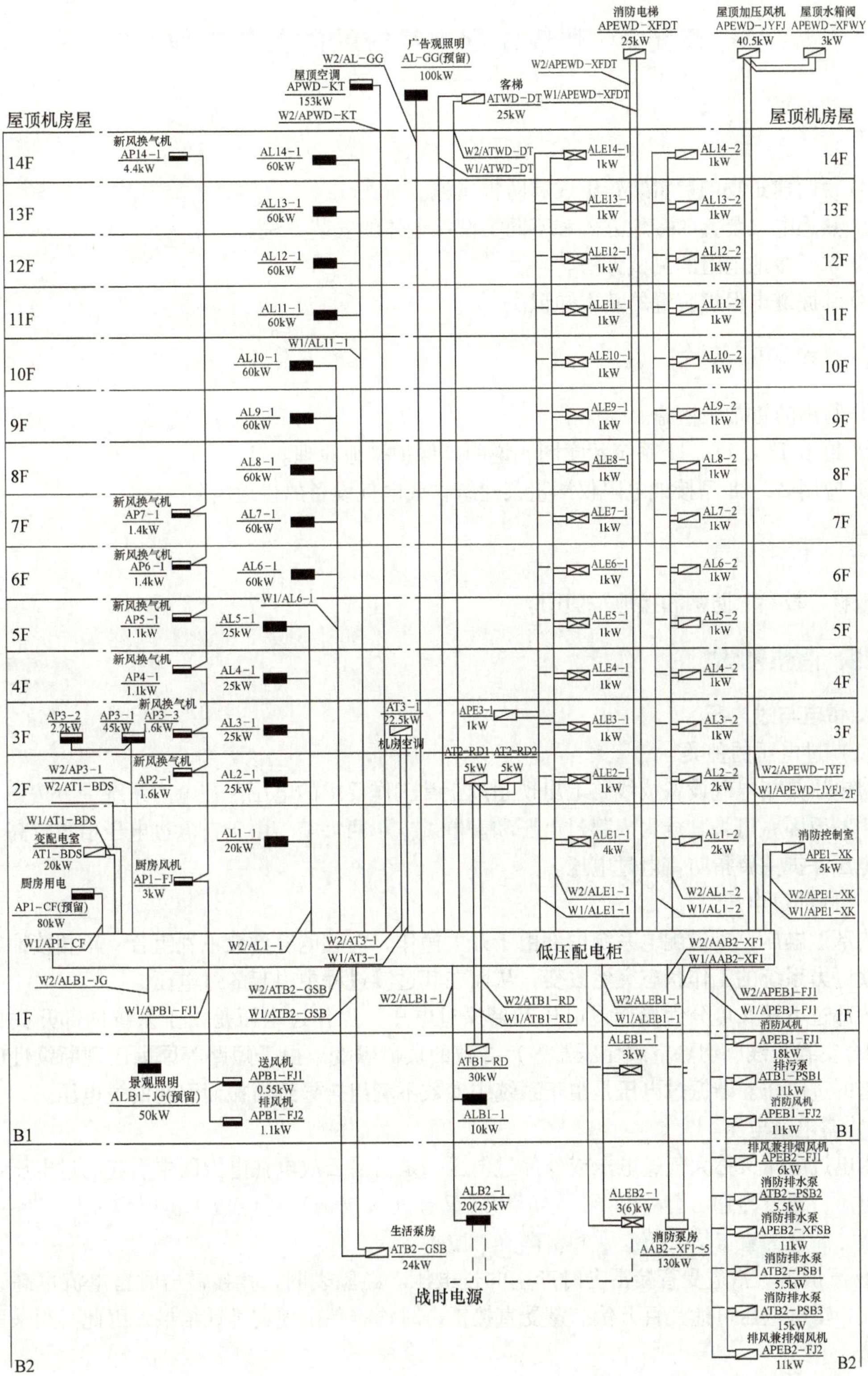

屋顶机房屋
14F
13F
12F
11F
10F
9F
8F
7F
6F
5F
4F
3F
2F
1F
B1
B2
消防电梯
APEWD-XFDT
25kW
屋顶加压风机
APEWD-JYFJ
40.5kW
屋顶水箱阀
APEWD-XFWY
3kW
广告观照明
AL-GG(预留)
100kW
W2/AL-GG
屋顶空调
APWD-KT
153kW
W2/APWD-KT
客梯
ATWD-DT
25kW
W2/APEWD-XFDT
W1/APEWD-XFDT
W2/ATWD-DT
W1/ATWD-DT
新风换气机
AP14-1
4.4kW
AL14-1
60kW
AL13-1
60kW
AL12-1
60kW
AL11-1
60kW
W1/AL11-1
AL10-1
60kW
AL9-1
60kW
AL8-1
60kW
AL7-1
60kW
AL6-1
60kW
W1/AL6-1
AL5-1
25kW
AL4-1
25kW
AL3-1
25kW
AL2-1
25kW
AL1-1
20kW
新风换气机
AP7-1
1.4kW
新风换气机
AP6-1
1.4kW
新风换气机
AP5-1
1.1kW
新风换气机
AP4-1
1.1kW
AP3-2
2.2kW
AP3-1
45kW
新风换气机
AP3-3
1.6kW
新风换气机
AP2-1
1.6kW
W2/AP3-1
W2/AT1-BDS
W1/AT1-BDS
变配电室
AT1-BDS
20kW
厨房风机
AP1-FJ
3kW
厨房用电
AP1-CF(预留)
80kW
W1/AP1-CF
ALE14-1
1kW
ALE13-1
1kW
ALE12-1
1kW
ALE11-1
1kW
ALE10-1
1kW
ALE9-1
1kW
ALE8-1
1kW
ALE7-1
1kW
ALE6-1
1kW
ALE5-1
1kW
ALE4-1
1kW
ALE3-1
1kW
ALE2-1
1kW
ALE1-1
4kW
AL14-2
1kW
AL13-2
1kW
AL12-2
1kW
AL11-2
1kW
AL10-2
1kW
AL9-2
1kW
AL8-2
1kW
AL7-2
1kW
AL6-2
1kW
AL5-2
1kW
AL4-2
1kW
AL3-2
1kW
AL2-2
2kW
AL1-2
2kW
AT3-1
22.5kW
机房空调
APE3-1
1kW
AT2-RD1
5kW
AT2-RD2
5kW
W2/APEWD-JYFJ
W1/APEWD-JYFJ
消防控制室
APE1-XK
5kW
W2/ALE1-1
W1/ALE1-1
W2/AL1-2
W1/AL1-2
W2/APE1-XK
W1/APE1-XK
W2/AL1-1
W2/AT3-1
W1/AT3-1
低压配电柜
W2/AAB2-XF1
W1/AAB2-XF1
W2/ALB1-JG
W1/APB1-FJ1
W2/ATB2-GSB
W1/ATB2-GSB
W2/ALB1-1
W2/ATB1-RD
W1/ATB1-RD
W2/ALEB1-1
W1/ALEB1-1
W2/APEB1-FJ1
W1/APEB1-FJ1
消防风机
APEB1-FJ1
18kW
排污泵
ATB1-PSB1
11kW
消防风机
APEB1-FJ2
11kW
ALEB1-1
3kW
ATB1-RD
30kW
ALB1-1
10kW
景观照明
ALB1-JG(预留)
50kW
送风机
APB1-FJ1
0.55kW
排风机
APB1-FJ2
1.1kW
排风兼排烟风机
APEB2-FJ1
6kW
消防排水泵
ATB2-PSB2
5.5kW
消防排水泵
APEB2-XFSB
11kW
消防排水泵
ATB2-PSB1
5.5kW
消防排水泵
ATB2-PSB3
15kW
排风兼排烟风机
APEB2-FJ2
11kW
ALB2-1
20(25)kW
ALEB2-1
3(6)kW
生活泵房
ATB2-GSB
24kW
消防泵房
AAB2-XF1~5
130kW
战时电源

图2-73 干线系统图

单元7 建筑供配电系统的防雷与接地

一、学习目标

① 说明建筑物的避雷装置组成和防雷措施。
② 熟悉电气装置的接地方式和不同类型接地体的安装方法。
③ 掌握接地电阻的测试方法。
④ 掌握继电保护装置的基本知识。

二、学习任务

① 写出防雷常规措施。
② 绘出 TN、TT、IT 系统示意图，说明其保护接地原理。
③ 应用 ZC-8 型接地电阻仪测量某建筑物或电气设备的接地电阻。

三、学习工具

教材、教参、防雷和接地平面图。

四、背景知识

1. 雷电与过电压

（1）过电压的种类

过电压是指电气设备或线路上出现超过正常工作要求的电压。在电力系统中，按照过电压产生的原因，可将其分为内部过电压和雷电过电压两大类。由于雷电过电压倍数较高，所以过电压保护主要指防雷电过电压。

1）内部过电压

内部过电压，指供配电系统内部由于开关操作、电感电容参数不利组合、单相接地等原因，使电力系统的工作状态突然改变，从而在其过渡过程中引起的过电压。

内部过电压又可分为操作过电压和谐振过电压。操作过电压是由于系统内部开关操作（如切合空载长线、切除空载变压器等）导致的负荷骤变或由于短路等原因出现断续性电弧而引起的过电压。谐振过电压是由于系统中参数不利组合导致谐振而引起的过电压。

2）雷电过电压

雷电过电压又称大气过电压或外部过电压，是指雷云放电在电力网中引起的过电压。雷电过电压一般分为直击雷过电压、感应雷（又称间接雷击）过电压和雷电侵入波过电压三种类型，简称为直击雷、感应雷和雷电侵入波。

① 直击雷。指遭受直接雷击时产生的过电压。经验表明，直接雷击时雷电流可高达几百千安，雷电电压可达几百万伏。遭受直接雷击时均难免出现灾难性结果，因此必须采取防御措施。

② 感应雷。指雷电对设备、线路或其他物体的静电感应或电磁感应所引起的过电压。图2-74所示为架空线路上由于静电感应而积聚大量异性的束缚电荷，在雷云的电荷向其他

地方放电后，线路上的束缚电荷被释放形成自由电荷，向线路两端运行，形成很高的过电压。经验表明，高压线路上感应雷过电压可高达几十万伏，低压线路上感应雷过电压也可达几万伏，对供电系统的危害很大。

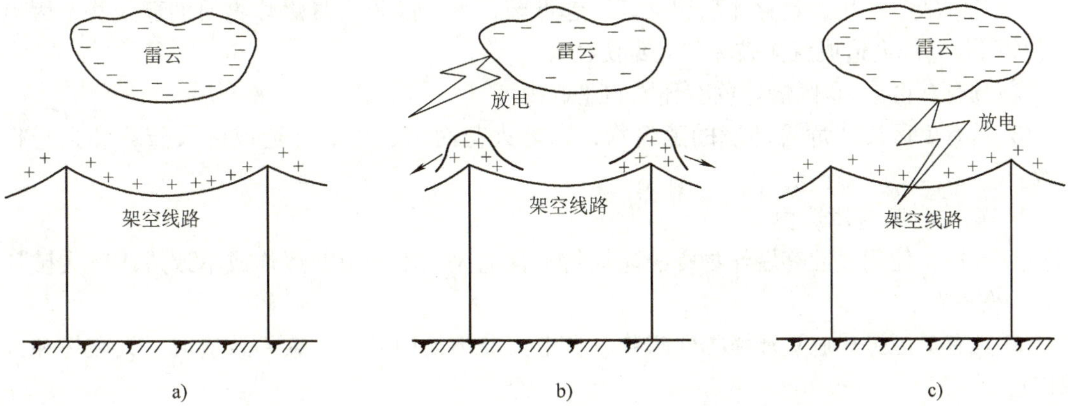

图2-74　架空线路上的感应过电压

a）雷云在线路上方时　b）雷云对地或其他放电时　c）雷云对架空线路放电时

③ 雷电侵入波。它是感应雷的另一种表现，是由于雷击而在架空线路或空中金属管道上产生的冲击电压沿线路或管道的两个方向迅速传播的雷电波，又称为过电压行波。行波沿着电力线路或金属管道侵入建筑物或变配电所内，产生很高的过电压，危及人身和设备的安全。据统计，雷电侵入波造成的雷害事故，占所有雷害事故的50%～70%。

（2）雷电形成

雷电是带有电荷的“雷云”之间、“雷云”对大地或物体之间产生急剧放电的一种自然现象。关于雷云普遍的看法是在闷热的天气里，地面的水汽蒸发上升，在高空低温影响下，水蒸气凝成冰晶。冰晶受到上升气流的冲击而破碎分裂，气流挟带一部分带正电的小冰晶上升，形成“正雷云”，而另一部分较大的带负电的冰晶则下降，形成“负雷云”。由于高空气流的流动，正雷云和负雷云均在空中飘浮不定。据观测，在地面上产生雷击的雷云多为负雷云。

当空中的雷云靠近大地时，雷云与大地之间形成一个很大的雷电场。由于静电感应作用，使地面出现与雷云的电荷极性相反的电荷。当雷云与大地之间在某一方位的电场强度达到25～30kV/cm时，雷云就开始向这一方位放电，形成一个导电的空气通道，称为雷电先导。当其下行到离地面100～300m时，就引起一个上行的迎雷先导。当上、下行先导相互接近时，正、负电荷强烈吸引、中和而产生强大的雷电流，并伴有雷鸣电闪。这就是直击雷的主放电阶段，这阶段的时间极短。主放电阶段结束后，雷云中的剩余电荷会继续沿主放电通道向大地放电，形成断续的隆隆雷声。这就是直击雷的余辉放电阶段，时间一般为0.03～0.15s，电流较小，约为几百安。雷电先导在主放电阶段与地面上雷击对象之间的最小空间距离，称为闪击距离。雷电的闪击距离与雷电流的幅值和陡度有关。确定直击雷防护范围的“滚球半径”大小，就与闪击距离有关。

2. 建筑物防雷

（1）建筑物防雷分类

GB 50057—2010《建筑物防雷设计规范》规定，建筑物根据其重要性、使用性质、发生雷电事故的可能性和后果，分为三类：

1）第一类防雷建筑物

① 凡制造、使用、贮存炸药、火药、起爆药、火工品等大量爆炸物质的建筑物，因电火花而引起爆炸会造成巨大破坏和人身伤亡者。

② 具有0区或10区爆炸危险环境的建筑物。

③ 具有1区爆炸危险环境的建筑物，因电火花而引起爆炸会造成巨大破坏和人身伤亡者。

2）第二类防雷建筑物

① 制造、使用、贮存爆炸物资的建筑物，且电火花不易引起爆炸或不致造成巨大破坏和人身伤亡者。

② 具有1区爆炸危险环境的建筑物，且电火花不易引起爆炸或不致造成巨大破坏和人身伤亡者。

③ 具有2区或11区爆炸危险环境的建筑物。

④ 预计雷击次数大于0.06次/a（a表示年）的部、省级办公建筑物及其他重要或人员密集的公共建筑物；预计雷击次数大于0.3次/a的住宅、办公楼等一般性民用建筑物。

⑤ 工业企业内有爆炸危险的露天钢质封闭气罐。

⑥ 国家级重要建筑物。

3）第三类防雷建筑物

① 根据雷击后对工业生产的影响及产生的后果，并结合当地气象、地形、地质及周围环境等因素，确定需要防雷的21区、22区、23区火灾危险环境。

② 预计雷击次数大于或等于0.06次/a的一般工业建筑物。

③ 预计雷击次数大于或等于0.012次/a且小于或等于0.06次/a的部、省级办公建筑物及其他重要或人员密集的公共建筑物；预计雷击次数大于0.06次/a且小于或等于0.3次/a的住宅、办公楼等一般性民用建筑物。

④ 在平均雷暴日大于15d/a（d表示天）的地区，高度为15m及以上的烟囱、水塔等孤立高耸建筑物；在平均雷暴日小于或等于15d/a的地区，高度为20m及以上的烟囱、水塔等孤立高耸建筑物。

⑤ 省级重点文物保护的建筑物及省级档案馆。

注意，0区、1区、2区等的具体解释可查阅GB 50058—2014《爆炸和火灾危险环境电力装置设计规范》的相关规定。第一类防雷建筑物中无民用建筑。

（2）防雷装置

防雷装置的作用是将雷击电荷或建筑物感应电荷迅速引入大地，以保护建筑物、电气设备及人身不受损害。一个完整的防雷装置是由接闪器、引下线和接地装置三部分组成的。图2-75和图2-76所示为不同的防雷装置的设置组合。

要保护建筑物等不受雷击损害，应有防御直击雷、感应雷和雷电侵入波的不同措施和防雷设备。

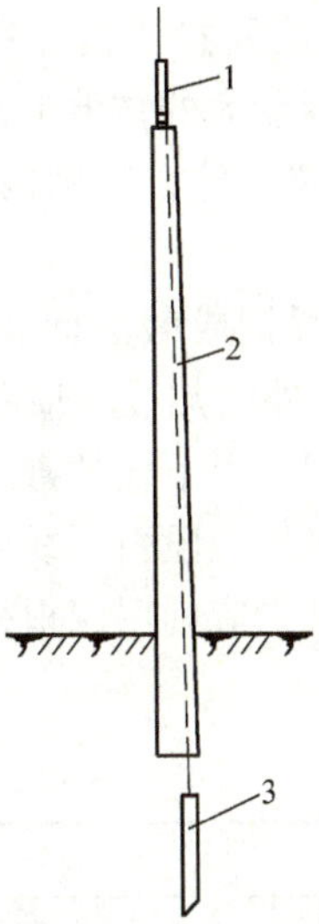

图 2-75 避雷针防护装置示意图

1—避雷针 2—引下线 3—接地装置

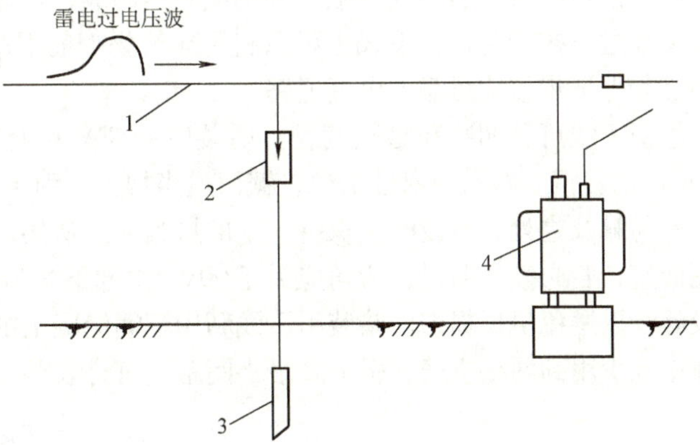

图 2-76 避雷器防护装置示意图

1—架空线路 2—避雷器 3—接地体 4—电力变压器

1）接闪器

接闪器是专门用来接受直击雷的金属物体。接闪的金属杆称为避雷针；接闪的金属线称为避雷线或架空地线；接闪的金属带、网称为避雷带、避雷网。

① 避雷针。避雷针一般采用镀锌圆钢（针长 1m 以下时，直径不小于 12mm；针长 1 ~ 2m 时，直径不小于 16mm）或镀锌钢管（针长 1m 以下时，直径不小于 20mm，针长 1 ~ 2m 时，直径不小于 25mm）。它的下端通过引下线与接地装置可靠连接，如图 2-75 所示。它通常安装在电线杆、构架或建筑物上。

避雷针的功能实质是引雷作用。它能对雷电场产生一个附加电场（该附加电场是由于雷云对避雷针产生静电感应引起的），使雷电场畸变，从而改变雷云放电的通道。雷云经避雷针、引下线和接地装置，泄放到大地中去，避免被保护物受直击雷损害。

避雷针的保护范围，一般采用 IEC 推荐的“滚球法”来确定。所谓“滚球法”就是选择一个半径为“滚球半径”的球体，沿需要防护的部位滚动，如果球体只接触到避雷针（线）或避雷针与地面而不触及需要保护的部位，则该部位就在避雷针的保护范围之内。避雷针的保护范围计算参阅模块 3 相关内容。

② 避雷线。避雷线一般将截面面积不小于 $35mm^2$ 的镀锌钢绞线架设在架空线或建筑物的上面，以避免架空线或建筑物被直击雷损害。由于避雷线既是架空的又是接地的，也称为架空地线。

③ 避雷网和避雷带。避雷网和避雷带主要用来保护高层建筑物免遭直击雷击和感应雷击。

避雷网和避雷带宜采用圆钢和扁钢，优先采用圆钢。圆钢直径不小于 8mm，扁钢截面面积不小于 $48mm^2$，其厚度不小于 4mm。当烟囱上采用避雷环时，其圆钢直径不小于 12mm，扁钢截面面积不小于 $100mm^2$，其厚度不小于 4mm。避雷网的网格尺寸按建筑物防雷等级要求不同而有所不同，见表 2-25。

2）引下线

引下线又称引流器，是敷设在房顶和房屋墙壁上的导线，它把接闪器“接”来的雷电流引入接地装置。引下线一般用圆钢或扁钢制成，其截面大小应能承受大的雷电流，保证雷电流通过不被熔化；引下线也可以利用建筑物钢筋混凝土屋面板、梁、柱、基础内的钢筋。但必须保证焊接成可靠的电气通路。

引下线可分明装和暗装两种。明装时一般采用直径为 8mm 的圆钢或截面面积为 $12\times4mm^2$ 的扁钢。在易受腐蚀部位，截面适当加大。引下线应沿建筑物外墙敷设，应敷设于人们不易触及之处，敷设时应保持一定的松紧度。从接闪器到接地装置，引下线的敷设应尽量短而直；若必须弯曲时，弯角应大于90°。由地下0.3m 到地上1.7m 的一段引下线应加保护设施，以避免机械损伤。暗装引下线利用钢筋混凝土中的钢筋时，最少应利用四根柱子，每柱中至少用到两根主筋。引下线最小间距应符合表2-25。

表2-25 不同建筑物防直击雷措施要求

建筑物	防雷措施		
防雷等级	屋面避雷网格尺寸/(m×m)	引下线间距/m	冲击接地电阻值/Ω
一类	≤5×5 或≤6×4	≤12	≤10
二类	≤10×10 或 12×8	≤18	≤10
三类	≤20×20 或 24×16	≤25	≤30

3）接地装置

它把雷电流泄放到大地中去，其冲击接地电阻值必须满足表2-26 规定的大小。

4）避雷器

避雷器用来防止雷电产生的过电压波沿线路侵入变配电所或其他建筑物内，保护设备的绝缘。避雷器主要有阀式避雷器、氧化锌避雷器等，其工作原理见前述电气设备相关内容。

3. 建筑物外部及建筑供配电系统防雷措施

（1）直击雷的防御措施

防直击雷的一般措施，是在建筑物上装设避雷网（带）、避雷针或将二者组成接闪器，并通过引下线与接地装置相连。通过把雷电引向自身并安全导入地下，避免建筑物遭雷击。

避雷网（带）应沿屋角、屋檐、屋脊、女儿墙等易受雷击的部位敷设；对屋面接闪器保护范围之外的非金属物体，如水箱、烟囱、设备房屋面等，也应装设接闪器并和屋面避雷网、带、针相连通；突出屋面的金属构件，如水管、气管、栏杆等也应与避雷网、带、针相连接，并按照建筑物的防雷等级在整个屋面构成不同尺寸要求的网格，如表2-25 所示。

引下线不应少于两根，沿建筑物四周均匀或对称布置，引下线最小间距及每根引下线冲击接地电阻值，应按建筑物防雷等级要求设置，见表2-25。根据建筑物结构形式引下线可以明装，也可利用钢筋混凝土柱或剪力墙内两条以上主筋全长焊通作为暗引下线。接地装置有条件时应优先考虑采用建筑物基础中的钢筋作为接地装置，如利用基础地梁内两主筋，通过焊接跨接钢筋保证主筋不间断并形成闭环，或利用桩基中的钢筋作为自然接地体，大底板的钢筋网作水平接地体，相互焊接或可靠绑扎形成接地装置。

（2）感应雷的防御措施

① 在建筑物屋面沿周边装设避雷带，每隔 20m 左右引出一根接地线。

② 建筑物内所有金属物如设备外壳、管道、构架等均应接地，混凝土内的钢筋应绑扎

或焊成闭合回路。

③ 将突出屋面的金属物接地。

④ 对净距离小于 100mm 的平行敷设的长金属管道，每隔 20 ~ 30m 用金属线跨接，避免因感应过电压而产生火花。

对于一般民用建筑物，在不带电的金属物上感应产生的火花放电，能量小，时间短，在采取了防直击雷与防雷电波侵入措施后一般都得到解决。

（3）雷电侵入波的防御

1）架空线

对 6 ~ 10kV 架空线，如有条件就采用 30 ~ 50m 的电缆段埋地引入，在架空线终端杆装避雷器，避雷器的接地线应与电缆金属外壳相连后直接接地，并接入公共地网。

对没有电缆引入段的 6 ~ 10kV 架空线，在终端杆处装避雷器，在避雷器附近除了装设集中接地线外，还应接入公共地网。

对低压进出线，应尽量用电缆线，至少应有 50m 的电缆段经埋地引入，在进户端将电缆金属外壳架相连后直接接地，并接入公共地网。

2）变配电所

① 在电源进线处。主变压器高压侧装设避雷器。要求避雷器与主变压器尽量靠近安装，相互间最大电气距离不超过表 2-26 的规定，同时，避雷器的接地端与变压器的低压侧中性点及金属外壳均应可靠接地。

表 2-26　阀式避雷器至 3 ~ 10kV 主变压器的最大电气距离

雷雨季节经常运行的进线路数	1	2	3	≥4
避雷器至主变压器的最大电气距离/m	15	23	27	30

② 3 ~ 10kV 高压配电装置。要求它在每路进线终端和各段母线上都装有避雷器。避雷器的接地端与电缆头的外壳相连后需可靠接地。

③ 在变压器低压侧装设避雷器。在多雷区、强雷区及向一级防雷建筑供电的 Yyn0 和 Dyn11 联结的配电变压器，应装设一组低压避雷器。

（4）防雷电反击

当建筑物遭受雷击时，在整个防雷装置中的接闪器、引下线、接地体上都将产生很高的电位，如果防雷装置与建筑物内外的电气设备、电气线路、金属管线之间的绝缘距离不够，它们之间会产生放电，这种现象称为雷电反击。雷电反击可能引起电气设备绝缘破坏，金属管道烧穿，甚至引起火灾和爆炸，危及人身安全。

防止雷电反击的措施是按照“建筑物防雷设计规范”对不同类别的防雷建筑物，选取不同的接地电阻值；对与防雷装置相连或不相连的金属物体（含钢筋）、电气线路，按规定与接闪器、引下线保持最小距离。这是由于雷击时防雷装置与被保护建筑物的金属物体间的电位差，取决于雷电流在引下线、接地体上的电压降，及金属物体（含地下各种金属管道）与防雷装置间的距离。

（5）防雷电跨步电压和接触电压

当雷击发生时，巨大的雷电流流过引下线，经接地体向大地流散，使引下线、接地体本身和接地点周围附近带有较高的电位，如果此时人畜接触引下线、接地体或在接地范围内行走，就会发生雷电接触电压、跨步电压触电事故。

为避免跨步电压、接触电压造成的触电危险，应将明装的防雷引下线和接地装置安装在人们不易走近或接触到的地方，距离建筑物出入口及人行横道至少3m；接地装置宜围绕建筑物敷设成环形接地体；人工水平接地网应埋深0.8～1.0m；在人员经常出入处，地面应敷设50～80mm厚沥青卵石层，宽度超过接地装置2m，以改善接地装置附近地面的电位分布，减少跨步电压的危险；规定明装的引下线在地面上1.7m至地下0.3m的一段接地线应采取暗敷或穿管等保护措施。

4. 建筑物内部防雷措施

建筑物内部防雷主要是防高电压的引入。高电压引入是指雷电过电压通过金属线引到室内或其他地方造成破坏的雷害现象。现代建筑中除上述外部防雷措施外，内部还采取了安装防雷器SPD和等电位联结等措施。

（1）安装电涌保护器

电涌保护器（Surge Protection Device，SPD）又称浪涌保护器。根据IEC标准规定，电涌保护器主要是指抑制传导来的线路过电压和过电流的装置。它的组成器件主要包括放电间隙、压敏电阻、二极管、滤波器等。根据构成组件和使用部位的不同，电涌保护器可分为电压开关型SPD、限压型SPD和组合型SPD。而根据应用场合分类，电涌保护器又可分成电力系统SPD和信息系统SPD。这里主要阐述电涌保护器在建筑物电力系统防雷设计中的应用。

为避免高电压经过避雷器对地泄放后的残压过大或因更大的雷电流在击毁避雷器后继续毁坏后续设备，以及防止线缆遭受二次感应，依照GB 50057—2010《建筑物防雷设计规范》和GB 50343—2012《建筑物电子信息系统防雷技术规范》，应采取分级保护、逐级泄流的原则。

具体做法：一是在大楼电源的总进线处安装放电电流较大的一级电源避雷器，这里一般要用三相电压开关型SPD；二是在重要楼层或重要设备电源的进线处加装二或三级电源避雷器，一般用限压型SPD；三是在末端配电处安装四级或称为末端电源避雷器，一般用限压型SPD。究竟使用几级SPD，由建筑防雷等级确定。一般一类防雷建筑需要四级SPD；二类需要三级SPD；三类需要二级SPD。为了确保遭受雷击时，高电压首先经过一级电源避雷器，然后再经过二、三级或末级电源避雷器，一级电源避雷器和二级电源避雷器之间的距离要大于10m，如果两者间距不够，可采用带线圈的防雷箱，这样可以避免二级或三级电源避雷器首先遭受雷击而损坏。

（2）等电位联结

等电位联结是建筑物内电气装置的一项基本安全措施，可以消除自建筑物外从电源线路或金属管道引入建筑物的危险电压。GB 50057—2010强调了等电位联结在建筑物内部防雷中的作用。等电位联结是为减小在需要防雷的空间内发生火灾、爆炸、生命危险的一项很重要的措施，特别是在建筑物内部防雷空间防止发生生命危险的最重要的措施。

建筑物的等电位联结设计主要有以下几种：

1）总等电位联结和局部等电位联结

总等电位联结（Main Equipotential Bonding，MEB）的作用在于降低建筑物内间接接触电压和不同金属部件间的电位差，并消除自建筑物外经电气线路和各种金属管道引入的危险故障电压的危害。它主要通过进线配电箱附近的总等电位联结端子板（接地母排）将下列导电部分互相连通：进线配电箱的PE（PEN）母排；公用设施的金属管道（除可燃气体管道外），如上、下水等管道；建筑物金属结构；如果做了人工接地，也包括其接地极引线。建筑物每一电源进线都应做总等电位联结，各个总等电位联结端子板应互相连通。

局部等电位联结（Local Equipotential Bonding，LEB）是指当电气装置或电气装置的某一部分的接地故障保护不能满足切断故障回路的时间要求时，应在局部范围内做等电位联结。它包括PE母线或PE干线；公用设施的金属管道（除可燃气体管道外）；如果可能，也包括建筑物金属结构。

2）建筑物内部导电部件的等电位联结

等电位联结不仅是针对雷电暂态过电压的，还包括其他如工作过电压、操作过电压等暂态过电压的防护，特别是在有过电压的瞬间对人身和设备的安全防护。因此，有必要将建筑物内的设备外壳、水管、暖气片、金属梯、金属构架和其他金属外露部分与共用接地系统做等电位联结。而且需要注意的是，绝不能因检修等原因切断这些联结。

3）信息系统的等电位联结

对信息系统的各个外露可导电部件也要建立等电位联结网络，并与共用接地系统相连。接至共用接地系统的等电位联结网络有两种结构，S型（星型）结构和M型（网格型）结构。对于工作频率小于0.1MHz的电子设备，一般采用S型（星型）结构；对于频率大于10MHz的电路，一般采用M型（网格型）结构。

4）各楼层的等电位联结

将每个楼层的等电位联结与建筑物内的主钢筋相连，并在每个房间或区域设置接地端子，由于每层的所有接地端子彼此相联结，而且又与建筑物主钢筋相联结，这就使每个楼层成了等电位面。再将建筑物所有接地极、接地端子联结形成等电位空间。最后，将屋顶上的设备和避雷针等与避雷带联结形成屋面上的等电位。

5）接地网的等电位联结

在某种意义上说，建筑物的共用接地系统在大范围内即为等电位联结，比如我们常见的计算机房的工作接地、屏蔽接地和防雷接地等采用同一接地系统的原理就是避免各接地间产生的瞬态过电压差对设备造成影响。因此，钢筋混凝土结构建筑物利用基础钢筋网做接地体，一般要围绕建筑物四周增设环形接地体，并与建筑物柱内被用作引下线的柱筋焊接，这样就大大降低了接地网由于雷电流造成地电位不均衡的概率。

综上所述，楼层下部有接地网，楼层里有等电位均压网，楼顶物体与避雷装置联结在一起形成等电位，这样就在电气上成为法拉第笼式结构，人和设备在此环境中没有雷击危险。因此，等电位联结在建筑物及其电子信息系统中是最重要的一项电气安全措施。

注意，为保证等电位联结的可靠导通，等电位联结线和接地母排应分别采用铜线和铜板。

5. 接地

（1）接地概述

1）接地和接地装置

电气设备的某部分与大地之间做良好的电气连接称接地。埋入地中并直接与土壤相接触的金属导体，称接地体或接地极，如埋地的钢管、角钢等。电气设备应接地部分与接地体（极）相连接的金属导体（线）称为接地线。接地线在设备正常允许情况下是不载流的，但在故障情况下要通过接地故障电流。接地体与接地线总称接地装置。由若干接地体在大地中用接地线相互连接起来的一个整体，称为接地网。其中接地线又分为接地干线和接地支线，如图2-77所示。接地干线一般应不少于两根导体，在不同地点与接地网连接。

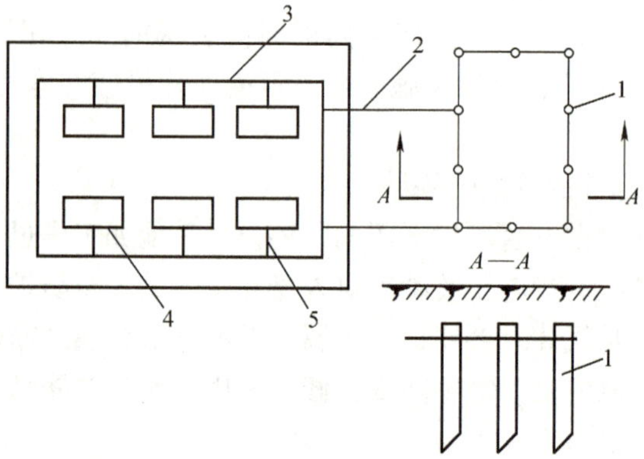

图2-77 接地网示意图

1—接地体 2—接地干线 3—接地干线 4—设备 5—接地支线

2）接地电流和对地电压

电气设备发生接地故障时，电流经接地装置流入大地并呈半球形散开，这一电流称接地电流，见图2-78中的I_E。由于该半球形球面距接地体越远的地方球面越大，所以距接地体越远的地方，散流电阻越小。试验表明，在单根接地体或接地故障点20m远处，实际散流电阻已趋近于零。该电位为零处称为电气上的“地”或“大地”。

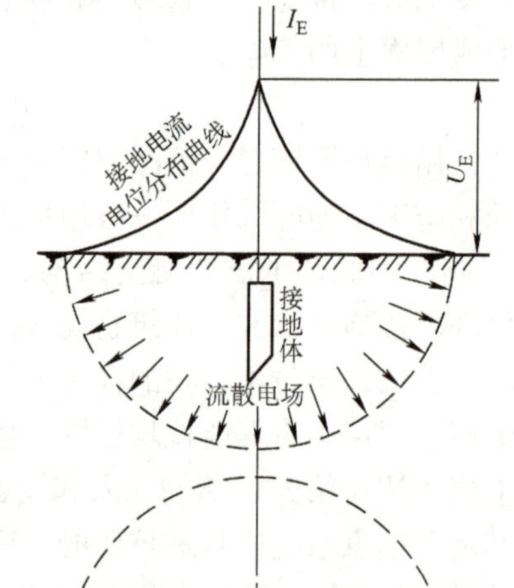

图2-78 接地电流、对地电压及接地电位分布曲线

电气设备接地部分与零电位“大地”之间的电位差称为对地电压，见图 2-78 中的 U_E。

3）接触电压和跨步电压

当电气设备绝缘损坏时，人站在地面上接触该电气设备，人体同时触及的两部分所承受的电位差称为接触电压 U_t。例如，当设备发生接地故障时，以接地点为中心的地表约 20m 半径的圆形范围内，便形成了一个电位分布区。这时，如果有人站在该设备旁，手触及带电外壳，那么手与脚之间所呈现的电位差，即为接触电压 U_t，如图 2-79 所示。

在接地故障点附近行走，人的双脚（或牲畜前后脚）之间所呈现的电位差称跨步电压 U_S，如图 2-79 所示。跨步电压的大小与离接地点的远近及跨步的长短有关，离接地点越近，跨步越长，跨步电压就越大。离接地点达 20m 时，跨步电压为零。

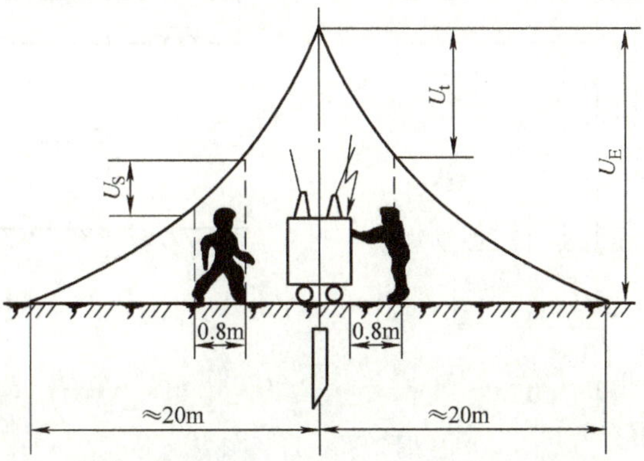

图 2-79　接触电压和跨步电压

4）工作接地、保护接地、重复接地

① 工作接地。在正常或故障情况下，为了保证电气设备可靠地运行，而将电力系统中某一点接地称为工作接地。例如，电源（发电机或变压器）的中性点直接（或经消弧线圈）接地，能维持非故障相对地电压不变，电压互感器一次侧线圈的中性点接地，能保证一次系统中相对地电压测量的准确度，防雷设备的接地是为雷击时对地泄放雷电流。

② 保护接地。按 IEC 的标准，低压配电系统根据保护接地的形式不同分为 IT 系统、TT 系统和 TN 系统。其中 IT 系统和 TT 系统的设备外露可导电部分经各自的保护线直接接地（保护接地）；TN 系统的设备外露可导电部分经公共的保护线与电源中性点直接电气连接（保护接零）。国际电工委员会对系统接地文字符号意义的规定在模块 1 中已述及。

TN 系统中，当电气设备发生单相碰壳时，故障电流经设备的外壳形成相线对保护线的单相短路，从而产生较大的短路电流使保护装置立即动作，将故障电路迅速切除，保证了人身安全和其他设备或线路的正常运行。

TT 系统中，当发生单相碰壳故障时，接地电流经保护接地的接地装置和电源的工作接地装置所构成的回路流过，此时，若有人触摸带电的外壳，则由于保护接地装置的电阻远远小于人体的电阻，因此大部分的接地电流被接地装置分流，从而对人体起到保护作用。但 TT 系统在确保安全用电方面存在着不足之处，电气设备发生单相碰壳故障时，接地电流并不是很大，往往不能使保护装置动作，这将导致线路长期带故障运行；当 TT 系统中的电气设备只是由于绝缘不良引起漏电时，因漏电电流往往不大（仅为毫安级），不可能使线路的保护装置动作，这也导致漏电设备的金属外壳长期带电，增加了人体触电的危险。因此，使用TT系统必须加装漏电保护开关。

IT系统中，若设备外壳没有接地，在发生单相碰壳故障时，设备外壳带上了相电压，若此时有人触摸外壳，就会有相当危险的电流流经人体与电网和大地之间的分布电容所构成的回路，而设备的金属外壳有了保护接地后如图2-80b所示，由于人体电阻远比接地装置的接地电阻大，在发生单相碰壳时，大部分经接地电流装置分流，流经人体的电流很小，从而对人体安全起了保护作用。IT系统适用于环境条件不良、易发生单相接地故障的场所，以及易燃、易爆的场所，如煤矿、化工厂、纺织厂等。

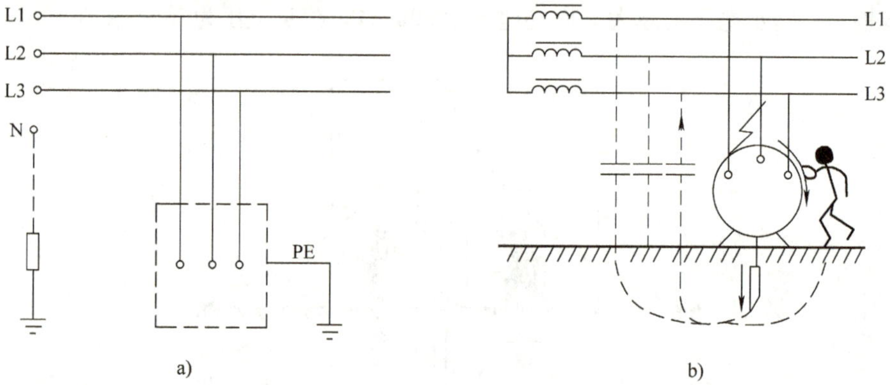

图2-80 IT系统

a）正常状态 b）故障状态

在中性点不接地（对地绝缘）的电网中，由于绝缘破坏或其他原因而可能呈现危险电压的金属部分，除另有规定外，均应接地。但是，在干燥场所，交流额定电压50V以下，直流额定电压110V及以下的电气设备金属外壳可不接地；以及在干燥且有木质、沥青等不良导电地面的场所，交流额定电压380V及以下时可不接地。直流额定电压440V及以下的电气设备金属外壳，除另有规定外（在爆炸危险场所仍应接地），可不接地。

电气设备在高处时，不应采取保护接地措施，否则会把大地电位引向高处，反而增加触电的危险性。接地电阻的最大允许值见表2-27。

在采用保护接零的低压电力网TN系统中，接地电阻指变压器的接地电阻，而用电设备只进行接零，不进行接地。在电力设备接地装置的接地电阻允许达到10Ω的低压电力网中，每一重复接地装置的接地电阻不应超过10Ω，但重复接地不应少于3处。

表2-27 电气设备接地装置的接地电阻的最大允许值

接地装置名称	接地电阻的最大允许值/Ω
3~10kV配、变电所高低压共用接地装置	4
低压电力设备接地装置	4
单台容量或并列运行总量≤100kV·A的变压器、发电机等电力设备的共用接地装置	10
3~10kV线路在居民区的钢筋混凝土的接地装置	30
配电线路零线每一重复接地装置	10

③ 重复接地。如图2-81所示，将零线上的一点或多点与地再次做电气连接称为重复接地。R_C 表示重复接地的接地电阻，不应大于10Ω。例如，架空线路沿线每千米处以及在引入大型建筑物等处的零线都要重复接地。重复接地可以降低漏电设备的对地电压；减轻断线时的触电危险和三相负荷不对称时对地电压的危险性；缩短碰壳或接地短路持续时间；改善架空线路的防雷性能。

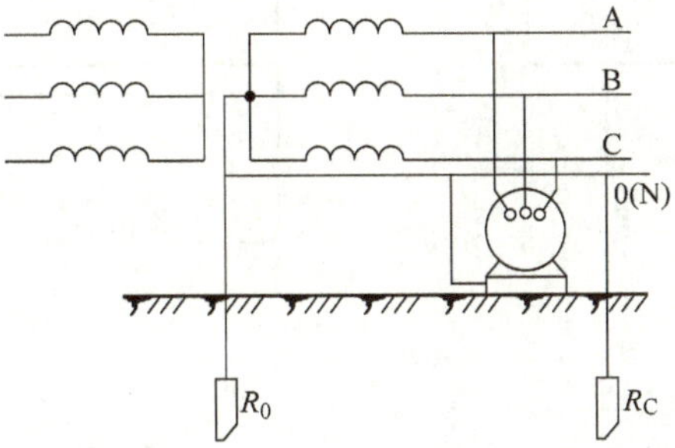

图2-81 工作接地、保护接地、重复接地示意图

(2) 接地体

接地体是接地装置的主要部分，其选择与装设是能否取得合格接地电阻的关键，接地体可分为自然接地体和人工接地体。

1) 自然接地体

凡是与大地有可靠而良好接触的设备或金属构件，大都可以作为自然接地体，如与大地有可靠连接的建筑物的钢结构、混凝土基础中的钢筋；敷设于地下而数量不少于两根的电缆金属外皮；敷设于地下的金属管道及热力管道。输送可燃性气体（如煤气）或液体（如石油）的金属管道除外。

利用自然接地体不但可以节约钢材，节省施工费用，还可以降低接地电阻，因此有条件的应当优先利用自然接地体。经实地测量，可利用的自然接地体接地电阻如果能满足要求，而且又满足热稳定条件时，就不必再装设人工接地装置，否则应增加人工接地装置。

利用自然接地体，必须保证良好的电气连接，在建筑物钢结构结合处，凡是用螺栓连接的，只有在采取焊接与加跨接线等措施后方可利用。

2) 人工接地体

自然接地体不能满足接地电阻要求或无自然接地体时，应装设人工接地体。人工接地体一般采用钢管、圆钢、角钢或扁钢制成。一般情况下，人工接地体都采取垂直敷设，特殊情况如多岩石地区，可采取水平敷设，如图2-82所示。

人工接地体在土中的埋设深度不应小于0.5m，一般埋设深度为0.6～0.8m；人工垂直接地体的长度宜为2.5m，人工垂直接地体之间的距离及人工水平接地体间的距离宜为5m，当受地方限制时适当减小；埋于土中的人工垂直接地体宜采用角钢、钢管或圆钢，埋于土中的人工水平接地体宜采用扁钢或圆钢，圆钢直径不应小于10mm，扁钢截面面积不应小于$100mm^2$，其厚度不应小于4mm，角钢厚度不应小于4mm，钢管壁厚不应小于3.5mm，在腐蚀性较强的土壤中，应采取热镀锌防护措施或加大截面，接地线应与水平接地体的截面相同；埋于土中的接地装置，其连接方式应采用焊接，并在焊接处作防腐处理，在接地电阻检测点和不允许焊接的地方，才允许用螺栓连接。采用螺栓连接时，接地线间的接触面、螺栓螺母和垫圈均应镀锌。

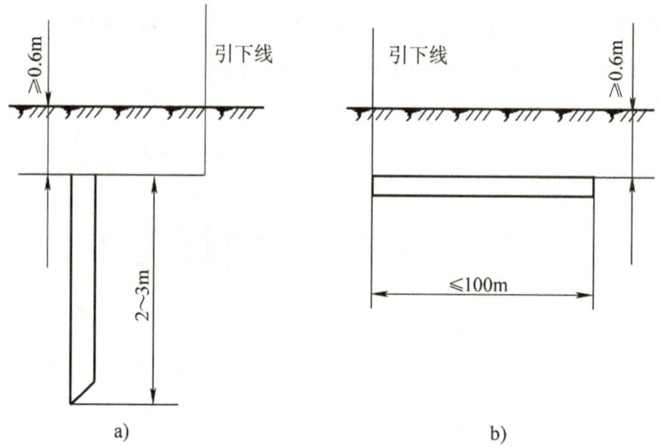

图 2-82 人工接地体的安装

a）垂直埋设的棒形接地体 b）水平埋设的带形接地体

3）环路式接地装置

由于单根接地体周围地面电位分布不均匀，在接地电流或接地电阻太大时，容易使人受到接触电压或跨步电压的致命威胁。特别是在采用接地体埋设点距被保护设备较远的外引式接地时，情况就更严重（若相距 20m 以上则加到人体上的电压将为设备外壳上的全部对地电压）。此外，单根接地体或外引式接地的可靠性也较差，引线断开便极不安全。针对上述情况，可采用环路式接地装置，如图 2-83 所示。

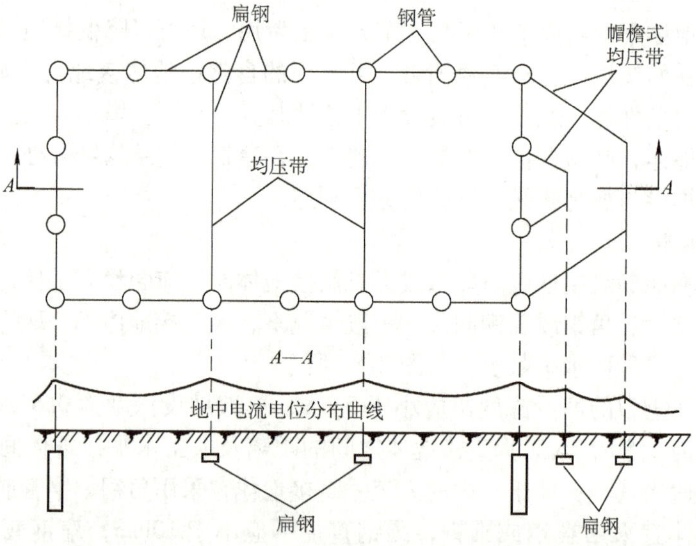

图 2-83 加装均压带的环路式接地网

在变配电所和建筑物内，应尽可能采用环路式接地装置，即在变配电所和建筑物四周，距墙角 2～3m 处打入一圈接地体，再用扁钢连成环路。这样，接地体间的散流电场将相互重叠而使地面上的电位分布较均匀，因此，跨步电压及接触电压就很低。当接地体之间距离为接地体长度的1～3倍时，这种效应就更明显。若接地区范围较大，可在环路式接地装置范围内，每隔5～10m宽度增设一条水平接地带作为均压连接线，该均压连接线还可作为接地干线用，以使各被保护设备的接地线连接更为方便可靠。在经常有人出入的地方，应加装帽檐式均压带或采用高绝缘路面。

（3）接地电阻的测试

接地装置的接地电阻是接地体的对地电阻和接地线电阻的总和。接地电阻的数值等于接地装置对地电压与通过接地体流入地中电流的比值。有关规程对部分电气设备接地电阻的规定数值见表2-28。

表2-28　部分电气装置要求的接地电阻值

接地类别			接地电阻/Ω
TN、TT系统中变压器中性点接地	单台容量小于100kV·A		10
	单台容量在100kV·A及以上		4
0.4kV、PE线重复接地	电力设备接地电阻要求为10Ω时		30
	电力设备接地电阻要求为4Ω时		10
IT系统中，钢筋混凝土杆、铁杆接地			50
柴油发电机组接地	中性点接地	100kV·A以下	10
		100kV·A及以上	4
	防雷接地		10
	燃油系统设备及管道防静电接地		30
电子设备接地	直流地		1～4
	其他交流设备的中性点接地（功率地）		4
	保护地		4
	防静电接地		30
建筑物用避雷带作防雷保护时	一类防雷建筑物的防雷接地		10
	二类防雷建筑物的防雷接地		20
	三类防雷建筑物的防雷接地		30
采用共用接地装置，且利用建筑物基础钢筋作接地装置时			1

接地电阻可以用接地电阻测量仪来测量。常用接地电阻测量仪有ZC－8型和ZC－9型。ZC－8型接地电阻测量仪主要由手摇发电机、电流互感器、滑线电阻及零位指示器等组成。测量仪带有一个附件袋，装有两根接地探针，三条导线（一条5m长用于接接地极，一条20m长用于接电位探测针，一条40m长用于接电流探测针，如图2-84所示。

图 2-84 接地电阻仪及其附件

测量前要检查检流计指针是否能自由摆动，表壳是否完好，表线和附件是否齐全，并进行短路试验，都调整好后再进行测量。测量时需要在地中打入电压、电流两个辅助接地探针，接线如图 2-85 所示。

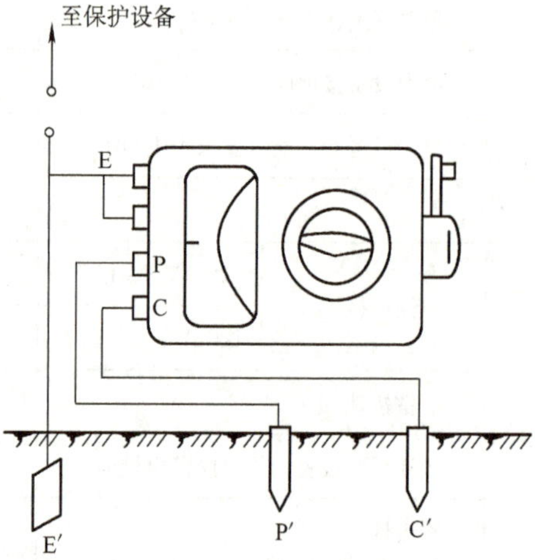

图 2-85 用接地电阻仪测量接地电阻

E′—被测接地体 P′—电位探针 C′—电流探针

1）接地电阻测试仪测量接地电阻的具体步骤

① 按图 2-85 接好线。沿被测接地极 E′，使电位探针 P′和电流探针 C′依直线彼此相距 20m，插入地中，且电位探针 P′要插于接地极 E′和电流探针 C′之间。

② 用导线将 E′、P′和 C′分别接到仪表上对应的端钮 E、P、C 上。

③ 将仪表放置水平位置，检查零指示器的指针是否指于中心基线上，否则用零位调整器将其调整指于中心基线。

④ 将“倍率标度”置于最大倍数，慢慢转动发电机的手柄，同时旋动“测量标度盘”，使零指示器的指针指于中心基线。当零指示器指针接近平衡时，加快发电机手柄的转速，使其达到 120r/min 以上，调整“测量标度盘”，使指针指于中心基线上。

⑤ 如果“测量标度盘”的读数小于 1，应将降低“倍率标度”的倍数，再重新调整“测量标度盘”，以得到正确读数。

⑥ 指针完全平衡在中心基线后，用“测量标度盘”的读数乘以倍率标度，即为所测的接地电阻值。

2）使用接地电阻测量仪的注意事项

① 当“零指示器”的灵敏度过高时，可将电位探测针拔出土壤中一些；若灵敏度不够时，可沿电位探针和电流探针注水，使之湿润。

② 测量时，接地线路要与被保护的设备断开，以便得到准确的数据，即测量前要将被测接地装置退出运行；测量后恢复运行。

③ 接地极 E′和电流探测针 C′之间的距离大于 20m 时，电位探针 P′插在 E′、C′之间距 E′几米的直线上时，其测量误差可以不计；但当接地极 E′和电流探测针 C′之间的距离小于 20m 时，应将电位探针 P′插于 E′C′连线中间。

④ 当用 0～1Ω/10Ω/100Ω 规格的接地电阻测量仪测量小于 1Ω 的接地电阻时，应将 E 的连接片打开，分别用导线连接到被测接地体上，以消除测量时连接导线电阻附加的误差，如图 2-86 所示。

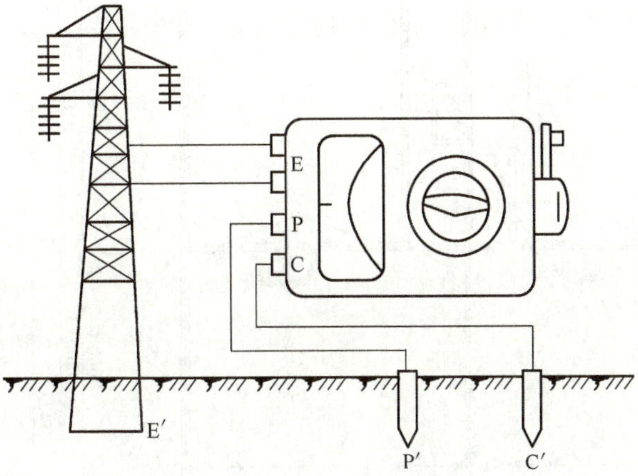

图 2-86 测量小于 1Ω 的接地电阻的接线

⑤ 当所测得的接地电阻值超过规定值时，即认为接地不合格，应采取补救措施：如增加原接地体深度；将接地体附近的土壤置换成导电率较低的黑土；增大接地体处的潮湿度；增加接地体根数等方法。

⑥ 在测量的 40m 线的上方不应有与之相平行的强电力线路，下方不应有与之相平行的地下金属管线。

⑦ 雷雨天气不得测量防雷接地装置的接地电阻。

五、案例练习

根据给定的某项目防雷平面图纸（图 2-87），回答：

1. 建筑物的防雷装置由哪几部分组成？
2. 建筑物及建筑供配电系统有哪些防雷措施？
3. 该项目属于几级防雷？标准及规范中对该级防雷所规定的防雷网格、引下线的最大值是多少？
4. 该图纸中防雷网格的最大尺寸是多少？是否满足规范要求？
5. 该图纸中防雷引下线有几根，引下线之间的最大间距是多少？是否满足规范要求？
6. 说明图 1-9～图 1-11、图 2-81 中的接地类型。

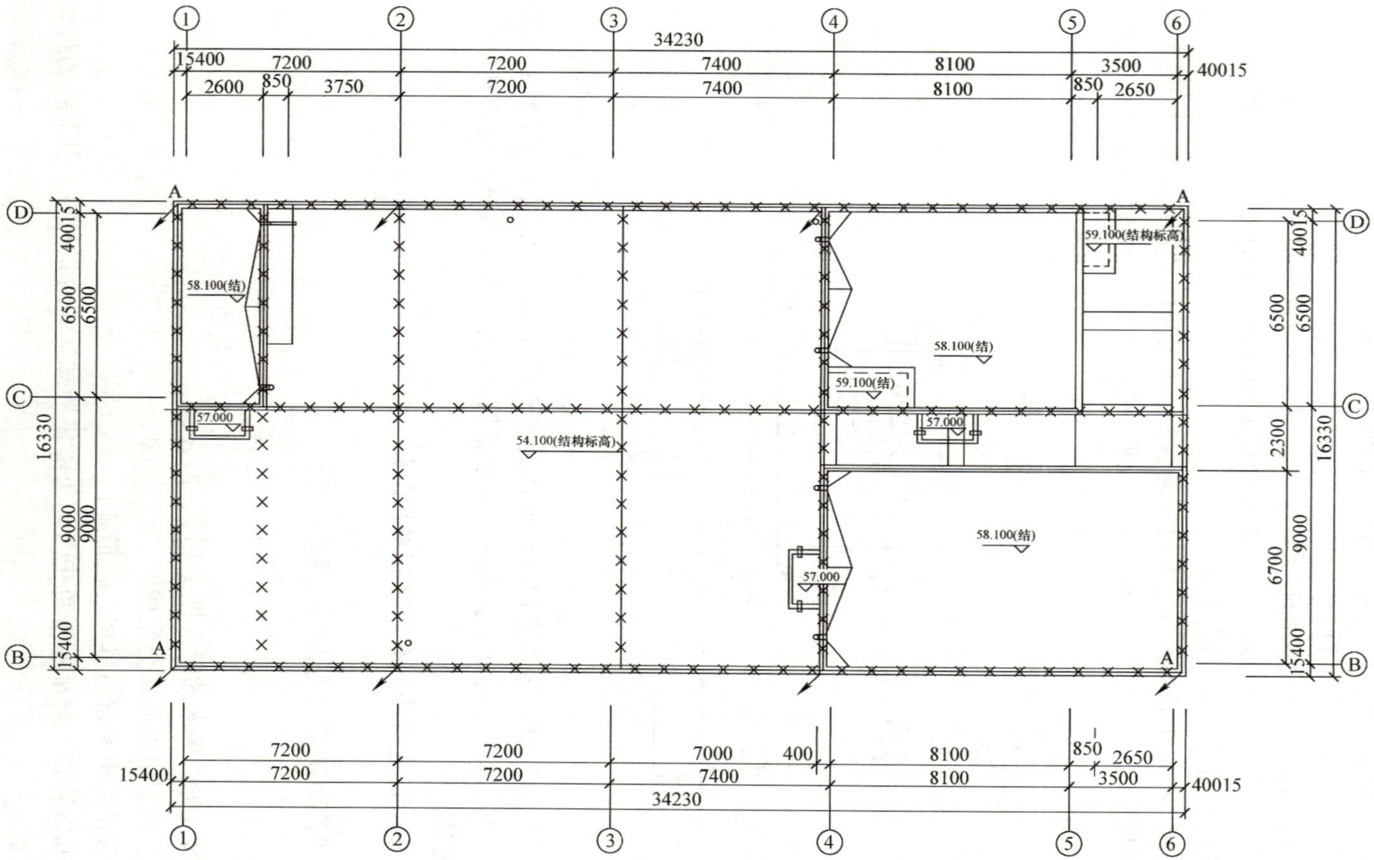

注：1.本办公楼年预计雷击次数均为0.20次/年，人员密集场所，按二类建筑物防雷设计。
2.屋面做 ϕ10热镀锌圆钢接闪带，与引下线柱子内两根 ϕ16钢筋连接。
3.图中箭头所示为防雷引下线位置，其中标“A”的柱子距室外地面0.5m高做接地测试孔。
4.凡突出屋面超过0.3m的所有金属构件均应与接闪带可靠焊接。在屋面接闪器保护范围之外超过0.5m的非金属物体应安装接闪器，并和屋面防雷装置相连。
5.结构圈梁中的钢筋每三层连成闭合回路，并同引下线连接。
6.将高度45m及以上部分外墙上的金属栏杆、金属门窗等较大金属物与接闪带连接。

图 2-87 屋顶层防雷平面图(1:100)

单元8　建筑供配电系统的二次回路

一、学习目标

① 认识建筑供配电系统的二次回路。
② 掌握继电保护装置的基本知识。

二、学习任务

① 写出建筑供配电系统的各二次回路名称及作用。
② 绘出继电保护原理示意图。
③ 说明建筑供配电系统中电力变压器和电力线路安装的继电保护。

三、学习工具

教材和教参。

四、背景知识

1. 二次回路

供配电系统的二次回路是指用来控制、指示、监测和保护供配电系统一次电路运行的电路，又称二次接线系统。二次回路按功能可分为断路器控制回路、信号回路、保护回路、监测回路和自动装置。为保证二次回路的用电，还有相应的操作电源回路等，如图2-88所示。

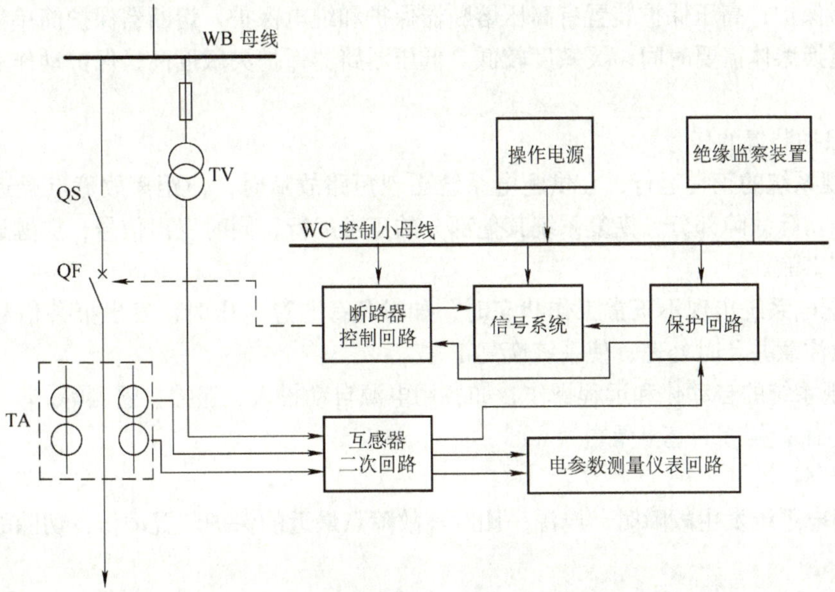

图2-88　二次回路

断路器控制回路是指控制高压断路器跳闸、合闸的回路，直接控制断路器的操动机构。断路器操动机构有手动操作、电磁操动机构（CD）、弹簧储能操动机构（CT）等，电磁操动机构（CD）只能采用直流操作电源，弹簧储能操动机构可实现交直流两用，一般采用交流操作电源。

信号回路是用来指示一次电路运行状态的回路。包括断路器位置信号、预告信号、事故信号。断路器位置信号用来显示断路器正常工作时的位置状态；预告信号是指在供电系统中，发生故障和不正常工作状态而不需跳闸的情况下发出的预告音响信号；事故信号用来显示断路器在事故情况下的工作状态。

保护回路指供配电系统的继电保护装置。

监测回路指绝缘监察装置和测量电参数的回路。绝缘监察装置用于监视小接地电流系统相对地的绝缘情况。供配电系统中安装的测量电参数的仪表包括有功电度表、无功电度表、电流表、电压表、有功功率表、无功功率表、功率因数表等。

供配电系统中常用的自动装置有电力线路自动重合闸装置（Auto - Reclosing Device，ARD）和备用电源自动投入装置（Auto - put - into device of reserve - source，APD）。应用自动装置可以提高系统供电的可靠性，保证对用户的不间断供电。

二次回路的操作电源主要有直流和交流两大类。直流操作电源主要有蓄电池和硅整流直流操作电源两种。直流操作电源的可靠性比较高，但需要的投资比较大，维护、管理费用也比较高。交流操作电源直接取自电压互感器二次侧，接线简单、投资低廉、维修方便，但受系统电压影响比较大。对于高压成套配电设备，二次回路通常使用直流220V或110V作为其工作电源；对于低压成套配电设备，则使用交流220V或380V作为其工作电源。

2. 继电保护

为了保证建筑供配电系统的安全运行，避免过负荷、短路等不正常或故障状态对系统造成影响，在建筑供配电系统中装有不同类型的保护装置。低压保护装置有低压断路器保护和低压熔断器保护；高压保护装置有高压熔断器保护和继电保护。熔断器保护简单经济，但保护动作后更换熔体需要时间，灵敏度较低。低压断路器保护灵敏度高，保护动作后能很快恢复供电。

（1）保护装置的任务

① 监视系统的正常运行，在供配电系统出现短路故障时，使距离故障点最近的断路器迅速跳闸，切除故障部分，恢复系统其他部分的正常运行，同时发出信号，提醒运行值班人员及时处理事故。

② 供配电系统出现不正常工作状态时，如过负荷、过电压时，发出报警信号，提醒运行值班人员注意并及时处理，使系统恢复正常。

③ 实现系统的自动化和远程操作，如备用电源自动投入、遥控、遥测等。

（2）对保护装置的基本要求

1）选择性

在供配电系统发生故障时，电源一侧距离故障点最近的保护装置动作，切除故障，如图2-89所示。

2）速动性

当发生故障时，保护装置应尽快动作，快速切除故障，以提高系统稳定性，减轻故障设备和线路的损坏程度，缩小故障波及范围。

3）可靠性

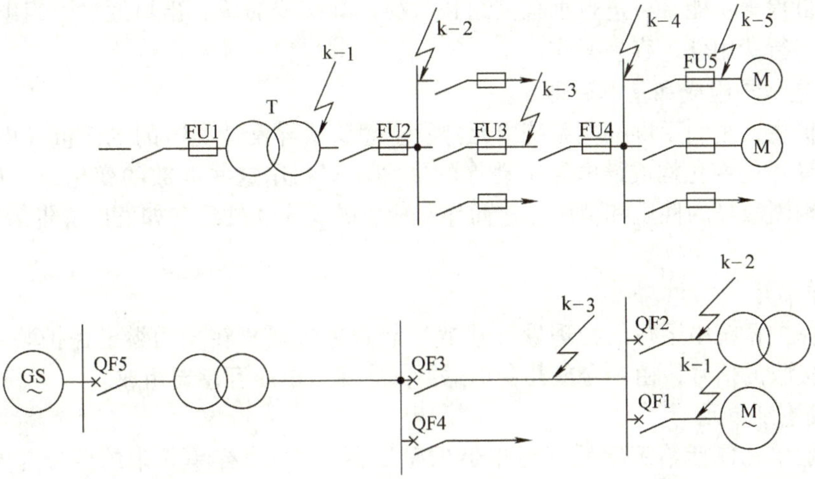

图 2-89 保护的选择性

指保护装置在保护范围内该动作时应可靠动作（不拒动）；在正常运行状态时，不该动作时应可靠不动作（不误动）。可靠性是对继电保护装置性能最根本的要求。

4）灵敏性

指保护装置在其保护范围内对故障和不正常运行状态的反应能力。灵敏性常用灵敏系数 S_p 来衡量，保护装置应具有必要的 S_p。灵敏性通过继电保护的整定值来实现，整定值的校验一般一年进行一次。

（3）继电保护类型

按照保护原理分，有过电流保护、电压保护（过电压保护和欠电压保护）、功率方向保护、差动保护、高频保护、距离保护（又称为阻抗保护）、非电气量保护（如瓦斯保护）等。按照被保护设备分，有线路保护、变压器保护、电动机保护等。按照保护器件分有常规继电保护和微机继电保护。目前主要应用的是微机继电保护。

1）常规继电保护

常规继电保护是采用继电器组合而成的，如过流继电器、时间继电器、中间继电器等，通过组合来实现保护功能，继电器触点多，降低了灵敏度和可靠性，保护功能单一，运行维护量大，已逐渐被淘汰，如图 2-90 所示。

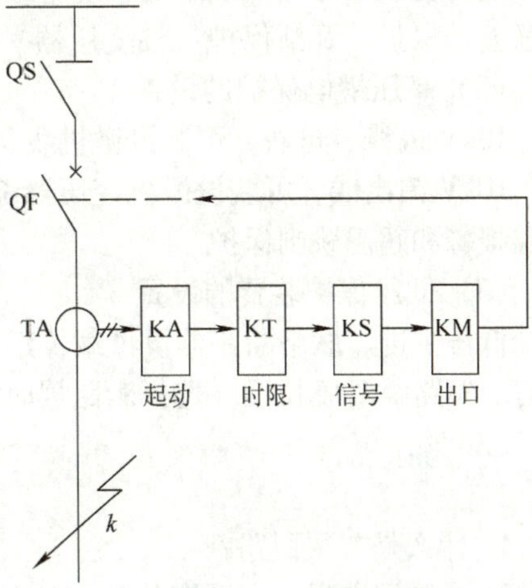

图 2-90 常规继电保护装置过电流保护框图

主电路中发生短路故障时，流过电流继电器 KA 中的电流超过预先整定的某个数值时，继电器起动，并且用时间继电器 KT 来保证动作的选择性，使断路器跳闸或发出报警信号。

2）微机继电保护

微机继电保护指应用微型计算机或微处理机构成的继电保护。微型计算机或微处理机通过对采集信息的数据分析判断异常状态，并输出信息告警或驱动开关跳闸。系统具备采集、监视、控制、自检等功能，可进行远程控制和监视；其接线简单，出口通过一组继电器动作，工作可靠，运行费用低，容易操作。

（4）继电保护组成和基本原理

继电保护主要是利用供配电系统中元件发生短路或异常情况时的电气量（电流、电压、功率、频率等）的变化构成继电保护动作的原理。即利用这些参数的变化，在反映、检测的基础上来判断故障的性质和范围，进而作出相应的反应和处理，如发出警告信号或使断路器跳闸等。

1）取样单元

它将被保护系统中运行的物理量（参数）经过电气隔离转换为继电保护装置中比较鉴别单元可以接收的信号，由一台或几台传感器如电流、电压互感器组成。

2）比较鉴别单元

比较鉴别单元包括给定单元（继电器的整定值），由取样单元来的信号与给定信号比较，判断系统是正常状态、异常状态还是故障状态，处理单元发出相应状态的信号。

3）处理单元

接受比较鉴别单元来的信号，按比较鉴别单元的要求进行处理，根据比较环节输出量的大小、性质、组合方式出现的先后顺序，来确定保护装置是否动作。它由时间继电器、中间继电器等构成。

4）执行单元

故障的处理通过执行单元来实施。执行单元一般分两类：一类是声、光信号继电器，如电笛、电铃、闪光信号灯等；另一类是断路器操作机构的分闸线圈，使断路器跳闸。

5）控制及操作电源

继电保护装置要求有自己独立的交流或直流电源，电源功率因所控制设备的多少而增减。

3. 建筑供配电系统安装的继电保护

（1）电力变压器安装的保护

电力变压器是建筑供配电系统中最关键的设备，一般设有过电流保护、电流速断保护/纵联差动保护、瓦斯保护（油变压器）、过负荷保护等，作用于跳闸或信号。

（2）高压继电保护的设置

10kV 进线、母联，可装设微机线路综合保护装置，实现过流、速断、零序等微机保护。

10kV 馈出线，可装设微机变压器综合保护装置，实现过流、速断、零序保护及变压器高温报警和超温跳闸保护。

（3）低压保护装置的设置

低压主进、联络断路器设过载长延时、短路短时保护脱扣器，其他低压断路器设过载长延时、短路瞬时脱扣器（选择断路器时注意）。

五、作业

1. 什么是二次回路？
2. 二次回路操作电源有几种？各有何特点？
3. 通过查阅资料或调研，写出建筑供配电系统中哪些电气设备需要加装 APD？
4. 保护装置的任务是什么？对保护装置有哪些基本要求？

模块3 建筑供配电与照明系统的设计

单元9 建筑供配电与照明系统方案设计

一、学习目标

① 了解建筑项目流程。
② 理解建筑供配电与照明系统方案设计内容。
③ 基本掌握建筑供配电与照明系统方案设计方法。

二、学习任务

① 叙述建筑负荷分级及供电要求。
② 掌握方案设计阶段负荷估算方法（单位指标法）。
③ 写出某工程电气（强电）方案设计说明。

三、学习工具

教材和教参。

四、背景知识

1. 建筑工程项目流程

建筑工程项目手续繁多、复杂，并由多个部门配合共同完成。图3-1所示为建筑工程项目流程框图。

建筑工程包括民用建筑工程和工业建筑工程。民用建筑包括公共建筑和居住建筑，其设计一般应分为方案设计、初步设计和施工图设计三个阶段；对于技术要求相对简单的民用建筑工程，经有关主管部门同意，且合同中没有做初步设计的约定，可在方案设计审批后直接进入施工图设计。

建筑工程设计由多个专业组成，建筑设计单位通常配有建筑、结构、给排水、暖通、电气（强电、智能化）等专业，工业设计单位通常还配有工艺、机械、自控等专业。

建筑供配电与照明系统设计需要调研的资料：

（1）供电方案

电源引入建筑工程的大市政条件：电力管线所在道路、管线位置、接口井位置等；城市电网提供电源的电压等级、回路数、容量；计量方式；高压运行方式、联锁方式等要求；变配电所设置要求；产权与管理分界等。一般业主应向当地供电部门报批，由供电部门提出正式供电方案。

（2）设计依据

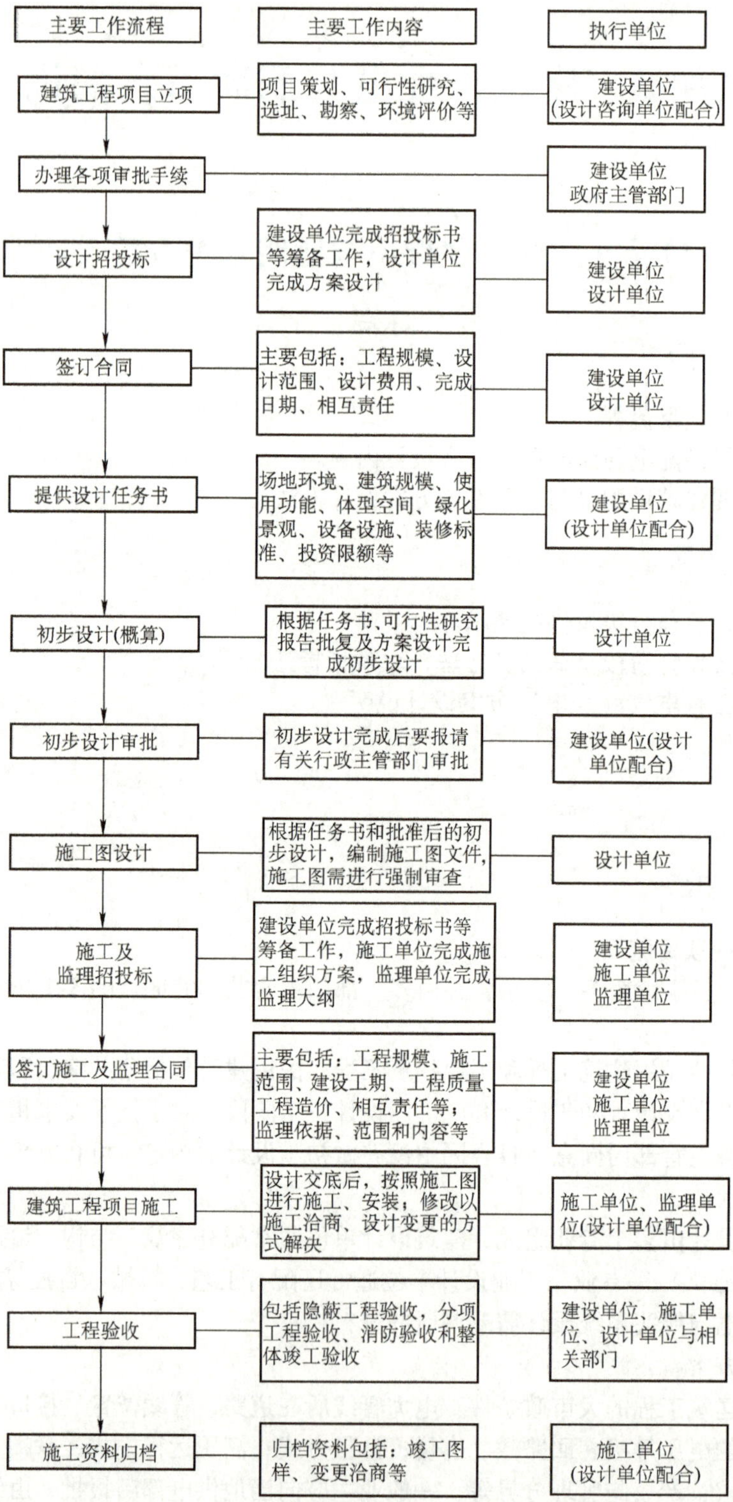

图 3-1 建筑工程项目流程框图

一般包括设计合同、设计任务书、相关批复文件、业主提供的设计资料及正式往来文件、国家标准规范、地方标准规范及特殊要求等。工程设计任务书一般由业主提供或与业主商定，对设计的范围、内容、等级标准等做出约定；相关的工程批复文件、设计资料应由业主提供；与业主的正式往来文件及会议纪要等也是重要的设计依据；当地的标准规范是国家标准的补充，特别是由于地域不同，绿色节能建筑的相关规范必须执行当地标准规范和相关文件要求。

2. 建筑供配电与照明系统方案设计内容

方案设计一般为设计说明书，主要包括下述内容。

（1）工程概况

（2）设计依据

（3）本工程拟设置的建筑电气系统（设计范围）

（4）变、配、发电系统（10/0.4kV 变配电系统）

① 负荷级别以及总负荷估算容量。

② 电源，城市电网提供电源的电压等级、回路数、容量。

③ 拟设置的变、配、发电站数量和位置，选择变压器类型、台数和容量。

④ 确定自备应急电源的型式、电压等级、容量。

⑤ 选择计量方式，功率因数补偿措施。

（5）低压配电系统

（6）照明系统

列出主要场所选择的照明方式、照明种类、照度标准、功率密度限值等要求，选择的光源及灯具的参数指标、镇流器类型、照明控制方式、应急照明设置等。

（7）线缆选型及设备选择

（8）防雷接地及安全

（9）建筑电气绿色节能措施等

3. 电力负荷

电力负荷简称为负荷。它既可以指用电设备或电力用户，也可以指用电设备或电力用户所消耗的电功率或电流。

用电设备的电力负荷是随时间变化的，可用图形曲线来表征，称为负荷曲线。负荷曲线按照负荷的功率性质可分为有功功率和无功功率负荷曲线；按照所表示的负荷持续时间可分为日和年负荷曲线。按绘制方式有梯形负荷曲线和依点连成的负荷曲线，如图 3-2 所示。

由负荷曲线可知，用电设备组的实际负荷并不恒等于各用电设备额定功率的总和。把某段时间负荷曲线的平均值称为“平均负荷”，记作 P_{av}（平均有功功率）、Q_{av}（平均无功功率）。把负荷曲线中每个 30min 平均负荷之中的最大值称为“最大负荷”，记作 P_{max} 或 P_{30}（最大有功功率）、Q_{30}（最大无功功率）。

负荷曲线可直观地反映出用户的用电特点，对于同类型的用户，其负荷曲线形状大致相同。根据这一规律，为了在设计中既能简化计算又能得出符合实际的 P_{30} 值，定义了一系列系数，供计算中使用，如需要系数 K_x、利用系数 K_P 等。一般 K_x 和 K_P 都是由已经建成的同类型用电设备组及用电企业统计得到的，可在有关电力设计手册中查到。

根据负荷曲线合理地安排生产，削峰填谷，根据需要投入发电机、变压器，调整负荷，

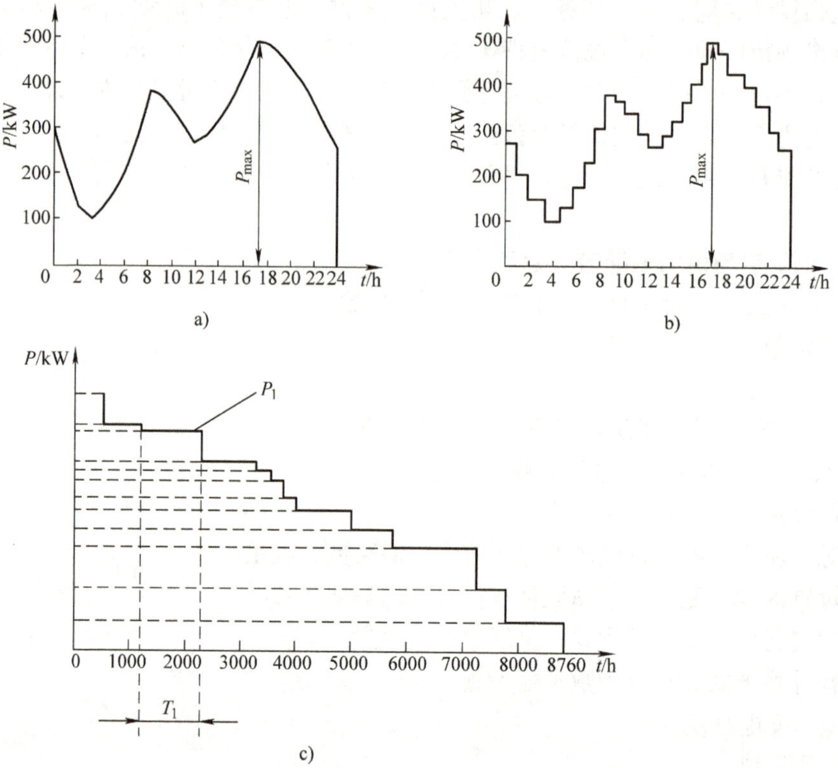

图3-2 负荷曲线

a）日有功功率折线形负荷曲线 b）日有功功率梯形负荷曲线 c）年有功功率梯形负荷曲线

提高负荷率，可以使用电单位的用电达到经济合理，并为整个电网的安全经济运行创造条件。

民用建筑作为一个电力用户，常用照明负荷一般包括照明灯具、插座、厨房、通信及计算机系统用电等，常用动力负荷一般包括风机、空调机组、水泵、电梯等用电。除此之外，有的民用建筑还包括工艺设备负荷。

4. 负荷分级

GB 50052—2009《供配电系统设计规范》规定，电力负荷应根据对供电可靠性的要求及中断供电在政治、经济上所造成损失或影响的程度进行分级。

（1）符合下列情况之一时，应为一级负荷

① 中断供电将造成人身伤亡时。

② 中断供电将在政治、经济上造成重大损失时。例如：重大设备损坏、重大产品报废、用重要原料生产的产品大量报废，国民经济中重点企业的连续生产过程被打乱需要长时间才能恢复等。

③ 中断供电将影响有重大政治、经济意义的用电单位的正常工作。例如：重要交通枢纽、重要通信枢纽、重要宾馆、大型体育场馆、经常用于国际活动的人员大量集中的公共场所等用电单位中的重要电力负荷。

在一级负荷中，若中断供电将发生中毒、爆炸和火灾等情况的负荷，以及特别重要场所的不允许中断供电的负荷，应视为特别重要的负荷。比如保证安全停产的应急照明、通信系统、自动控制装置等。

（2）符合下列情况之一时，应为二级负荷

① 中断供电将在政治、经济上造成较大损失。例如：主要设备损坏、大量产品报废、连续生产过程被打乱需较长时间才能恢复、重点企业大量减产等。

② 中断供电将影响重要用电单位的正常工作。例如：交通枢纽、通信枢纽等用电单位中的重要电力负荷，以及中断供电将造成大型影剧院、大型商场等较多人员集中的重要的公共场所秩序混乱。

（3）不属于一级和二级负荷者为三级负荷

JDJ 16—2008/J 778—2008《民用建筑电气设计规范》中规定各类建筑物的主要用电负荷的分级见表 3-1。

表 3-1　民用建筑中各类建筑物的主要用电负荷级别

序号	建筑物名称	用电负荷名称	负荷级别
1	国家级会堂、国宾馆、国家级会议中心	主会场、接见厅、宴会厅的照明、电声、录像、计算机系统用电	一级 *
		客梯、总值班室、会议室、主要办公室、档案室用电	一级
2	国家及省部级政府办公建筑	客梯、主要办公室、会议室、总值班室、档案室及主要通道照明用电	一级
3	国家及省部级计算中心	计算机系统用电	一级 *
4	国家及省部级防灾中心、电力调度中心、交通指挥中心	防灾、电力调度及交通指挥计算机系统用电	一级 *
5	地、市级办公建筑	主要办公室、会议室、总值班室、档案室及主要通道照明用电	二级
6	地、市级及以上气象台	气象业务用计算机系统用电	一级 *
		气象雷达、电报及传真收发设备、卫星云图接收机及语言广播设备、气象绘图及预报照明用电	一级
7	电信枢纽、卫星地面站	保证通信不中断的主要用电设备	一级 *
8	电视台、广播电台	国家及省、市、自治区电视台、广播电台的计算机系统用电，直播的电视演播厅、中心机房、录像室、微波设备及发射机房用电	一级 *
		语音播音室、控制室的电力和照明用电	一级
		洗印室、电视电影室、审听室、楼梯照明用电	二级
9	剧场	特、甲等剧场的调光用计算机系统用电	一级 *
		特、甲等剧场的舞台照明、贵宾室、演员化妆室、舞台机械设备、电声设备、电视转播设备	
		甲等剧场的观众厅照明、空调机房及锅炉房电力和照明用电	
10	电影院	甲等电影院的照明与放映用电	二级

（续）

序号	建筑物名称	用电负荷名称	负荷级别
11	博物馆、展览馆	大型博物馆及展览馆安防系统用电；珍贵展品展室照明用电	一级 *
		展览用电	二级
12	图书馆	藏书量超过100万册的图书馆及重要图书馆的安防系统、图书检索用计算机系统用电	一级 *
		其他用电	二级
13	体育建筑	特级体育场（馆）及游泳馆的比赛场（厅）、主席台、贵宾室、接待室、新闻发布厅、广场及主要通道照明、计时记分装置、计算机房、电话机房、广播机房、电台和电视转播及新闻播影用电	一级 *
		甲级体育场（馆）及游泳馆的比赛场（厅）、主席台、贵宾室、接待室、新闻发布厅、广场及主要通道照明、计时记分装置、计算机房、电话机房、广播机房、电台和电视转播及新闻摄影用电	一级
		特级及甲级体育场（馆）及游泳馆中非比赛用电、乙级及以下体育建筑比赛用电	二级
14	商场、超市	大型商场及超市的经营管理用计算机系统用电	一级 *
		大型商场及超市营业厅的备用照明用电	一级
		大型商场及超市的自动扶梯、空调用电	二级
		中型商场及超市营业厅的备用照明用电	二级
15	银行、金融中心、证交中心	重要的计算机系统和安防系统用电	一级 *
		大型银行营业厅及门厅照明、安全照明用电	一级
		小型银行营业厅及门厅照明用电	二级
16	民用航空港	航空管制、导航、通信、气象、助航灯光系统设施和台站用电，边防、海关的安全检查设备用电，航班预报设备用电，三级以上油库用电	一级 *
		候机楼、外航驻机场办事处、机场宾馆及旅客过夜用房、站坪照明、站坪机务用电	一级
		其他用电	二级
17	铁路旅客站	大型站和国境站的旅客站房、站台、天桥、地道用电	一级
18	水运客运站	通信、导航设施用电	一级
		港口重要作业区、一级客运站用电	二级
19	汽车客运站	一、二级客运站用电	二级
20	汽车库（修车库）、停车场	Ⅰ类汽车库、机械停车设备及采用升降梯作车辆疏散出口的升降梯用电	一级
		Ⅱ、Ⅲ类汽车库和Ⅰ类修车库、机械停车设备及采用升降梯作车辆疏散出口的升降梯用电	二级

（续）

序号	建筑物名称	用电负荷名称	负荷级别
21	旅游饭店	四星级及以上旅游饭店的经营及设备管理用计算机系统用电	一级 *
		四星级及以上旅游饭店的宴会厅、餐厅、厨房、康乐设施、门厅及高级客房、主要通道等场所的照明用电，厨房、排污泵、生活水泵、主要客梯用电，计算机、电话、电声和录像设备、新闻摄影用电	一级
		三星级旅游饭店的宴会厅、餐厅、厨房、康乐设施、门厅及高级客房、主要通道等场所的照明用电，厨房、排污泵、生活水泵、主要客梯用电，计算机、电话、电声和录像设备、新闻摄影用电，除上栏所述之外的四星级及以上旅游饭店的其他用电	二级
22	科研院所、高等院校	四级生物安全实验室等对供电连续性要求极高的国家重点实验室用电	一级 *
		除上栏所述之外的其他重要实验室用电	一级
		主要通道照明用电	二级
23	二级以上医院	重要手术室、重症监护等涉及患者生命安全的设备（如呼吸机等）及照明用电	一级 *
		急诊部、监护病房、手术部、分娩室、婴儿室、血液病房的净化室、血液透析室、病理切片分析、核磁共振、介入治疗用CT及X光机扫描室、血库、高压氧仓、加速器机房、治疗室及配血室的电力照明用电，培养箱、冰箱、恒温箱用电，走道照明用电，百级洁净度手术室空调系统用电、重症呼吸道感染区的通风系统用电	一级
		除上栏所述之外的其他手术室空调系统用电，电子显微镜、一般诊断用CT及X光机用电，客梯用电，高级病房、肢体伤残康复病房照明用电	二级
24	一类高层建筑	走道照明、值班照明、警卫照明、障碍照明用电，主要业务和计算机系统用电、安防系统用电，电子信息设备机房用电，客梯用电，排污泵、生活水泵用电	一级
25	二类高层建筑	主要通道及楼梯间照明用电，客梯用电，排污泵、生活水泵用电	二级

注：负荷分级表中“一级 *”为一级负荷中特别重要负荷；本表未包含消防负荷分级，消防负荷分级见相关的国家标准、规范；当序号1~23各类建筑物与一类或二类高层建筑的用电负荷级别不相同时，负荷级别应按其中高者确定。

上表中列为一级负荷的电子计算机，其机房及已记录的媒体存放间的应急照明亦为一级负荷。当在主体建筑中有一级负荷时，与其有关的主要通道照明为一级负荷；当有大量一级负荷时，其附属的锅炉房、冷冻站、空调机房的电力和照明为二级负荷。

5. 各级负荷对供电电源的要求

（1）一级负荷对供电电源的要求

一级负荷属重要负荷，如果中断供电将造成十分严重的后果，因此要求有两个独立电源供电（当一个电源发生故障时，另一个电源不应同时受到损坏）。对一级负荷中特别重要的负荷，还应增设应急电源，如加设独立于正常电源的自备发电装置、蓄电池、干电池、供电系统中有效地独立于正常电源的专门供电线路等，并严禁将其他负荷接入应急供电系统。如一级负荷仅为照明或电话站负荷时，宜采用蓄电池组作为备用电源。

（2）二级负荷对供电电源的要求

二级负荷也是重要负荷，虽然中断供电所造成的后果没有一级负荷严重，但二级负荷往往涉及的范围较宽。因此，二级负荷宜由两回线路供电，供电变压器一般也应有两台，以防因其中一台变压器故障或线路常见故障中断供电，确保中断供电后能迅速恢复。在负荷较小或地区供电条件困难时，二级负荷可由一回6kV及以上专用线路供电。

（3）三级负荷对供电无特殊要求。

三级负荷短时间中断供电造成的损失不大，一般单路电源供电即可。

6. 负荷估算方法（单位指标法）

负荷计算是确定供配电线路导线截面、变压器容量、电气设备额定参数的依据。负荷计算的基本原始资料是用电设备安装容量，根据这些资料正确估计所需的电量是一个非常重要的问题。估算过高，浪费有色金属，不经济；估算过低，会使所选线路、设备过热，加快绝缘老化，增大电能损耗。为此，引入了计算容量 P_{js} 的概念，也称为计算负荷，即根据统计计算求出的选择用户或供配电系统中的正常电源、备用电源、应急电源容量、无功补偿容量和季节性负荷容量的依据，通过计算各回路中的电流，按照发热条件选择变压器、导体、开关等电器的假想持续负荷值，并用来计算电压损失和功率损耗。通常取计算范围内半小时平均最大负荷 P_{30}（年最大负荷 P_{max}）为计算负荷。

求取计算负荷的过程称为负荷计算。负荷计算方法很多，如需要系数法、利用系数法、二项式系数法、单位指标法（单位面积功率估算法、单位产品耗电量法）等。

民用建筑在方案设计阶段可采用单位指标法；在初步设计及施工图设计阶段，宜采用需要系数法。对于住宅，在设计的各个阶段均可采用单位指标法。

单位指标法是用已知的不同类型的负荷在单位核算单位上的需求量乘以单位核算单位得到的负荷量。

例如，某住宅楼某层有4个住户，每户用电设计容量为6kW，则该层的负荷量在不考虑同时系数时为24kW。

单位指标法中的单位面积估算法，也称负荷密度法，方案设计阶段可采用此方法。是将已知的不同类型负荷在单位面积上的需求量乘以建筑面积或使用面积得到的负荷量。各类建筑物的负荷密度见表3-2。

表3-2 各类建筑物的负荷密度

建筑类别	负荷密度/(W/m²)	建筑类别	负荷密度/(W/m²)
公寓	30~50	医院	30~70
旅馆	40~70	高等学校	20~40
办公	30~70	中小学	12~20
商业	一般：40~80	展览馆	50~80
	大中型：60~120	演播室	250~500
体育	40~70	汽车库	8~15
剧场	50~80	机械停车库	17~23

注：出自《全国民用建筑工程设计技术措施》2009版电气。

7. 确定电源电压等级、回路数、容量

根据负荷性质和负荷容量，提出要求外供电源的回路数、容量、电压等级的要求；向当地供电部门了解可能的供电电源及供电方式，并进行协商，获得当地供电部门确定的供电方案（工程筹建单位提供），确定供给的电源容量及备用电源容量、功率因数要求、计量和遥测要求、供电方式（电缆或架空线，专用线或非专用线）、供电电源的回路数、截面、长度及进入建筑物的位置。如果当地供电部门未提供供电方案，需结合工程实际和当地电网现状及发展规划，经技术比较后确定。

8. 确定设置的变配电所数量和位置

根据项目建筑总平面图，在靠近电源侧和负荷中心的适宜位置设立变配电所，单体建筑变配电所一般设置在首层或地下室（不宜设置在建筑的地下最底层），按负荷估算容量初步确定所装变压器台数和容量。

9. 确定自备应急电源的型式、电压等级、容量

如果负荷特别重要，需要设置自备电源时，这一阶段还需要确定自备电源容量大小。自备电源容量的选择，目前国家尚无统一的计算公式，因此设计人员在实际工作中所采用的方法也不相同。有的简单地按电力变压器容量的10%～20%确定；有的按消防设备的容量相加；有的则根据投资者的意愿选择。

方案设计阶段自备电源的容量可以按供电变压器总容量的10%～20%估算。

10. 确定照明方式和种类

在一栋建筑物中，照明的方式和种类很多，不同的照明类别，其供电要求不同，控制方式也各异。在照明设计时应根据视觉要求、工作性质和环境条件，使工作区或空间获得良好的视觉效果、合理的照度和显色性，以及适宜的亮度分布。

（1）照明方式

1）一般照明

为使整个照明场地获得均匀明亮的水平照度，使用照明器在整个照明场所基本均匀布置的照明方式。

2）分区一般照明

根据需要提高特定区域照度的一般照明称为分区一般照明。根据工作面布置的实际情况，将照明器集中或分区集中均匀地布置在工作区上方，使室内不同被照面上产生不同的照度，可以有效地节约能源。

3）局部照明

以满足照明范围内某些部位的特殊需要而设置的照明称为局部照明。它仅限于照亮一个有限的工作区，通常采用从最适宜的方向装设台灯、射灯或反射型灯泡的方法。其优点是灵活、方便、节电，能有效地突出重点。

4）混合照明

由一般照明和局部照明共同组成的照明称为混合照明。其实质是在一般照明的基础上，在另外需要提供特殊照明的局部，采用局部照明 。

5）重点照明

为提高特定区域或目标的照度而使其比周围区域突出的照明，采用重点照明。

照明方式的确定应符合下列规定：工作场所应设置一般照明；当同一场所的不同区域有

不同的照度要求时应采取分区一般照明；对于作业面照度要求较高，只采用一般照明不适合的场所，宜采用混合照明；在一个工作场所内不应只采用局部照明；当需要提高特定区域或目标的照度时，宜采用重点照明。

（2）照明种类

按照照明用途，照明种类可分为以下几种：

1）正常照明

为满足正常工作而设置的室内外照明称为正常照明。它起着满足人们基本视觉要求的功能，是照明设计中的主要照明。它一般可单独使用，也可与应急照明和值班照明同时使用，但控制线路必须分开。

2）应急照明

在正常照明因事故熄灭后，供事故情况下继续工作、人员安全或顺利疏散的照明称为应急照明。它包括备用照明、安全照明和疏散照明三种。

3）值班照明

在非工作时间供值班人员观察用的照明称为值班照明。可利用正常照明中能单独控制的一部分、应急照明的一部分或全部作为值班照明。

4）警卫照明

根据需要，在警卫范围内装设的照明。

5）障碍照明

装设在障碍物上或障碍物附近，作为障碍标志用的照明。障碍照明的装设，应严格执行所在地区航空或交通部门的有关规定。

照明种类的确定应符合下列规定：

① 室内工作及相关辅助场所，均应设置正常照明。

② 当下列场所正常照明电源失效时应设置应急照明：需确保正常工作或活动继续进行的场所，需确保处于潜在危险之中的人员安全的场所，需确保人员安全疏散的出口和通道。

③ 需在夜间非工作时间值守或巡视的场所，应设置值班照明。

④ 需警戒的场所，应根据警戒范围的要求设置警卫照明。

⑤ 在危及航行安全的建筑物、构筑物上，应根据相关部门的规定设置障碍照明。

11. 绿色节能措施

绿色节能建筑就是在建筑的全寿命周期内，最大限度地节约资源（节能、节地、节水、节材）、保护环境、减少污染，为人们提供健康、适用和高效的使用空间，与自然和谐共生的建筑。节能审查是施工图文件审查的重要环节，因此，建筑电气的绿色节能措施是方案设计的重要内容。

建筑电气的绿色节能措施应包括电气系统、电气设备、照明、计量、监测与控制管理等内容。

五、案例练习

某项目设计任务书如下。

1. 该项目概况

本建筑工程规划总用地面积为3730.6m^2，总建筑面积为11534.9m^2，地下一层主要为汽车库，地上14层主要为办公室、设备用房等，建筑高度为59.45m。

民用建筑分类：一类高层公共建筑，耐火等级为一级。

结构类型：主体为现浇钢筋混凝土框架剪力墙结构。

抗震设防烈度：7度。

2. 该项目设计范围

本工程设计包含以下系统：

(1) 10kV/0.5kV变配电系统；

(2) 电力配电系统；

(3) 照明配电系统；

(4) 防雷、接地系统；

(5) 人防工程；

(6) 绿色节能措施。

3. 设计总体要求

(1) 整体设计方案应满足国家、省和市有关建设电气方针、政策、规范、规程等；

(2) 方案合理、技术先进适用、安全可靠、便于安装和维护管理；

(3) 满足国家和地方绿色节能环保要求；

(4) 设计内容正确，设计深度满足各阶段需要，设计文件规范工整；

(5) 与其他专业密切配合，设计接口明确统一。

根据以上设计任务书，结合图2-12～图2-14和图2-29的施工图纸，回答：

(1) 分析图2-12～图2-14各典型用电设备的供电形式，指出其负荷等级；

(2) 结合该项目设计方案，试估算其负荷；

(3) 试写出该项目的方案设计内容，包括：

一、工程概况

二、设计依据

三、设计范围

四、具体设计方案

单元10　建筑供配电与照明系统初步设计

一、学习目标

① 理解建筑供配电与照明系统初步设计内容。

② 基本掌握建筑供配电与照明系统初步设计中负荷、防雷和照度的计算方法。

二、学习任务

① 应用需要系数法进行某大楼的负荷计算。

② 根据负荷电流大小给某配电箱选择合适的配电线路导线（电缆）型号与截面积。

③ 计算某建筑物防雷等级，分析该建筑物防雷接地平面图。

④ 应用利用系数法设计某教室（或实训室）照明。

三、学习工具

教材和教参。

四、背景知识

在进行初步设计之前，需要收集以下资料，见表3-3。

表3-3 初步设计输入文件——电气

项目总类型	√民用建筑	项目具体类型	
设计阶段	□规划方案 □可研 √初设 □施设 □其他________		
业主需求及专业技术要求（必有）			
01	设计任务书		
基础资料			
01	项目市政接口资料（包含周边市政电源分布情况、电压等级、电力系统短路容量等）		
02	相关专业所提资料（包含建筑、结构、给排水、暖通、智能化等专业）		
……			
上阶段设计文件及确认结果、政府批文			
01	可研报告（方案设计）		
……			
标准、规范			
01	《民用建筑电气设计规范》	JGJ 16—2008	
02	《建筑设计防火规范》	GB 50016—2014	
03	《高层民用建筑设计防火规范》	GB 50045—1995（2005年版）	
04	《供配电系统设计规范》	GB 50052—2009	
05	《低压配电设计规范》	GB 50054—2011	
06	《通用用电设备配电设计规范》	GB 50055—2011	
07	《20kV及以下变电所设计规范》	GB 50053—2013	
08	《建筑照明设计标准》	GB 50034—2013	
09	《电力工程电缆设计规范》	GB 50217—2007	
10	《电子信息系统机房设计规范》	GB 50174—2008	
11	《人民防空地下室设计规范》	GB 50038—2005	
12	《人民防空工程设计防火规范》	GB 50098—2009	
13	《建筑物防雷设计规范》	GB 50057—2010	
14	《汽车库、修车库、停车场设计防火规范》	GB 50067—2014	
15	《建筑物电子信息系统防雷技术规范》	GB 50343—2012	
16	《公共建筑节能设计标准》	GB 50189—2015	
17	《车库建筑设计规范》	JGJ 100—2015	
18	《绿色建筑评价标准》	GB/T 50378—2006	
19	《建筑工程设计文件编制深度规定》（2008年版）		
20	……		
可能出现的相关违规要求			
01	消防性能化设计		
02	建设项目所在地的地方技术标准（节能、消防）		

1. 建筑供配电与照明系统初步设计内容

初步设计阶段提供的设计文件应包括设计说明、设计图样、主要电气设备表及计算书。

（1）设计说明

1）设计依据

2）设计范围

3）变、配、发电系统

4）照明系统

5）防雷、接地及安全措施

（2）设计图样

1）电气总平面图

① 标示建筑物、构筑物名称、存量，高低压线路及其他系统线路走向、回路编号，导线及电缆型号规格，架空线、路灯、庭园灯的杆位（路灯、庭园灯可不绘线路），重复接地点等。

② 变、配、发电站位置、编号。

③ 比例、指北针。

2）变、配电系统

① 高、低压供电系统图。

② 平面布置图。

3）配电系统

包括主要干线平面布置图、竖向干线系统图（包括配电及照明干线、变配电站的配出回路及回路编号）。

4）照明系统

对于特殊建筑，如大型体育场馆、大型影剧院等，应绘制照明平面图。该平面图应包括灯位（含应急照明灯）、灯具规格，配电箱（或控制箱）位置，不需连线。

5）防雷系统、接地系统

一般不出图样，特殊工程只出顶视平面图、接地平面图。

（3）主要电气设备表

注明设备名称、型号、规格，单位、数量。

（4）计算书

① 负荷计算。

② 设备选择。

③ 导线或电缆选择。

④ 短路电流计算及设备校验。

⑤ 防雷计算。

⑥ 照度值计算。

⑦ 各系统计算结果尚应标示在设计说明或相应的图样中。

⑧ 因条件不具备不能进行计算的内容，应在初步设计中说明，并在施工图设计时补算。

2. 负荷计算（需要系数法）

负荷计算的主要目的是为了合理选择电气设备和线缆，达到够用和经济的目的。初步设计阶段负荷计算宜采用需要系数法。需要系数随着时代发展需逐步更新。

负荷计算的方法如下。

（1）单台用电设备功率 P_e 的确定

1）电动机的设备功率

电气设备铭牌中注明的功率是额定功率 P_N，负荷计算时的用电设备功率 P_e 不一定就是 P_N，与设备的工作制有关。设备按照工作制可分为长期连续工作制、短时工作制和周期工作制。

用电设备功率 P_e 是指换算到统一工作制下的额定功率，依据《工业与民用供配电设计手册（第四版）》。

① 连续工作制电动机的设备功率等于额定功率。

② 周期工作制电动机的设备功率，当采用需要系数法计算时，是将额定功率统一换算到负载持续率为100%时的有功功率。

$$P_e = P_N\sqrt{\varepsilon}$$

负荷持续率（又称暂载率）为一个工作周期内工作时间与工作周期的百分比值，即

$$\varepsilon \overset{\text{def}}{=\!=} \frac{t}{T}\times 100\% = \frac{t}{t+t_0}\times 100\% \tag{3-1}$$

式中 ε——负荷持续率；

T——工作周期；

t——工作周期内的工作时间；

t_0——工作周期内的停歇时间。

③ 短时工作制电动机的设备功率是将额定功率换算为连续工作制的有功功率。为解决缺乏简单可靠换算法的问题，可把短时工作制电动机近似地看作周期工作制电动机再行计算。0.5h 工作制电动机可按 $\varepsilon = 15\%$ 考虑 1h 工作制电动机可按 $\varepsilon = 25\%$ 考虑。

④ 电焊机的设备功率是指将额定容量换算到负载持续率为100%时的有功功率。

换算的公式如式（3-2）所示。

$$P_e = S_N\sqrt{\varepsilon}\cos\varphi \tag{3-2}$$

例题1 某建筑工地起重用电动机额定功率为10kW（40%），负荷计算时该设备的功率是多少？

解： $P_e = P_N\sqrt{\varepsilon} = 10\times\sqrt{40\%}\text{kW} = 6.3\text{kW}$

2）照明用电设备的设备功率

① 白炽灯、高压卤钨灯的设备功率是指灯泡标出的额定功率。

② 低压卤钨灯除灯泡功率外，还应考虑变压器的功率损耗。

③ 气体放电灯，金属卤化物灯除灯泡的功率外，还应考虑镇流器的功率损耗。

（2）单相负荷的等效

单相负荷应均衡分配到三相上。当单相负荷的总容量小于计算范围内三相对称负荷总容量的15%时，全部按三相对称负荷计算；当超过15%时，应将单相负荷换算为等效三相负荷，再与三相负荷相加。等效三相负荷可按下列方法计算：

① 只有相负荷时，等效三相负荷取最大相负荷的3倍。

② 只有线间负荷时，等效三相负荷为单台时取线间负荷的$\sqrt{3}$倍；多台时取最大线间负荷的$\sqrt{3}$倍加上次大线间负荷的（$3-\sqrt{3}$）倍。

③ 既有线间负荷又有相负荷时，应先将线间负荷换算为相负荷，然后各相负荷分别相加，选取最大相负荷的3倍作为等效三相负荷。

（3）用电设备组计算负荷（需要系数法）

$$P_{js}=K_xP_e \tag{3-3}$$

$$Q_{js}=P_{js}\tan\varphi \tag{3-4}$$

$$S_{js}=\frac{P_{js}}{\cos\varphi} \tag{3-5}$$

$$I_{js}=\frac{S_{js}}{\sqrt{3}U_N} \tag{3-6}$$

式中 P_{js}——有功计算负荷；

P_e——用电设备的设备容量；

K_x—— 用电设备的需要系数（三台及以下时为1，经验数据，可查得）；

Q_{js}——无功计算负荷；

$\tan\varphi$——对应于设备的 $\cos\varphi$ 的正切值；

$\cos\varphi$——用电设备的功率因数；

S_{js}——用电设备的视在计算负荷；

I_{js}——用电设备的计算电流；

U_N——用电设备的额定电压。

例题2 已知某建筑物每个终端配电箱均为单相负荷，其中某层三个单相负荷分别为17kW、18kW、16kW，楼层配电箱需要系数 K_x 取0.8，试计算该楼层的计算负荷。

解：三个单相负荷中的最大单相负荷为L2相18kW，则该楼层等效三相负荷为

$P_e=3P_{emax}=3\times18\text{kW}=54\text{kW}$

$P_{js}=K_xP_e=0.8\times54\text{kW}=43.2\text{kW}$

$S_{js}=\dfrac{P_{js}}{\cos\varphi}=\dfrac{43.2}{0.9}\text{kV}\cdot\text{A}=48\text{kV}\cdot\text{A}$

$I_{js}=\dfrac{S_{js}}{\sqrt{3}U_N}=\dfrac{48}{\sqrt{3}\times0.38}\text{A}=72.9\text{A}$

（4）干线或变配电所

当采用需要系数法计算负荷时，应将配电干线范围内的用电设备按类型统一划组。配电干线的计算负荷为各用电设备组的计算负荷之和再乘以同时系数 K_Σ。变电所或配电所的计算负荷，为各配电干线计算负荷之和再乘以同时系数 K_Σ。需要系数法的同时系数见表3-4，分为有功负荷同时系数 $K_{\Sigma p}$ 和无功负荷同时系数 $K_{\Sigma q}$。

表3-4 需要系数法的同时系数

应用范围		$K_{\Sigma p}$	$K_{\Sigma q}$
配电干线		0.85～0.95	0.90～0.97
变电所或配电所母线	由配电干线计算负荷相加计算	0.9～0.95	0.93～0.97
	由用电设备计算负荷相加计算	0.8～0.9	0.85～0.95

$$P_{js总}=K_{\Sigma p}\cdot\sum_{i=1}^{n}P_{js\cdot i} \tag{3-7}$$

$$Q_{js总} = K_{\Sigma q} \cdot \sum_{i=1}^{n} Q_{js \cdot i} \tag{3-8}$$

$$S_{js总} = \sqrt{P_{js总}^2 + Q_{js总}^2} \tag{3-9}$$

例题3 某酒店部分统计负荷见表3-5，试用需要系数法计算该建筑的计算负荷。

表3-5 某酒店部分统计负荷

序号	负荷名称	P_e/kW	K_x	$\cos\varphi$	P_{js}/kW	Q_{js}/kvar	S_{js}/kV·A	I_{js}/A
1	功能区普通电梯配电箱	11	0.75	0.6				
2	地下室制冷机房热泵机组	165	0.95	0.8				
3	地下室制冷机房潜水泵	90	0.95	0.8				
4	地下室排风机控制箱	5.2	0.85	0.8				

解：按照式（3-3）~式（3-9）计算得到该酒店的计算负荷，见表3-6。

表3-6 酒店计算负荷结果

序号	负荷名称	P_e/kW	K_x	$\cos\varphi$	P_{js}/kW	Q_{js}/kvar	S_{js}/kV·A	I_{js}/A
1	功能区普通电梯配电箱	11	0.75	0.6	8.3	11	13.8	21.0
2	地下室制冷机房热泵机组	165	0.95	0.8	156.8	117.6	196	297.8
3	地下室制冷机房水泵组	90	0.95	0.8	85.5	64.1	106.9	162.4
4	地下室排风机控制箱	5.2	0.85	0.8	4.4	3.3	5.5	8.4
5	总计	271.2			255	196	321.6	
6	取同时系数 $K_\Sigma=0.9$ 后，干线上总计（补偿前）			0.793	229.5	176.4	289.5	

计算变电所高压侧负荷时，应加上变压器的功率损耗。没有选定变压器容量时变压器的功率损耗可以估算，估算公式为

$$\Delta P_T = 0.015 S_{js} \tag{3-10}$$

$$\Delta Q_T = 0.06 S_{js} \tag{3-11}$$

式中 ΔP_T——变压器有功功率损耗；

ΔQ_T——变压器无功功率损耗。

（5）无功补偿

在交流供电线路中，电压与电流之间的相位差的余弦叫做功率因数，用符号 $\cos\varphi$ 表示。在数值上，功率因数是有功功率和视在功率的比值，如式（3-12）所示。

$$\cos\varphi = \frac{P}{S} = \frac{P_{js}}{S_{js}} \tag{3-12}$$

功率因数是电力系统的一个重要的技术数据，功率因数低，设备的利用率低，线路供电损失大。因此要提高电气设备的功率因数，无功补偿的主要目的就在于此。

电气设备工作时应尽量提高自然功率因数，但一般仍应采用并联电力电容器作为无功补偿装置，以使高压供电的用电单位，功率因数为0.9以上；低压供电的用电单位，功率因数为0.85以上。

要使功率因数由 $\cos\varphi$ 提高到 $\cos\varphi'$（高压侧0.9以上），无功补偿容量为

$$Q_C = P_{js}(\tan\varphi - \tan\varphi') \tag{3-13}$$

如果电容器采用低压侧补偿，要使高压侧功率因数达到0.9以上，低压侧功率因数必须补偿到0.9以上才合适，因为变压器本身还有损耗。

无功补偿后总的计算负荷会发生变化，即

$$S_{js} = \sqrt{P_{js}^2 + (Q_{js} - Q_C)^2} \tag{3-14}$$

确定了无功补偿容量 Q_C 后，可根据选定的单个电容器的额定容量 q_N，确定所需电容器的个数。

$$N = \frac{Q_C}{q_N} \tag{3-15}$$

对于单相电容器，N 取3的倍数以便于均衡分配。

采用电力电容器作无功补偿装置时，宜采用就地平衡原则。低压部分的无功负荷由低压电容器补偿，高压部分的无功负荷由高压电容器补偿。容量较大、负荷平稳且经常使用的用电设备的无功负荷宜单独就地补偿。补偿基本无功负荷的电容器组，宜在变配电所内集中补偿。

例题4 例题3中无功补偿采用低压侧集中补偿，试计算补偿后该建筑物的计算负荷。

解：按照式（3-10）~式（3-15），计算得到酒店补偿后的计算负荷见表3-7。

表3-7 电容器补偿后的酒店计算负荷

序号	负荷名称	P_e/kW	K_x	$\cos\varphi$	P_{js}/kW	Q_{js}/kvar	S_{js}/kV·A	I_{js}/A
1	功能区普通电梯配电箱	11	0.75	0.6	8.3	11	13.8	21.0
2	地下室制冷机房热泵机组	165	0.95	0.8	156.8	117.6	196	297.8
3	地下室制冷机房水泵组	90	0.95	0.8	85.5	64.1	106.9	162.4
4	地下室排风机控制箱	5.2	0.85	0.8	4.4	3.3	5.5	8.4
5	总计	271.2			255	196	321.6	
6	取同时系数 $K_\Sigma=0.9$，干线上总计（补偿前）			0.793	229.5	176.4	289.5	
7	低压侧补偿至 $\cos\varphi'=0.92$，补偿容量 Q_C					78.5		
8	补偿后			0.92	229.5	97.9	249.5	
9	变压器损耗 $\Delta P_T=0.015S_{js}$ $\Delta Q_T=0.06S_{js}$				3.74	14.97		
10	变压器选择	315		0.9	233.24	112.87	259.1	
11	变压器负荷率	82.2%						

3. 设备选择

（1）设备选择的一般原则（按正常工作条件选择，按短路条件校验）

① 按工作地点、环境、使用要求及供货条件选择电气设备的型号。

② 按设备工作电压选择电气设备的额定电压。

③ 按负荷计算电流选择电气设备的额定电流。

④ 按短路情况校验设备的动、热稳定性。

(2) 电力变压器的选择

1) 类型选择

电力变压器的类型性能见表3-8。

表3-8 电力变压器的类型性能

类型 项目	矿物油变压器	硅油变压器	六氟化硫变压器	干式变压器	环氧树脂浇注变压器
价格	低	中	高	高	较高
安装面积	中	中	中	大	小
体积	中	中	中	大	小
爆炸性	有可能	可能性小	不爆	不爆	不爆
燃烧性	可燃	难燃	难燃	难燃	难燃
噪声	低	低	低	高	低
耐湿性	良好	良好	良好	弱（无电压时）	优
防尘性	良好	良好	良好	弱	良好
损耗	大	大	稍小	大	小
绝缘等级	A	A或H	E	B或H	B或F
重量	重	较重	中	重	轻
一般工厂	普遍使用	一般不用	一般不用	一般不用	很少使用
高层建筑的地下室	一般不用	可使用	宜使用	不宜使用	推荐使用

2) 变压器台数选择

① 应满足负荷对供电可靠性的要求。如果建筑中有大量一、二级负荷，应选用两台变压器；如果变电所可由中、低压侧电力网取得足够容量的备用电源，可只采用一台主变压器。

② 季节性负荷变化较大而宜于采用经济运行方式的变电所，可选用两台变压器。

③ 一般供三级负荷的变电所，可只采用一台变压器。

④ 在确定变电所主变压器台数时，应适当考虑负荷的发展，留有一定余地。

3) 变压器容量选择

① 只装一台变压器的变电所，变压器额定容量 $S_{NT} \geqslant S_{js}$，一般使变压器负荷率在80%左右。

② 装有两台主变压器的变电所，每台主变压器的额定容量 S_{NT} 应同时满足以下两个条件：

任一台变压器单独运行时，应能满足不小于总计算负荷60%的需要，即

$$S_{NT} \geqslant 0.6S_{js} \tag{3-16}$$

任一台变压器单独运行时，应能满足全部一、二级负荷，即

$$S_{NT} \geqslant S_{js(\text{I}+\text{II})} \tag{3-17}$$

此外，主变压器容量的确定应适当考虑发展。

例题5 例题4中，总的视在计算负荷 S_{js} 为259.1kV·A，不考虑负荷等级，试选择一

台变压器。如果其中有一、二级负荷 180kV · A，那变压器又该如何选择?

解：根据题目条件，如果不考虑负荷等级，可以选择一台变压器，变压器容量为

$S_{NT} \geqslant 259.1kV \cdot A$，且使负荷率在 80% 左右

即 S_{NT}取$\frac{259.1}{0.8}$左右的值，因此 $S_{NT}=315kV \cdot A$，变压器负荷率 $=\frac{259.1}{315}\times 100\% = 82.2\%$

如果其中有一、二级负荷 180kV · A，应选择两台变压器，每台变压器容量应同时满足条件：

$S_{NT} \geqslant 0.6 \times 259.1kV \cdot A = 155.46kV \cdot A$

$S_{NT} \geqslant 180kV \cdot A$

因此，每台变压器容量选 200kV · A。

（3）高低压电器的选择

高低压电器的选择校验项目见表 3-9。

表 3-9 高低压电器的选择校验项目

电气设备名称	正常工作条件选择			短路故障校验	
	电压/kV	电流/A	断流能力/kA	动稳定度	热稳定度
高低压熔断器	√	√	√	×	×
高压隔离开关	√	√	—	√	√
高压负荷开关	√	√	√	√	√
高压断路器	√	√	√	√	√
低压刀开关	√	√	√	—	—
低压负荷开关	√	√	√	—	—
低压断路器	√	√	√	—	—

注：表中√表示必须校验，×表示不必校验，—表示可不校验。

校验是指系统中发生短路故障后，短路电流很大，设备中会短时产生大量的热量及受到大的电动力，影响设备的热稳定性、动稳定性。表 3-9 中需要校验动、热稳定性的电气设备很多，但根据经验，35kV 及以下供配电系统，在断路器断流容量满足要求，电力变压器容量在 10 000kV · A 及以下，互感器电压比、电流比较大，电缆截面积较大，用熔断器保护设备等情况下，可以不进行短路校验。

低压断路器是建筑供配电与照明系统中广泛应用的电气设备，选择低压断路器时应满足下列条件：

1）低压断路器的额定电压不小于保护线路的额定电压

2）断路器的额定电流 I_{NQF}不小于线路的计算电流 I_{js}

3）低压断路器的性能指标主要有分断能力和保护特性

分断能力是指开关在指定的使用和工作条件及在规定的电压下接通和分断的最大电流值。保护特性主要分为过电流保护、过载保护和欠电压保护三种。其中断路器的保护整定值

包括长延时脱扣器电流整定值、短延时脱扣器电流整定值及瞬时脱扣器电流整定值。

低压断路器中各种脱扣器的动作电流值，需要根据电流整定的计算结果，考虑各种保护间的互相配合进行选定。同时，还应与被保护线路相配合，不能在过负载或短路引起导线过热甚至起燃时，脱扣器不动作，断路器不跳闸，无法切断电路。

因而断路器的选择不仅要考虑额定电流，还应考虑各脱扣器电流的整定值，且高压断路器、低压配电线路的断路器和照明线路保护的断路器选择及整定各不相同，本章仅简要介绍末端低压断路器的选择。

在实际工程设计中，末端低压断路器额定电流通常按以下方式确定：

① 确定线路的计算电流 I_{js}；

② 根据线路的计算电流，乘以可靠性系数确定断路器的长延时整定电流值；

$$I_r >> K_r I_{js} \tag{3-18}$$

其中，K_r为可靠性系数，通常 K_r = （1.1～1.25）。

③ 确定断路器的额定电流（框架电流）I_n。按照 $I_r << I_n$，确定断路器的额定电流值，并选定断路器。

4）低压配电线路上下级保护电器的动作应具有选择性，各级之间应能协调配合，要求在出现故障时，靠近故障点的保护电器动作，断开故障电路，使停电范围最小。但对于非重要负荷，允许无选择性地切断。

5）低压断路器的分断能力应按短路电流进行校验，断路器的极限分断电流能力不小于线路中最大短路电流。在实际的民用建筑电气设计中，一般选取整个工程中线路最长、线缆截面最细的线路进行短路电流计算校验断路器分断能力。

6）选择电动机保护用断路器需考虑电动机的起动电流并使其在起动时间内不动作。

7）断路器欠电压脱扣器额定电压等于线路额定电压

除此之外，在实际工程项目中，按设计型式，通常低于63A（含）以下选用微型断路器，80(含)～630A（含）选用塑壳断路器，800A（含）以上选用框架断路器。

4. 导线和电缆的选择

（1）型号选择

导线、电缆的型号应根据使用场所和电压等级来选择，一般选用铜芯。建筑内常用的导线和电缆是塑料绝缘导线（BV）和交联聚乙烯绝缘聚氯乙烯护套（YJV）的电力电缆。塑料绝缘导线价格比较便宜，绝缘性能好，制造工艺简单；YJV电缆载流量大，允许温升高，制造工艺简单，没有敷设高差的限制，重量较轻，弯曲性能好，耐油和酸碱性的腐蚀，而且还具有不延燃的特性，可适用于有火灾发生的环境。同时，该电缆还具有不吸水的特性，适用于潮湿、积水的场所和水中敷设。

（2）导体的安全（允许）载流量

导体（包括导线、电缆、母线）中有电流通过时就要发热，热量一部分散发到周围空气中，另一部分使导体发热。当导体温度过高时，可能使绝缘损坏，甚至引起火灾。因此人们对不同规格的导体分别规定了电流的最高限额。换句话说，在规定的环境温度条件（25℃）下，导体允许长时间连续通过而不致使其过热的最大电流，称为导体的“安全载流量”或“允许载流量”。载流量数据见表3-10～表3-13。

表 3-10 BV 绝缘电线明敷及穿管时持续载流量

型号	BV														
额定电压/kV	0.45/0.75														
导体工作温度/℃	70														
环境温度/℃	30	35	40	30				35				40			
导线排列	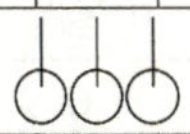														
导线根数				2~4	5~8	9~12	12以上	2~4	5~8	9~12	12以上	2~4	5~8	9~12	12以上
标称截面/mm²	明敷载流量/A			导线穿管敷设载流量/A											
1.5	23	22	20	13	9	8	7	12	9	7	6	11	8	7	6
2.5	31	29	27	17	13	11	10	16	12	10	9	15	11	9	8
4	41	39	36	24	18	15	13	22	17	14	12	21	15	13	11
6	53	50	46	31	23	19	17	29	21	18	16	20	20	16	15
10	74	69	64	44	33	28	25	41	31	26	23	38	29	24	21
16	99	93	86	60	45	38	34	57	42	35	32	52	39	32	29
25	132	124	115	83	62	52	47	77	57	48	43	70	53	44	39
35	161	151	140	103	77	64	58	96	72	60	54	88	66	55	49
50	201	189	175	127	95	79	71	117	88	73	66	108	81	67	60
70	259	243	225	165	123	103	92	152	114	95	85	140	105	87	78
95	316	297	275	207	155	129	116	192	144	120	108	176	132	110	99
120	374	351	325	245	184	153	138	226	170	141	127	208	156	130	117
150	426	400	370	288	216	180	162	265	199	166	149	244	183	152	137
185	495	464	430	335	251	209	188	309	232	193	174	284	213	177	159
240	592	556	515	396	297	247	222	366	275	229	206	336	252	210	189

表 3-11 BLV 绝缘电线明敷及穿管时持续载流量

型号	BLV														
额定电压/kV	0.45/0.75														
导体工作温度/℃	70														
环境温度/℃	30	35	40	30				35				40			
导线排列	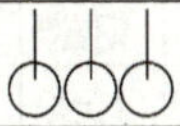														
导线根数				2~4	5~8	9~12	12以上	2~4	5~8	9~12	12以上	2~4	5~8	9~12	12以上
标称截面/mm²	明敷载流量/A			导线穿管敷设载流量/A											
2.5	24	23	21	13	10	8	7	13	9	8	7	12	9	7	6
4	32	30	28	18	14	11	10	16	12	10	9	16	12	10	9
6	41	39	36	24	18	15	13	22	17	14	12	21	15	13	11
10	56	53	49	33	25	21	19	31	23	19	17	29	21	18	16
16	76	71	66	47	35	29	26	43	32	27	24	40	30	25	22
25	104	97	90	65	48	40	36	60	45	37	33	55	41	34	31
35	127	119	110	81	60	50	45	74	56	46	42	69	51	43	38
50	155	146	135	99	74	62	56	91	68	57	51	84	63	52	47
70	201	189	175	127	95	79	71	117	88	73	66	108	81	67	60
95	247	232	215	160	120	100	90	148	111	92	83	136	102	85	76
120	288	270	250	189	141	118	106	174	131	109	98	160	120	100	90
150	334	313	290	217	162	135	122	200	150	125	112	184	138	115	103
185	385	362	335	254	191	159	143	235	176	147	132	216	162	135	121
240	460	432	400	307	230	191	172	283	212	177	159	260	195	162	146

表 3-12 VV VLV 三芯电力电缆明暗敷设时持续载流量

型号	VV VLV																			
额定电压/kV	0.6/1														6/10					
土壤热阻系数							ρ_T =0.8		ρ_T =1.0		ρ_T =1.2		ρ_T =1.5							
敷设方式	明敷						土壤中穿管直敷								明敷					
导体工作温度/℃	70																			
环境温度/℃	30		35		40										30		35		40	
标准截面/mm²	铜芯	铝芯	铜芯	铝芯	铜芯	铝芯	铜芯	铝芯	铜芯	铝芯	铜芯	铝芯	铜芯	铝芯	铜芯	铝芯	铜芯	铝芯	铜芯	铝芯
4	35	26	32	25	30	23	36	29	34	27	32	25	30	24	—	—	—	—	—	—
6	43	33	40	31	37	29	45	38	43	35	40	34	38	31	—	—	—	—	—	—
10	60	45	56	42	52	39	60	46	57	43	54	41	51	38	63	48	59	45	55	42
16	75	59	70	55	65	51	76	60	72	57	69	54	64	51	82	63	77	59	71	55
25	100	77	94	72	87	67	100	79	94	75	89	71	84	67	106	83	99	78	92	72
35	121	95	113	90	105	83	122	96	115	90	109	86	102	81	127	100	119	94	110	87
50	150	121	140	113	130	105	150	115	139	107	131	100	121	93	155	121	146	113	135	105
70	184	150	173	140	160	130	186	142	172	131	162	123	150	114	190	150	178	140	165	130
95	224	178	210	167	195	155	221	173	205	160	193	150	178	139	230	178	216	167	200	155
120	265	207	248	194	230	180	253	195	234	180	220	169	204	157	265	207	248	194	230	180
150	305	236	286	221	265	205	283	221	262	205	244	191	225	176	305	234	286	221	265	205
185	345	270	324	254	300	235	314	248	291	230	271	213	205	198	345	270	324	254	300	235
240	408	316	383	297	355	275	367	288	340	267	316	248	292	230	408	316	383	297	355	275

表 3-13 YJV YJY YJLV YJLY 三芯电力电缆明敷时持续载流量

型号	YJV YJY YJLV YJLY											
额定电压/kV	0.6/1						12/20					
敷设方式	明敷											
导体工作温度/℃	90											
环境温度/℃	30		35		40		30		35		40	
标称截面/mm²	铜芯	铝芯	铜芯	铝芯	铜芯	铝芯	铜芯	铝芯	铜芯	铝芯	铜芯	铝芯
1.5	24	—	23	—	22	—	—	—	—	—	—	—
2.5	32	24	30	23	29	22	—	—	—	—	—	—
4	43	33	41	31	39	30	—	—	—	—	—	—
6	51	43	49	41	47	39	—	—	—	—	—	—
10	71	55	68	52	65	50	—	—	—	—	—	—
16	94	73	89	70	86	67	—	—	—	—	—	—
25	125	95	120	90	115	87	136	104	130	99	125	95
35	153	120	146	114	140	110	164	125	156	120	150	115
50	185	142	177	135	170	130	196	153	187	146	180	140
70	234	180	224	172	215	165	240	185	229	177	220	170
95	283	218	270	208	260	200	294	223	281	213	270	205
120	327	251	312	239	300	230	338	256	322	244	310	235
150	371	283	354	270	340	260	376	289	359	276	345	265
185	425	327	406	312	390	300	431	332	411	317	395	305
240	496	382	473	364	455	350	507	387	484	369	465	355

（3）导体的截面积的选择

1）选择导体截面积的一般原则

① 按敷设方式、环境条件确定的导体截面积的导体载流量不应小于计算电流。

② 线路电压损耗不应超过允许值。

③ 导体最小截面积应满足机械强度的要求。

在满足上述三个要求下，同时还应满足短路时动稳定与热稳定的要求。根据经验，低压动力线和10kV及以下的高压线，一般先按发热条件选择截面积，然后校验机械强度和电压损耗。低压照明线一般先按允许电压损耗选择截面积，然后校验发热条件和机械强度。

2）按发热条件选择导体截面积

① 选择三相系统中的相线截面积时，应使其允许载流量 I_{al} 不小于通过相线的计算电流 I_{js}。

$$I_{al} \geqslant I_{js} \tag{3-19}$$

② 中性线截面积的选择。一般三相四线制系统中的中性线截面积应不小于相线截面积的一半；有三相四线制引出的两相三线制和单相线路，因中性线电流和相线电流相等，故中性线截面积和相线截面积相同；对于三次谐波电流突出的三相四线制线路，因谐波电流会流过中性线，故中性线截面积宜等于或大于相线截面积。

③ 保护线截面积的选择。保护线截面积要满足短路热稳定的要求，按GB 50054—2011《低压配电设计规范》规定，当相线截面积小于 $16mm^2$ 时，保护线截面积应不小于相线截面积；当相线截面积不大于 $35mm^2$ 且大于 $16mm^2$ 时，保护线截面积应不小于 $16mm^2$；当相线截面积大于 $35mm^2$ 时，保护线截面积应不小于相线截面积的一半。

按照发热选择导体截面积时，应注意允许载流量与环境温度有关，如果实际环境温度与规定环境温度不一致，特别是高于环境温度25℃时，允许载流量应乘以温度修正系数；电缆多根并列或埋在土壤中时，其允许载流量也需要修正。修正系数可查阅相关资料。

例题6 某住宅楼1单元负荷计算电流214.2A，采用YJV电缆，桥架敷设，试选择导体截面积。

解：查表3-12，选择YJV－(4×70＋1×35)－CT，其允许载流量大于214.2A。

例题7 某住宅楼一单元负荷为50kW，采用YJV铜芯电缆明敷，试选择此线路的导体截面积。(不考虑修正系数，按环境温度40℃，功率因数 $\cos\varphi=0.8$ 计算选择)

解：（1）确定线路的计算电流 I_{js}：

根据 $P=\sqrt{3}UI\cos\varphi$，计算 $I_{js}=50kW/0.38kV\times1.732\times0.8=95A$

（2）相线截面积的选择：

按环境温度40℃选择，查表3-13得YJV三芯电力电缆明敷，导线截面积为 $25mm^2$ 时的 $I_{js}=115A>I_{js}=95A$。因此相线截面积选为 $25mm^2$。

（3）N线截面积选择 $25mm^2$。

（4）PE线截面积选择 $16mm^2$。

选择结果可表示为：YJV－4×25＋1×16。

3）导体最小截面积

选择导线截面积时，还应考虑导线的机械强度。有些负荷很小的设备，虽然选择很小的截面积的导体就能满足允许电流的要求，但还必须查表3-14，看其是否满足导线机械强度允许的最小截面积，如果不满足，就选表3-14中的导线最小截面积。

表3-14 绝缘导线的最小截面积

导线敷设方式	最小截面积/mm^2		
	铜芯软线	铜线	铝线
照明用灯头线			
（1）室内	0.5	0.8	2.5
（2）室外	1	1	2.5
穿管敷设的绝缘导线	1	1	2.5
塑料护套线沿墙明敷线		1	2.5
敷设在支持件上的绝缘导线			
（1）室内，支持点间距为2m及以下		1	2.5
（2）室外，支持点间距为2m及以下		1.5	2.5
（3）室外，支持点间距为6m及以下		2.5	4
（4）室外，支持点间距为12m及以下		2.5	6
电杆架空线路，380V低压		16	25
架空引入线，380V低压（绝缘导线长度不大于25m）		6	10（绞线）
电缆在沟内敷设、埋地敷设、明敷设，380V低压		2.5	4

4）电压损耗

电压损耗是指线路首端线电压和末端线电压的代数差。为保证供电质量，按规定，高压配电线路（6～10kV）的允许电压损耗不得超过线路额定电压的5%；从配电变压器一次侧出口到用电设备受电端的低压输配电线路的电压损耗，一般不超过设备额定电压（220V、380V）的5%。如果线路的电压损耗超过了允许值，则应适当加大导线或电缆的截面积，使之满足允许电压损耗的要求。

线路电压损失以百分比表示为

$$\Delta U\% = \frac{\Delta U}{U_N} \times 100\% \tag{3-20}$$

用相量法分析图3-3带有两个集中负荷的三相线路，得到这种线路电压损耗的计算式(3-21)。

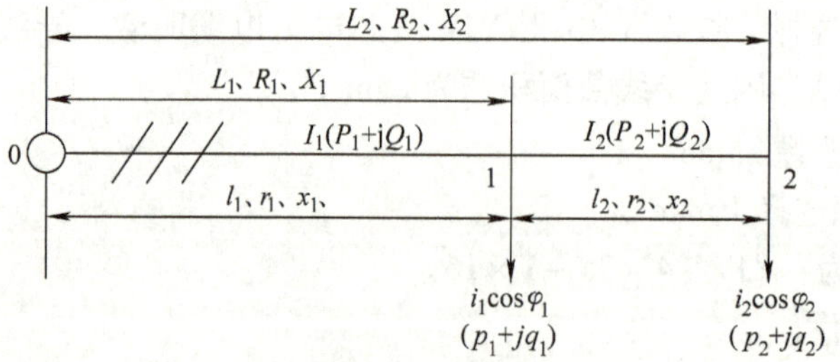

图3-3 带有两个集中负荷的三相线路

$$\Delta U=\frac{(p_1L_1+p_2L_2)R_0+(q_1L_1+q_2L_2)X_0}{U_N}=\frac{\sum_{i=1}^{2}(p_iR_i+q_iX_i)}{U_N}=\frac{\sum_{i=1}^{2}(p_ir_i+Q_ix_i)}{U_N} \tag{3-21}$$

其中 U_N——线路额定电压；

P_1、Q_1、P_2、Q_2——各段线路的有功功率和无功功率；

p_1、q_1、p_2、q_2——各个负荷的有功功率和无功功率；

l_1、r_1、x_1、l_2、r_2、x_2——各段线路的长度、电阻和电抗；

L_1、R_1、X_1、L_2、R_2、X_2——线路首端至各负荷点的长度、电阻和电抗

室内明敷和穿管的绝缘导线的电阻和电抗值见表3-15。电力电缆的电阻和电抗值见表3-16。

表3-15 室内明敷和穿管的绝缘导线的电阻和电抗值

导线线芯额定截面积/mm²	电阻/(Ω·km⁻¹)				电抗/(Ω·km⁻¹)					
	导线温度/℃				明敷线距/mm				导线穿管	
	50		60		100		150			
	铝芯	铜芯	铝芯	铜芯	铝芯	铜芯	铝芯	铜芯	铝芯	铜芯
1.5	—	14.00	—	14.50	—	0.342	—	0.368	—	0.138
2.5	13.33	8.40	13.80	8.70	0.327	0.327	0.353	0.353	0.127	0.127
4	8.25	5.20	8.55	5.38	0.312	0.312	0.338	0.338	0.119	0.119
6	5.53	3.48	5.75	3.61	0.300	0.300	0.325	0.325	0.112	0.112
10	3.33	2.05	3.45	2.12	0.280	0.280	0.306	0.306	0.108	0.108
16	2.08	1.25	2.16	1.30	0.265	0.265	0.290	0.290	0.102	0.102
25	1.31	0.81	1.36	0.84	0.251	0.251	0.277	0.277	0.099	0.099
35	0.94	0.58	0.97	0.60	0.241	0.241	0.266	0.266	0.095	0.095
50	0.65	0.40	0.67	0.41	0.229	0.229	0.251	0.251	0.091	0.091
70	0.47	0.29	0.49	0.30	0.219	0.219	0.242	0.242	0.088	0.088
95	0.35	0.22	0.36	0.23	0.206	0.206	0.231	0.231	0.085	0.085
120	0.28	0.17	0.29	0.18	0.199	0.199	0.223	0.223	0.083	0.083
150	0.22	0.14	0.23	0.14	0.191	0.191	0.216	0.216	0.082	0.082
185	0.18	0.11	0.19	0.12	0.184	0.184	0.209	0.209	0.081	0.081
240	0.14	0.09	0.14	0.09	0.178	0.178	0.200	0.200	0.080	0.080

表3-16 电力电缆的电阻和电抗值

额定截面积/mm²	电阻/(Ω·km⁻¹)								电抗/(Ω·km⁻¹)					
	铝芯电缆				铜芯电缆				纸绝缘电缆			塑料电缆*		
	缆芯工作温度/℃								额定电压/kV					
	55	60	75	80	55	60	75	80	1	6	10	1	6	10
2.5	—	14.38	15.13	—	—	8.54	8.98	—	0.098	—	—	0.100	—	—
4	—	8.99	9.45	—	—	5.34	5.61	—	0.091	—	—	0.093	—	—
6	—	6.00	6.31	—	—	3.56	3.75	—	0.087	—	—	0.091	—	—
10	—	3.60	3.78	—	—	2.13	2.25	—	0.081	—	—	0.087	—	—

（续）

额定截面积/mm²	电阻/(Ω·km⁻¹)								电抗/(Ω·km⁻¹)					
	铝芯电缆				铜芯电缆				纸绝缘电缆			塑料电缆*		
	缆芯工作温度/℃								额定电压/kV					
	55	60	75	80	55	60	75	80	1	6	10	1	6	10
16	2.21	2.25	2.36	2.40	1.31	1.33	1.40	1.43	0.077	0.099	0.110	0.082	0.124	0.133
25	1.41	1.44	1.51	1.54	0.84	0.85	0.90	0.91	0.067	0.088	0.098	0.075	0.111	0.120
35	1.01	1.03	1.08	1.10	0.60	0.61	0.64	0.65	0.065	0.083	0.092	0.073	0.105	0.113
50	0.71	0.72	0.76	0.77	0.42	0.43	0.45	0.46	0.063	0.079	0.087	0.071	0.099	0.107
70	0.51	0.52	0.54	0.56	0.30	0.31	0.32	0.33	0.062	0.076	0.083	0.070	0.093	0.101
95	0.37	0.38	0.40	0.41	0.22	0.23	0.24	0.24	0.062	0.074	0.080	0.070	0.089	0.096
120	0.29	0.30	0.31	0.32	0.17	0.18	0.19	0.19	0.062	0.072	0.078	0.070	0.087	0.095
150	0.24	0.24	0.25	0.26	0.14	0.14	0.15	0.15	0.062	0.071	0.077	0.070	0.085	0.093
185	0.20	0.20	0.21	0.21	0.12	0.12	0.12	0.13	0.062	0.070	0.075	0.070	0.082	0.090
240	0.15	0.16	0.16	0.17	0.09	0.09	0.10	0.11	0.062	0.069	0.073	0.070	0.080	0.087

注：1. *表中塑料电缆包括聚氯乙烯绝缘电缆和交联电缆。

2. 1kV 级 4~5 芯电缆的电阻和电抗值可近似地取用同级 3 芯电缆的电阻和电抗值（本表为三芯电缆值）。

5. 短路电流的计算

（1）短路概述

短路是指在供配电系统中，不同相的导线直接金属性的连接或被阻抗（或电阻）非常小的导体连接在一起的情况。

短路时电流比正常负荷电流大很多倍，设备和导体中产生很大的电动力和很高的温度，使故障元件和短路电路中的其他元件损坏；使电压骤降，影响电气设备的正常运行；造成停电事故；不对称电路发生时，其电流将产生较强的不平衡磁场，对附近的通信设备、信号系统及电子设备等产生干扰；短路严重时还可能影响电力系统运行的稳定性，使并列运行发电机组失去同步，造成系统解列。

引起短路的主要原因有电气设备绝缘损坏（自然老化、操作过电压、大气过电压、机械损伤等）；自然原因；人为事故误操作等。

短路类型有三相短路、两相短路、单相短路，如图 3-4 所示。三相短路是对称性短路，其余短路是非对称性短路。一般情况下三相短路电流最大，单相短路最多。

（2）计算短路电流的目的

① 选择和校验电气设备。

② 继电保护装置的整定计算。

③ 设计时作不同方案的技术比较。

（3）三相短路电流计算

短路电流的计算方法对“无限容量系统”和“有限容量系统”是不同的。对于建筑物内用户供配电系统来说，电力系统的电源容量很大，可以认为是“无限容量系统”。

1）短路电流物理量

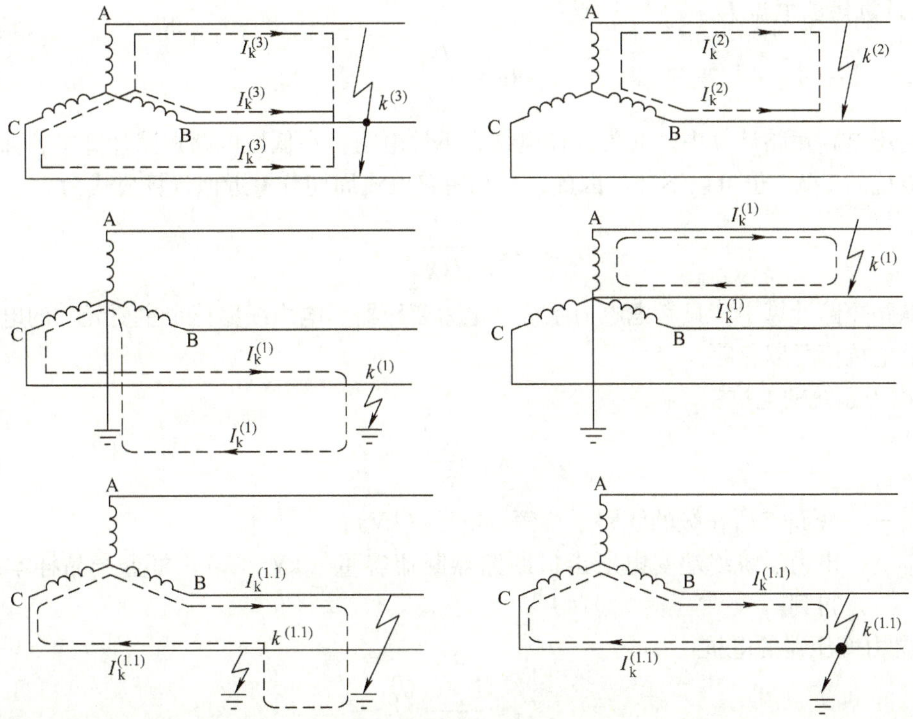

图 3-4　短路的类型

注：虚线表示短路电流的路径

短路故障从发生到切除时间很短，短路电流的最大值出现在故障未切除的暂态过程中，通过分析可以得到与短路有关的物理量。

① 短路电流周期分量有效值：

$$I_P = I_K = \frac{U_C}{\sqrt{3}Z_\Sigma} \tag{3-22}$$

U_C 称为短路计算电压或平均额定电压，比相应线路额定电压 U_N 高 5%，常用的 10kV 以下电压等级取值为 0. 4kV，6. 3kV，10. 5kV。

② 短路次暂态电流 I''。短路后第一个周期短路电流周期分量的有效值，无限大容量系统 $I'' = I_P$。

③ 短路冲击电流 i_{sh} 和短路冲击电流有效值 I_{sh}。短路发生后最大瞬时短路电流值及其有效值。

高压系统 $i_{sh} = 2.55I''$，$I_{sh} = 1.51I''$；低压系统 $i_{sh} = 1.84I''$，$I_{sh} = 1.09I''$。

④ 短路稳态电流 I_∞：对于无限大容量系统 $I_\infty = I'' = I_P = I_K$。

⑤ 三相短路容量：

$$S_K = \sqrt{3}U_C I_K \tag{3-23}$$

式中　S_K——三相短路容量（MV·A）；

U_C——短路点所在级的线路平均额定电压（kV）；

I_K——计算出的三相短路电流（kA）。

2）计算短路电流 I_K

$$I_K=\frac{U_C}{\sqrt{3}Z_\Sigma} \tag{3-24}$$

在高压电路短路计算中，通常只计电抗，不计电阻；在低压电路短路计算中，如果电阻不大于电抗的1/3，也可以不计。因此，三相短路电流周期分量近似计算公式为

$$I_K=\frac{U_C}{\sqrt{3}X_\Sigma} \tag{3-25}$$

在电路短路计算中，只考虑电力系统、电力变压器、电力线路三个主要元件的电抗，其余元件的电抗值可以忽略。

① 电力系统的电抗：

$$X_S=\frac{U_C^2}{S_{OC}} \tag{3-26}$$

式中 U_C——短路点所在级的线路平均额定电压（kV）；

S_{OC}——电力系统终端变电所出口断路器断流容量（kV · A），可查产品样本或手册得到。

② 电力变压器的电抗：

$$X_T=\frac{U_Z\%}{100}\frac{U_C^2}{S_N} \tag{3-27}$$

式中 U_C——短路点所在级的线路平均额定电压（kV）；

$U_Z\%$——变压器阻抗电压百分比；

S_N——电力变压器额定容量（kV · A），可查产品样本或手册得到。

③ 电力线路的电抗：

$$X_{WL}=X_0L\left(\frac{U_C}{U'_C}\right)^2 \tag{3-28}$$

式中 U_C——短路点所在级的线路平均额定电压（kV）；

U'_C——实际线路所属电压等级的平均额定电压（kV）；

X_0——电力线路（导线或电缆）单位长度电抗值，可查产品样本或手册得到（参看表3-15和表3-16）。

6. 防雷设计计算

（1）一般规定

建筑物的防雷设计，应根据GB 50057—2010《建筑物防雷设计规范》进行设置。设置的目的是为了保证建筑物内的人身安全；防止直击雷破坏建筑物，保护建筑物内部的危险物品、贵重物品、机电设备、易燃物品、电器设备不致因雷击而烧毁或损坏。在建筑物供配电设计中，防雷设计占有重要的地位，因为它关系到供电系统的可靠性和安全性。不管哪类建筑物，在供电设计中都应该包含防雷设计。

（2）建筑物的防雷等级

建筑物防雷设计的第一步，首先是要确定建筑物的防雷等级。根据GB 50057—2010《建筑物防雷设计规范》对建筑物的防雷分类规定，民用建筑中没有第一类防雷建筑物，其分类应划分为第二类及第三类防雷建筑物。分析建筑物防雷等级的划分内容，除了由建筑物

的功能定性外，第二、三类防雷建筑还取决于建筑物的预计年雷击次数 N。

二类防雷建筑：$N>0.06$ 省部级办公建筑和其他重要场所、人员密集场所；$N>0.3$ 住宅、办公楼等一般性民用建筑物。

三类防雷建筑：$0.012 \leqslant N \leqslant 0.06$ 省部级办公建筑和其他重要场所、人员密集场所；$0.06 \leqslant N \leqslant 0.3$ 住宅、办公楼等一般性民用建筑物。

(3) 建筑物的预计年雷击次数 N 计算

建筑物年预计雷击次数应按下式计算：

$$N = k N_g A_e \tag{3-29}$$

式中 N——建筑物年预计雷击次数（次/年）；

k——校正系数，在一般情况下取1，在下列情况下取相应数值：位于旷野孤立的建筑物取2；金属屋面的砖木结构建筑物取1.7；位于河边、湖边、山坡下或山地中土壤电阻率较小处、地下水露头处、土山顶部、山谷风口等处的建筑物，以及特别潮湿的建筑物取1.5；

N_g——建筑物所处地区雷击大地的年平均密度［次/(km^2·年)］；

A_e——与建筑物截收相同雷击次数的等效面积（km^2）。

雷击大地的年平均密度应按下式计算：

$$N_g = 0.024 T_d^{1.3} \tag{3-30}$$

式中 T_d——年平均雷暴日，根据当地气象台、站资料确定（天/年），表3-17为部分城市雷暴日数的统计值。雷暴日表征不同地区雷电活动的频繁程度，是指某地区一年中有雷电放电的天数，一天中只要听到一次以上的雷声就算一个雷暴日。

表3-17 全国部分城市雷暴日数统计

序号	城市名称	雷暴日（天/年）	序号	城市名称	雷暴日（天/年）
1	西安市	15.6	5	长沙市	46.6
2	广州市	76.1	6	福州市	53.0
3	海口市	104.3	7	银川市	18.3
4	拉萨市	68.9	8	乌鲁木齐市	9.3

建筑物等效面积 A_e 是其实际平面积向外扩大后的面积。其计算方法分以下三个方面：

① 当建筑物的高 H 小于100m时，其每边的扩大宽度和等效面积如图3-5所示，按以下公式计算：

$$D = \sqrt{H(200-H)} \tag{3-31}$$

$$A_e = [LW + 2(L+W)\sqrt{H(200-H)} + \pi H(200-H)] \times 10^{-6} \tag{3-32}$$

式中 L、W、H——分别为建筑物的长、宽、高（m）。

② 当建筑物的高 H 等于或大于100m时，其每边的扩大宽度等于建筑物的高 H，建筑物的等效面积按下式计算：

$$A_e = [LW + 2H(L+W) + \pi H^2] \times 10^{-6} \tag{3-33}$$

③ 当建筑物各部位的高不同时，应沿建筑物周边逐点算出最大扩大宽度，其等效面积 A_e 应按每点最大扩大宽度外端的连接线所包围的面积计算。

按以上公式计算得到 N 后就可以确定建筑物防雷等级了。

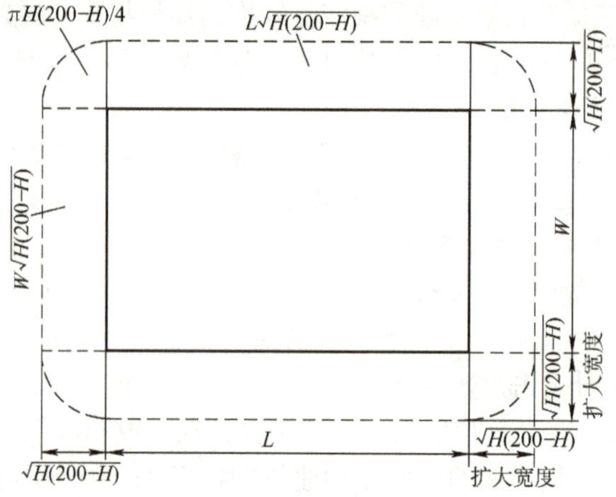

图3-5 建筑物的等效面积

注：建筑物平面积扩大后的面积 A_e 如图中周边虚线所包围的面积

例题8 某办公建筑，长度为60m，宽度为40m，高度为80m，当地的年平均雷暴日天数10天/年，校正系数 k 取1，试计算该建筑物年预计雷击次数。

解：应用式（3-30）计算建筑物的雷击大地的年平均密度：

$$N_g = 0.024 T_d^{1.3} = 0.024 \times 10^{1.3} = 0.479$$

本建筑物高度 $H<100$m，按式（3-32）计算得等效面积 A_e 为

$$A_e = [LW + 2(L+W)\sqrt{H(200-H)} + \pi H(200-H)] \times 10^{-6}$$

$$= [60 \times 40 + 2(60+40)\sqrt{80(200-80)} + \pi 80(200-80)] \times 10^{-6} = 0.05214$$

年预计雷击次数：$N = kN_gA_e = 1 \times 0.479 \times 0.05214 = 0.025$

（4）避雷针保护范围计算

避雷针的保护范围，一般采用IEC推荐的“滚球法”来确定。所谓“滚球法”就是选择一个半径为“滚球半径”的球体，沿需要防护的部位滚动，如果球体只接触到避雷针（线）或避雷针与地面而不触及需要保护的部位，则该部位就在避雷针的保护范围之内。

单支避雷针的保护范围（见图3-6）可按以下方法计算。

当避雷针高度 $h \leqslant h_r$ 时：

① 在距地面高度处做一条平行于地面的平行线。

② 以避雷针的顶尖为圆心，h_r 为半径，做弧线交于平行线于 A、B 两点。

③ 以 A、B 为圆心，h_r 为半径，该弧线与地面相切，与针尖相交。此弧线与地面构成的整个锥形空间就是避雷针的保护区域。

④ 避雷针在距地面高度的平面上的保护半径，按下式计算

$$r_x = \sqrt{h(2h_r - h)} - \sqrt{h_x(2h_r - h_x)} \tag{3-34}$$

式中 h_r——滚球半径；

h_x——离地高度；

h——避雷针高度；

r_x——离地高度为 h_x 时所能保护的半径。

滚球半径 h_r 按表3-18确定。

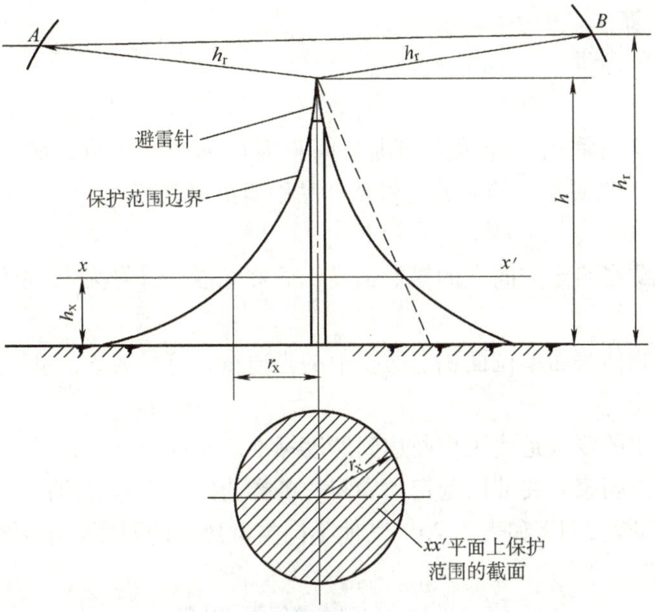

图3-6 按“滚球法”确定单支避雷针保护范围

⑤ 避雷针在地面的保护半径 r_0（相当于上式中 $h_x=0$ 时）：

$$r_0=\sqrt{h(2h_r-h)} \tag{3-35}$$

当避雷针高度 $h>h_r$ 时，在避雷针上取高度 h_r 的一点来代替避雷针的顶尖作为圆心，其余与避雷针高度 $h\leqslant h_r$ 时的计算方法相同。需要注意的是，公式中的 h 用 h_r 代入。

表3-18 按建筑物防雷等级确定的滚球半径、避雷网格最大尺寸

建筑物防雷等级	滚球半径/m	避雷网格尺寸/m
第一类	30	≤5×5 或≤6×4
第二类	45	≤10×10 或 12×8
第三类	60	≤20×20 或 24×16

例题9 某小区有个第三类防雷建筑物，楼高为18m，其屋顶最远一角与高为40m的烟囱距离20m，烟囱上装有一支高为2m的避雷针。试通过查表和计算判断该避雷针能否保护该建筑物。

解：查表3-18，第三类防雷等级的建筑物滚球半径为60m，按式（3-34），可以计算得到在距离地面18m的高度上，该避雷针保护半径为

$$\begin{aligned} r_x &= \sqrt{h(2h_r-h)}-\sqrt{h_x(2h_r-h_x)} \\ &= (\sqrt{42\times(120-42)}-\sqrt{18\times(120-18)})\text{m}=14.3\text{m} \end{aligned}$$

由于保护半径小于20m，所以该避雷针不能全部保护该建筑物。

（5）避雷网和避雷带设计

避雷网和避雷带宜采用圆钢和扁钢，优先采用圆钢；圆钢直径不小于8mm，扁钢截面积不小于48mm²，其厚度不小于4mm。避雷网格尺寸大小按建筑物防雷等级规定，结合建筑物屋顶具体情况布置。

7. 照明设计计算

（1）照明常用物理量

1）光通量

光通量是在单位时间内，光源向周围空间辐射可见光的能量，简称光通，符号为 Φ，单位为lm（流明）。光源发出的光通量根据产品手册可以查到。

2）发光强度

发光强度是光源在给定方向上的辐射强度，简称光强，符号为 I，单位为cd（坎德拉）。

3）照度

照度是指受照物体表面单位面积上所投射的光通量，符号为 E，单位为lx（勒克斯）。

（2）照明设计概述

照明设计最基本的要求是使工作面达到照度标准。照度标准是根据不同使用场所的使用功能、视觉要求，由国家有关部门制定和颁布的各类建筑或工作场所的照度的一个标准。部分建筑照度标准值见表3-19和表3-20，其他不同类型建筑的照度标准可查GB 50034—2013《建筑照明设计标准》。

表3-19 住宅建筑照明标准值

房间或场所		参考平面及其高度	照度标准值/lx	R_a（%）
起居室	一般活动	0.75m水平面	100	80
	书写、阅读	0.75m水平面	300*	
卧室	一般活动	0.75m水平面	75	80
	床头阅读	0.75m水平面	150*	
餐厅		0.75m餐桌面	150	80
厨房	一般活动	0.75m水平面	100	80
	操作台	台面	150*	
卫生间		0.75m水平面	100	80

注：*指混合照明照度。

表3-20 部分公共建筑场所的照明标准值

教育建筑照明标准值					
房间或场所	参考平面及其高度	照度标准值/lx	UGR	U_0	R_a（%）
教室、阅览室	课桌面	300	19	0.60	80
实验室	实验桌面	300	19	0.60	80
美术教室	桌面	500	19	0.60	90
多媒体教室	0.75m水平面	300	19	0.60	80
教室黑板	黑板面	500*	—	0.70	80
办公建筑照明标准值					
房间或场所	参考平面及其高度	照度标准值/lx	UGR	U_0	R_a（%）
普通办公室	0.75m水平面	300	19	0.60	80
高档办公室	0.75m水平面	500	19	0.60	80
会议室	0.75m水平面	300	19	0.60	80

（续）

办公建筑照明标准值					
房间或场所	参考平面及其高度	照度标准值/lx	*UGR*	U_0	R_a（%）
视频会议室	0.75m 水平面	750	19	0.60	80
接待室、前台	0.75m 水平面	200	—	0.40	80
服务大厅、营业厅	0.75m 水平面	300	22	0.40	80
设计室	实际工作面	500	19	0.60	80
文件整理、复印、发行室	0.75m 水平面	300	—	0.40	80
资料、档案存放室	0.75m 水平面	200	—	0.40	80

公共建筑中眩光 *UGR*、照度均匀度 U_0、显色指数 R_a 是影响照明质量的重要指标，相关计算内容可查阅相关的《照明设计手册》。

（3）照明电光源

建筑照明系统中最常用的热辐射光源是白炽灯；最常用的气体放电光源是低压荧光灯；最常用的电致发光光源是半导体灯（LED）。

1）电光源的主要技术指标

① 额定电压和额定电流。额定电压是指电光源规定的工作电压，在额定电压下流过电光源的电流称为额定电流。

② 额定功率。电光源在额定工作条件下所消耗的有功功率。

③ 额定光通量和发光效率。额定光通量是指电光源在额定工作条件下发出的光通量，通常又简称为光通量。发光效率是指电光源每消耗1W电功率所发出的光通量，简称光效。

通常在产品目录中给出的是额定光通量和发光效率。但随着使用时间的延长，两者都会降低。

④ 寿命。电光源的寿命指标有三种，即全寿命、有效寿命和平均寿命。全寿命是指电光源直到完全不能使用为止的全部时间；有效寿命是指电光源的发光效率下降到初始值的70%时为止的使用时间；平均寿命是每批抽样试品有效寿命的平均值。通常所指的寿命为平均寿命。

⑤ 光色。电光源的光色包含有两个方面的意义，一是人眼观看到光源所发出的光的颜色，这称为光源的色表；另一方面是光源所发出的光，照射到物体上，它对物体颜色呈现出的真实程度，这称为显色性。物体的颜色以日光或与日光相当的参考光源照射下的颜色为准。

色表是人眼观看到光源所发出的光的颜色，它也可用色温来表示。所谓色温是当黑体（能吸收全部光能的物体）被加热到某一温度，它所发出的光的颜色与某种光源所发出的光的颜色相同时，这个温度就称为该光源的颜色温度，简称色温，色温的单位为K（开尔文）。白炽灯的色温为2400K（15W）~2920K（1000W），日光色荧光灯的色温为6500K。色温为2000K的光源所发出的光呈橙色；2500K左右呈浅橙色，3000K左右呈橙白色；4000K呈白中略带橙色；4500~7500K近似白色（其中5500~6000K最接近白色）；日光的平均色温为6000~6500K。光源的色温小于3300K时，给人暖的感觉，故又称为暖色光；大于5000K时，给人冷的感觉，称为冷色光；3300～5000K为中间状态。

为表征光源的显色性能，特引入光源的"显色指数"。显色性是指光源的显色性能，通常用一般显色指数R_a来评价光源的显色性。国际照明委员会（International Commission on illumination）规定用8种实验色在标准照明体（显色指数为100）和被测光源下作比较，来确定被测光源的一般显色指数R_a。被测光源的一般显色指数（R_a）越高，说明该光源的显色性能越好，物体颜色在该光源照明下的失真度越小。白炽灯的一般显色指数R_a=97%～99%，荧光灯的R_a=75%～90%，荧光灯的显色性比白炽灯稍差一些。

⑥ 频闪效应。电光源在采用交流电源供电时，由于交流电的周期性变化，因而电光源所发出的光通量也随之作周期性的变化。这就会使人眼产生闪烁的感觉。热辐射光源的发光体（灯丝）的热惰性大，所以闪烁感觉不明显，但气体放电光源的这种现象则较为显著。

在采用气体放电光源作为照明光源时，若被照物体处于转动状态，且转动频率刚好是电源频率的整数倍时，则转动的物体看上去就好像没有转动一样。这种在一定频率变化的光照射下，观察到的物体运动显现出不同于其实际运动的现象，称为频闪效应。频闪效应易使人产生错觉而造成事故。所以，在采用气体放电光源时，应采取措施将频闪效应减轻至无害的程度。常用电光源的主要技术指标比较见表3-21。

表3-21 常用电光源的主要技术指标比较

特性参数	白炽灯	卤钨灯	荧光灯	高压汞灯	高压钠灯	金属卤化物灯	管形氙灯
额定功率/W	15～1000	500～2000	6～125	50～1000	35～1000	125～3500	1500～100000
发光效率/（lm/W）	10～15	20～25	40～90	30～50	70～100	60～90	20～40
使用寿命/h	1000	1000～15000	1500～5000	2500～6000	6000～12000	1000	1000
色温/K	2400～2920	3000～3200	3000～6500	5500	2000～4000	4500～7000	5000～6000
一般显色指数（%）	97～99	95～99	75～90	30～50	20～25	65～90	95～97
启动稳定时间	瞬时	瞬时	1～3s	4～8min	4～8min	4～8min	瞬时
再启动时间间隔	瞬时	瞬时	瞬时	5～10min	10～15min	10～15min	瞬时
功率因数	1	1	0.33～0.52	0.44～0.67	0.44	0.4～0.6	0.4～0.9
电压波动不宜大于			±5% U_N	±5% U_N	低于5%自灭	±5% U_N	±5% U_N
频闪效应	无	无	有	有	有	有	有
表面亮度	大	大	小	较大	较大	大	大
电压变化对光通量的影响	大	大	较大	较大	大	较大	较大
环境温度变化对光通量的影响	小	小	大	较小	较小	较小	小
耐震性能	较差	差	较好	好	较好	好	好
需增装附件	无	无	镇流器 辉光启动器	镇流器	镇流器	镇流器 触发器	镇流器 触发器
适用场所	广泛应用	厂前区、屋外配电装置、广场	广泛应用	广场、车站、道路、屋外配电装置等	广场、街道、交通枢纽、展览馆等	大型广场、体育场、商场等	广场、车站、大型屋外配电装置

2）常用电光源白炽灯

白炽灯是第一代电光源的代表，具有价格便宜、启动迅速、便于调光、显色性好、适用范围广、单灯功率范围大等特点，但输入白炽灯的电能只有20%以下转换为电能，80%以上转换为红外线辐射能和热能，所以白炽灯的发光效率不高，到2016年我国已彻底淘汰15W以上普通照明用白炽灯。

3）常用电光源荧光灯

荧光灯是第二代电光源的代表，具有光色好、光效高、寿命长、光通分布均匀、表面亮度和温度低等优点，目前广泛应用于各类建筑的室内照明中，并适用于进行精细工作、照明要求高和长时间进行紧张视力工作的场所。

① 荧光灯的光效高、寿命长。但开关频繁会缩短灯管寿命，故不宜用于开关频繁的场所。此外，电压偏移对荧光灯的寿命和光效影响较大。电压偏低时荧光灯启动困难；甚至不能启动，故电压偏移不宜超过额定电压的5%。

② 荧光灯用作应急照明时，其内部带有整流电路和逆变器。

③ 镇流器分为电感镇流器和电子镇流器两种。使用电感镇流器，荧光灯的功率因数低，应加电容器作补偿。而电子镇流器具有功率因数大于0.9，谐波含量小、无频闪、无噪声、起动快速可靠、自身耗电少、体积小、重量轻等特点，故应优先选用电子镇流器。

④ 频闪效应显著，在大面积的室内场所（车间、礼堂等）采用荧光灯照明时，必须采用措施减弱或消除频闪效应。

⑤ 环境温度和湿度对荧光灯的正常工作影响大。荧光灯最合适的环境温度为18～25℃。温度低于15℃时启动困难；低于-5℃时不能启动；而高于+35℃时则光效下降。荧光灯的光通量随温度的高低而增减。在相对湿度超过75%的环境中，启动困难且对正常工作不利。

⑥ 荧光灯管、镇流器和辉光启动器应配套使用，以免造成不必要的损失。

目前，民用建筑内广泛使用了一种叫节能灯的电光源，如图3-7所示。实际上这种节能灯是荧光灯的一种，它是由单端荧光灯管与电子镇流器共同组成的新型紧凑型荧光灯。节能灯的尺寸与白炽灯相近，灯座的接口也和白炽灯相同，所以可以直接替换白炽灯。

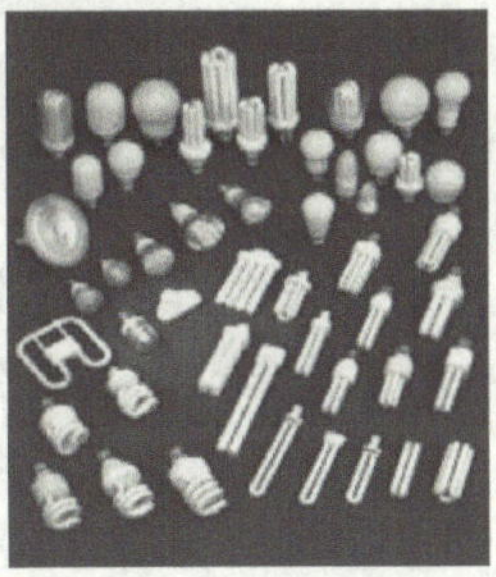

图3-7　节能灯

4）常用电光源LED灯

LED是英文light emitting diode（发光二极管）的缩写，它的基本结构是一块电致发光的半导体材料，置于一个有引线的架子上，然后四周用环氧树脂密封，即固体封装。发光二极管的核心部分是由P型半导体和N型半导体组成的晶片，在P型半导体和N型半导体之间有一个过渡层，称为PN结。在某些半导体材料的PN结中，注入的少数载流子与多数载流子复合时会把多余的能量以光的形式释放出来，从而把电能直接转换为光能。当PN结施加反向电压时，少数载流子难以注入，故不发光；当PN结加正向电压时，电流从LED阳极流向阴极时，半导体晶体就发出从紫外到红外不同颜色的光线，光的强弱与电流大小有关。这种利用注入式电致发光原理制作的电光源就叫LED灯。

① LED灯使用低压安全电源，供电电压在6～24V，根据产品不同而异，特别适用于公共场所。

② LED灯耗能少，其消耗能量较同光效的白炽灯减少80%。

③ LED灯适用性强，由于其很小，每个单元LED小片是3～5mm的正方形，所以可以制备成各种形状的器件，并且适合于易变的环境。

④ LED灯稳定性高，其寿命理论上可达10万h，光衰为初始的50%。

⑤ LED灯响应时间短，其响应时间为纳秒级，而白炽灯的响应时间为毫秒级。

⑥ LED灯环保，无有害金属汞，对环境无污染。

⑦ LED灯构成材料用环氧树脂密封，即固体封装，抗震性能好。

除此之外LED灯还具有色彩丰富、体积小、重量轻等优点，作为非功能型照明，现已广泛应用于景观照明、大屏幕显示、背景光源、信号显示、汽车照明、玩具等领域。

但LED灯作为功能型照明，需要的是白光LED。白光不是单色光，而是由多种单色光合成的复合光，正如太阳光是由七种单色光合成的一样。目前LED发出白光的方式主要可分成两种，一种是单晶型，这种方式与日光灯的发光方式一样，就是用蓝光加上黄色荧光粉或紫外光LED加上RGB三波长荧光粉来产生白光。另一种是多晶型，即利用互补的2色或将3原色做混光而形成白光。若采用单晶型，只要用一种元素即可，且在驱动回路上的设计较为容易，目前多用蓝光LED来发白光，但是此种方式发光效率不足；若采用多晶型的方式，基于不同LED的驱动电压、发光输出、温度特性及寿命各不相同，因此会有很多要控制的因素，使得所产生的成本较高。对于进入通用照明市场而言，白光LED除面临着上述问题外，还将面临光学、机构与电控等的整合以及LED照明产品通用标准的制定等问题。解决上述问题或许还需要一段时间，但在现今大力发展环保节能的绿色照明的大环境下，可以预见的是，未来LED灯将逐步替代荧光灯、白炽灯，成为第四代电光源的代表。

5）其他电光源

① 高压汞灯。高压汞灯又称高压水银灯，是玻壳内表面涂有荧光粉的高压汞蒸气放电灯。它具有较高的光效、寿命长（5000h以上）、表面亮度较大、耐振，但显色性较差等特点，适用于街道、广场、车站及施工工地等颜色分辨要求不高的大面积室外照明，或礼堂、车间、展览室内照明。

② 高压钠灯。高压钠灯是利用高压钠蒸气放电的气体放电灯。它具有光效高、紫外线辐射小、透雾性好、寿命长、耐振、亮度高等优点，适用于需要高亮度和高光效的场所使用，如交通要道、机场跑道、航道、码头等场所的照明。

③ 金属卤化物灯。金属卤化物灯是在高压汞灯基础上添加各种金属卤化物制成的第三代光源。金属卤化物灯光效高、光色很好（接近天然光），是一种接近日光色的节能新光源，适用于电视、摄影、印染车间、展览中心、大型商场、体育场馆、工业厂房，以及要求高照度、高显色性的场所。但金属卤化物灯的光通保持性及光色一致性较差。

④ 氙灯。氙灯是一种利用高压氙气放电而发光的电光源。氙灯的光色接近天然日光，显色性好，适用于需正确辨色的工作场所。又由于它功率大，可用于广场、车站、码头、机场、大型车间等大面积场所的照明。使用时应采取必要的防爆及防紫外线辐射措施。

（4）照明灯具

灯具与电光源共同组成为照明器。而灯具是控制光源使其发出的光进行再分配的装置。照明器的基本特性可用光强分布曲线、灯具的效率等指标表明。

照明灯具可以按照使用光源、安装方式、使用环境及使用功能等进行分类。不同的光源选用不同的灯具，其配光控制、眩光控制、调光实现有所不同。

根据灯具的安装方式，灯具可以分为吊灯、吸顶灯、壁灯、嵌入式灯具、暗槽灯、台灯、落地灯、发光顶棚、高杆灯、草坪灯等，其分类、特征及使用场所见表 3-22。

表 3-22 灯具的分类、特征及适用场所

安装方式	吸顶式灯具	嵌入式灯具	悬吊式灯具	壁式灯具
特征	(1) 顶棚较亮 (2) 房间明亮 (3) 眩光可控制 (4) 光利用率高 (5) 易于安装、维护 (6) 费用低	(1) 与吊顶系统组合在一起 (2) 眩光可控制 (3) 光利用率较吸顶或低 (4) 顶棚与灯具的亮度对比大，顶棚暗 (5) 费用高	(1) 光利用率高 (2) 易于安装和维护 (3) 费用低 (4) 顶棚有时出现暗区	(1) 照亮壁面 (2) 易于安装和维护 (3) 安装高度低 (4) 易形成眩光
适用场所	适用于低顶棚照明场所	适用于低顶棚但要求眩光小的照明场所	适用于顶棚较高的照明场所	适用于装饰照明兼作加强照明和辅助照明用

按照灯具设计的支撑面材料、特殊场所适用环境以及功能等，灯具均有不同的类型及适用场所，具体灯具选择时可查阅相关的标准规范，本书不做详细阐述。

(5) 照明设计方法

1) 光源的选择

选择光效高、寿命长、显色性好、安全和性能稳定的电光源。基于现在节能环保趋势，光源选择首推 LED 灯，注意 LED 的驱动电路影响其指标。

2) 灯具的选择

选择灯具时，要使光源发出的光按空间要求分配，没有眩光，创造舒适、高效、安全、环保、经济的照明环境，应注意以下几方面因素：

① 具有合理的光特性，如光强分布、照明器表面亮度、保护角等符合规定。

② 注意环境条件。

③ 达到触电保护要求。

④ 经济性好，如光输出比高、利用系数高、寿命长、光通衰减少、安装维护方便等。

⑤ 外形与建筑协调。

3) 初步确定灯具类型和悬挂高度后，根据工作面上的照度标准值来计算灯具数目

4) 确定布灯方案

5) 根据拟定的照明方案反推照明功率密度值，检验是否符合照度标准和节能的要求

(6) 照度计算方法

照度计算的方法有利用系数法、概算曲线法、比功率法和逐点计算法等，任何一种计算方法，都只能做到基本准确。这里介绍其中一种常用的方法——利用系数法。

利用系数（用 U 表示）是指照明光源投射到工作面上的光通量与全部光源发出的光通量之比。它可用来表征光源的光通量有效利用的程度。利用系数值的大小与很多因素有关，灯具的悬挂高度越高、光效越高，则利用系数越高；房间的面积越大，形状越接近正方形，

墙壁颜色越浅，则利用系数就越高。

利用系数法计算简单，考虑了墙壁、顶棚、地面之间光通量的多次反射影响，适用于计算平均水平照度，估算所需灯具个数。

1）利用系数法计算照度基本公式

$$E_{av} = \frac{N\Phi_s UK}{A} \tag{3-36}$$

或

$$N = \frac{E_{av} \times A}{\Phi_s \times U \times K} \tag{3-37}$$

式中 N——灯具数量（套）；

E_{av}——工作面平均照度（lx）；

A——工作面面积（m^2）；

Φ_s——每个灯具中光源的额定总光通量（lm）（部分灯具的光通量见表3-23）；

U——利用系数；

K——维护系数（见表3-24）。

表3-23 部分灯具的光通量表

光源类别	名称	光源型号	光通量/lm	功率/W	厂家
荧光灯	T8 直管荧光灯	YZ36RZ（普通型）	2950	36	松下
荧光灯	T8 直管荧光灯	YZ36RR（三基色）	3200	36	松下
荧光灯	T8 直管荧光灯	YZ36RL（三基色）	3350	36	松下
荧光灯	T8 直管荧光灯	TLD36W/840	3350	36	飞利浦
荧光灯	T8 直管荧光灯	L36W/880	3000	36	欧司朗
荧光灯	T5 高效节能荧光灯管	PAK－TLW28W－865	2500	28	三雄·极光
荧光灯	T5 直管荧光灯	FH 28W/840 HE	2600	28	欧司朗
荧光灯	T5 直管荧光灯	FH 28W/865 HE	2400	28	欧司朗
荧光灯	TL5 HE 系列 T5 直管荧光灯	TL5 HE28W/840	2600	28	飞利浦
荧光灯	TL5 HE 系列 T5 直管荧光灯	TL5 HE28W/865	2400	28	飞利浦

表3-24 维护系数

环境污染特征	工作房间或场所示例	维护系数	灯具擦洗次数/（次/年）
清洁	办公室、阅览室、仪器仪表装配车间	0.8	2
一般	商店营业厅、影剧院观众厅、机加工车间	0.7	2
污染严重	铸工车间、厨房	0.6	3
室外	道路和广场	0.7	2

2）利用系数的确定

① 确定房间或场所的室形指数 RI。

室内空间高度 H 被灯具出光口平面、工作面划分为3部分，分别为顶（或顶棚）空间、室空间、地板空间（见图3-8）；当灯具吸顶安装时，无顶空间。图3-8中各种高度表示为房间高度 H、灯具垂度 h_{cc}、灯具安装高度 h_s、工作面高度 h_{fc}、计算高度 h_{rc}。

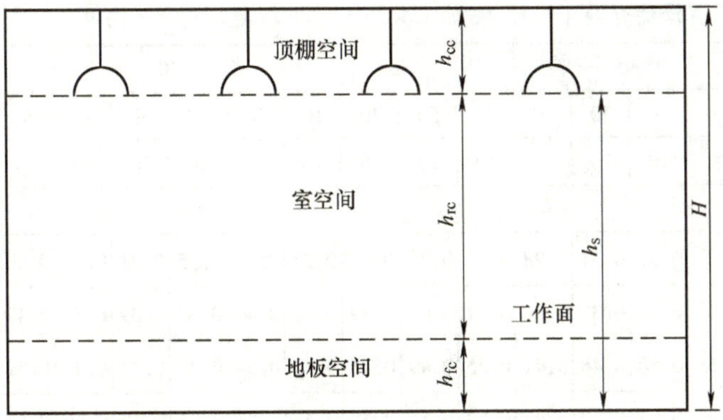

图3-8 室内三个空间的划分及各个高度认识

室形指数 RI:

$$RI=\frac{l\times w}{(l+w)h_{rc}} \tag{3-38}$$

式中 l——室长(m);

w——室宽(m);

h_{rc}——计算高度(m)。

② 确定光在顶棚的反射比 ρ_c、墙面的反射比 ρ_w、地板的反射比 ρ_f。

光的反射比与装修材料、颜色等有关,如反射比与砖墙的颜色、调和漆的颜色、地面的装修材料及颜色、面层的材料等均有关系,实际照度计算时可查阅相关资料确定。

③ 查所选灯具的利用系数表,确定利用系数 U。

表3-25~表3-27是松下T8直管荧光灯配不同灯具时的利用系数表,其他灯具利用系数表可查产品手册。当室形指数和反射比不是表中的整数时,可用内插法求出对应值。

表3-25 松下T8直管荧光灯L36W/880(2×36W,嵌入式消光格栅荧光灯具)利用系数表

有效顶棚反射比	80				70				50				30				0
墙反射比	70	50	30	10	70	50	30	10	70	50	30	10	70	50	30	10	0
地面反射比	10	10	10	10	10	10	10	10	10	10	10	10	10	10	10	10	0
室形系数 RI																	
0.60	0.36	0.30	0.25	0.23	0.35	0.29	0.25	0.23	0.34	0.29	0.25	0.23	0.33	0.28	0.25	0.22	0.21
0.80	0.42	0.36	0.33	0.30	0.41	0.36	0.32	0.30	0.40	0.35	0.32	0.29	0.39	0.35	0.32	0.29	0.28
1.00	0.46	0.41	0.37	0.34	0.45	0.41	0.37	0.34	0.44	0.40	0.37	0.34	0.42	0.39	0.36	0.34	0.33
1.25	0.49	0.45	0.41	0.39	0.49	0.44	0.41	0.39	0.47	0.43	0.41	0.38	0.46	0.43	0.40	0.38	0.37
1.50	0.51	0.47	0.44	0.42	0.51	0.47	0.44	0.42	0.49	0.46	0.43	0.41	0.48	0.45	0.43	0.41	0.40
2.00	0.54	0.51	0.48	0.46	0.53	0.50	0.48	0.46	0.52	0.49	0.47	0.45	0.51	0.48	0.47	0.45	0.44
2.50	0.56	0.53	0.51	0.49	0.55	0.53	0.50	0.49	0.54	0.51	0.50	0.48	0.52	0.50	0.49	0.47	0.46
3.00	0.57	0.55	0.53	0.51	0.56	0.54	0.52	0.51	0.55	0.53	0.51	0.50	0.53	0.52	0.50	0.49	0.48
4.00	0.58	0.57	0.55	0.53	0.58	0.56	0.54	0.53	0.56	0.55	0.53	0.52	0.55	0.54	0.53	0.52	0.50
5.00	0.59	0.58	0.56	0.55	0.59	0.57	0.56	0.55	0.57	0.56	0.55	0.54	0.56	0.55	0.54	0.53	0.52
7.00	0.60	0.59	0.58	0.57	0.59	0.58	0.58	0.57	0.58	0.57	0.56	0.56	0.57	0.56	0.55	0.55	0.53
10.00	0.61	0.60	0.59	0.59	0.60	0.59	0.59	0.58	0.59	0.58	0.58	0.57	0.58	0.57	0.57	0.56	0.54

表 3-26 松下 T8 直管荧光灯 L36W/880（2×36W，嵌入式白色钢板格栅荧光灯具）利用系数表

有效顶棚反射比	80				70				50				30				0
墙反射比	70	50	30	10	70	50	30	10	70	50	30	10	70	50	30	10	0
地面反射比	10	10	10	10	10	10	10	10	10	10	10	10	10	10	10	10	0
室形系数 *RI*																	
0.60	0.44	0.36	0.31	0.28	0.43	0.36	0.31	0.27	0.42	0.35	0.31	0.27	0.40	0.34	0.30	0.27	0.26
0.80	0.52	0.44	0.39	0.36	0.51	0.44	0.39	0.36	0.49	0.43	0.39	0.36	0.47	0.42	0.38	0.35	0.34
1.00	0.56	0.50	0.45	0.41	0.55	0.49	0.45	0.41	0.54	0.48	0.44	0.41	0.52	0.47	0.44	0.41	0.39
1.25	0.61	0.55	0.50	0.47	0.59	0.54	0.50	0.47	0.58	0.53	0.49	0.46	0.56	0.52	0.49	0.46	0.44
1.50	0.63	0.58	0.54	0.51	0.62	0.57	0.53	0.50	0.60	0.56	0.53	0.50	0.58	0.55	0.52	0.50	0.48
2.00	0.67	0.62	0.59	0.56	0.66	0.62	0.58	0.56	0.64	0.60	0.58	0.55	0.62	0.59	0.57	0.55	0.53
2.50	0.69	0.65	0.62	0.60	0.68	0.65	0.62	0.59	0.66	0.63	0.61	0.59	0.64	0.62	0.60	0.58	0.56
3.00	0.70	0.67	0.65	0.62	0.69	0.67	0.64	0.62	0.68	0.65	0.63	0.61	0.66	0.64	0.62	0.60	0.58
4.00	0.72	0.70	0.68	0.66	0.71	0.69	0.67	0.65	0.69	0.68	0.66	0.64	0.68	0.66	0.65	0.63	0.61
5.00	0.73	0.71	0.70	0.68	0.72	0.71	0.69	0.67	0.71	0.69	0.68	0.66	0.69	0.68	0.66	0.65	0.63
7.00	0.75	0.73	0.72	0.70	0.74	0.72	0.71	0.70	0.72	0.71	0.70	0.69	0.70	0.69	0.68	0.68	0.66
10.00	0.76	0.75	0.73	0.73	0.75	0.74	0.73	0.72	0.73	0.72	0.71	0.71	0.71	0.71	0.70	0.69	0.67

表 3-27 松下 T8 直管荧光灯 L36W/880（2×36W，嵌入式下开放式荧光灯具）利用系数表

有效顶棚反射比	80				70				50				30				0
墙反射比	70	50	30	10	70	50	30	10	70	50	30	10	70	50	30	10	0
地面反射比	10	10	10	10	10	10	10	10	10	10	10	10	10	10	10	10	0
室形系数 *RI*																	
0.60	0.46	0.37	0.32	0.28	0.45	0.37	0.32	0.28	0.43	0.36	0.31	0.28	0.42	0.35	0.31	0.28	0.26
0.80	0.54	0.46	0.41	0.37	0.53	0.46	0.40	0.37	0.51	0.45	0.40	0.36	0.49	0.44	0.39	0.36	0.35
1.00	0.59	0.52	0.47	0.43	0.58	0.51	0.46	0.43	0.56	0.50	0.46	0.42	0.54	0.49	0.45	0.42	0.41
1.25	0.64	0.57	0.52	0.49	0.63	0.57	0.52	0.48	0.61	0.55	0.51	0.48	0.59	0.54	0.51	0.48	0.46
1.50	0.67	0.61	0.56	0.53	0.66	0.60	0.56	0.53	0.63	0.59	0.55	0.52	0.61	0.58	0.54	0.52	0.50
2.00	0.71	0.66	0.62	0.59	0.69	0.65	0.62	0.58	0.67	0.64	0.61	0.58	0.65	0.62	0.60	0.57	0.58
2.50	0.73	0.69	0.66	0.63	0.72	0.68	0.65	0.62	0.70	0.67	0.64	0.62	0.68	0.65	0.63	0.61	0.59
3.00	0.75	0.71	0.68	0.66	0.74	0.70	0.68	0.65	0.71	0.69	0.66	0.64	0.70	0.67	0.65	0.63	0.62
4.00	0.77	0.74	0.72	0.69	0.76	0.73	0.71	0.69	0.74	0.72	0.70	0.68	0.72	0.70	0.68	0.67	0.65
5.00	0.78	0.76	0.74	0.72	0.77	0.75	0.73	0.71	0.75	0.73	0.72	0.70	0.73	0.72	0.70	0.69	0.67
7.00	0.79	0.78	0.76	0.75	0.78	0.77	0.75	0.74	0.76	0.75	0.74	0.73	0.75	0.73	0.73	0.72	0.69
10.00	0.80	0.79	0.78	0.77	0.79	0.78	0.77	0.76	0.77	0.77	0.76	0.75	0.76	0.75	0.74	0.74	0.71

（7）照明器的布置

1）室内照明布置的要求

规定的照度；工作面上的照度均匀度；光线的射向适当，无眩光，无阴影；灯泡安装容量减至最小；维护方便；布置整齐美观，并与建筑空间相协调。

2）灯具的布置

① 水平布置：均匀布置和选择性布置。

② 高度布置：照明器的垂度、计算高度、工作面高度、悬挂高度等结合实际条件，符合规定。

3）灯具布置的合理性

距高比必须恰当，对于不同型号的灯有不同的要求，可查产品或样本手册。

4）布置方法

① 根据房间大小、用途选择合适的照明器。

② 计算出灯具的安装高度 h_s （$h_s = h_{rc} + h_{fc}$）。

③ 查表得出该照明器的最大允许距高比。

④ 计算 $L \leqslant$ （最大允许距高比）$\times h_s$ （矩形布置 $L = \sqrt{L_1 L_2}$）。

⑤ 计算与墙的距离，画出布置图。

（8）照明节能评价

常用房间或场所的照明功率密度值应符合 GB 50034—2013《建筑照明设计标准》的规定。表3-28是住宅建筑照明功率密度值，表3-29是部分公共建筑照明功率密度值，所设计的照明方案反推后应不大于表中的规定。需要指出的是，公共建筑中教育、办公等多个类型建筑照明功率密度值是强制条款，必须达到此要求，否则施工图审核不能通过。此项也是绿色建筑评价标准节能控制项之一。

表3-28 住宅建筑照明功率密度值

房间或场所	照明功率密度/(W/m²)		对应照度值/lx
	现行值	目标值	
起居室	≤6.0	≤5.0	100
卧室			75
餐厅			150
厨房			100
卫生间			100

表3-29 部分公共建筑照明功率密度值

教育建筑照明功率密度值			
房间或场所	照明功率密度/(W/m²)		对应照度值/lx
	现行值	目标值	
教室、阅览室	≤9.0	≤8.0	300
实验室	≤9.0	≤8.0	300
美术教室	≤15.0	≤13.5	500

（续）

房间或场所	照明功率密度/(W/m²)		对应照度值/lx
教育建筑照明功率密度值			
房间或场所	现行值	目标值	对应照度值/lx
多媒体教室	≤9.0	≤8.0	300
计算机教室、电子阅览室	≤15.0	≤13.5	500
学生宿舍	≤5.0	≤4.5	150
办公建筑照明功率密度值			
房间或场所	现行值	目标值	对应照度值/lx
普通办公室	≤9.0	≤8.0	300
高档办公室、设计室	≤15.0	≤13.5	500
会议室	≤9.0	≤8.0	300
服务大厅	≤11.0	≤10.0	300

例题10 某教室房间长15m、宽8m、高3.3m。该房间选用松下下开放式荧光灯，采用T8直管荧光灯2×36W光源，光通量为2950 lm，采用嵌入式安装，安装高度为2.8m，该房间内的各表面的反射比和室内空间的划分如图3-9所示，试确定所需灯具数，并确定是否符合节能要求。

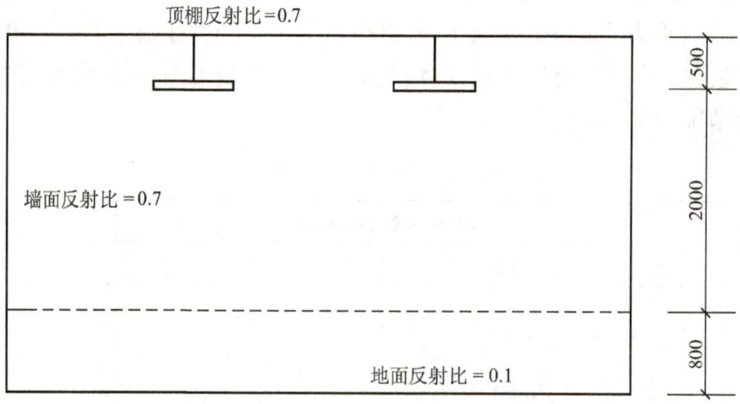

图3-9 房间各表面反射比及室内空间划分

解：

1）求室形系数RI。

$$RI=\frac{lw}{(l+w)h_{rc}}=\frac{15\times 8}{(15+8)\times 2}=2.6$$

2）确定光在顶棚的反射比ρ_c、墙面的反射比ρ_w、地板的反射比ρ_f。

根据图纸，$\rho_c=0.7$、$\rho_w=0.7$、$\rho_f=0.1$。

3）确定利用系数U。

查利用系数表3-27可知，当$RI=2.50$，$\rho_c=0.7$、$\rho_w=0.7$、$\rho_f=0.1$时$U=0.72$；

当 $RI=3.00$，$\rho_c=0.7$、$\rho_w=0.7$、$\rho_f=0.1$ 时 $U=0.74$；

用内插法可得，$RI=2.6$ 时 $U=0.724$。

4）确定该房间的灯具套数。

根据表3-24，查得维护系数 $K=0.8$，$\Phi_s=2\times2950\ \text{lm}=5900\ \text{lm}$

$$N=\frac{E_{av}A}{\Phi_s UK}=\frac{300\times15\times8}{5900\times0.724\times0.8}=10.5\approx11$$

平均照度为

$$E_{av}=\frac{N\Phi_s UK}{A}=\frac{11\times5900\times0.724\times0.8}{15\times8}\text{lm}=313\ \text{lm}$$

满足照度要求，所以教室安装灯具11套，安装功率（灯具功率+镇流器功率）为 $11\times(2\times36+2\times2)\ \text{W}=836\text{W}$。

5）确定是否符合节能要求。

照明功率密度值 $=\frac{836}{15\times8}\text{W/m}^2=6.97\text{W/m}^2$

查表3-29教室的照明功率密度值为 9W/m^2，所以满足照明节能要求。

思考：①若选用利用系数较低的嵌入式消光格栅荧光灯具，计算结果会有什么不同？

②若将灯具套数的计算结果 N 取10，则其是否满足照度要求和节能要求？

五、案例练习

表3-30为某项目用户所提用电设备需求。

表3-30 某项目用电设备需求

负荷计算表									
序号	设备名称	设备容量/kW	需要系数 K_c	功率因数（$\cos\varphi$）	需要容量				备注
					$\tan\varphi$	有功功率/kW	无功容量/kVar	视在容量/kV·A	
1	照明	660	0.7	0.9					三级负荷
2	地下照明	35	0.7	0.8					三级负荷
3	应急照明	36	0.8	0.9					一级负荷
4	弱电机房空调	22.5	0.8	0.8					二级负荷
5	消防控制室	5	1	0.8					一级负荷
6	弱电机房	40	0.8	0.8					一级负荷
7	变电所自用电	20	0.8	0.8					一级负荷
8	生活泵	24	0.8	0.8					一级负荷
9	广告照明	100	0.8	0.8					三级负荷
10	地下消防设备（平时兼用）	65	0.8	0.8					一级负荷
11	普通风机	17.2	0.8	0.8					三级负荷
12	VRV空调	201	0.8	0.8					二级负荷
13	景观照明	50	0.8	0.8					三级负荷

（续）

负荷计算表									
序号	设备名称	设备容量/kW	需要系数 K_c	功率因数（$\cos\varphi$）	需要容量				备注
					$\tan\varphi$	有功功率/kW	无功容量/kVar	视在容量/kV·A	
14	消防电梯	25	0.8	0.6					一级负荷
15	普通电梯	25	0.8	0.6					一级负荷
16	厨房用电	80	0.8	0.8					三级负荷
	小计	1405.7							
	有功同时系数0.9								
	无功同时系数0.95								
	功率因数补偿到0.95			0.95					
	合计								
	负荷率								
结论：选择　　　变压器									

注：消防泵130 kW，地下和屋顶消防设备不计入负荷计算。

根据以上表格，回答：

（1）补充完善负荷计算表。

（2）变压器选择。如果表3-30负荷计算得到的总有功功率为950kW，无功功率为301kVar，试选择变压器，并计算变压器的负荷率。

（3）断路器选择。

表3-30中第4行弱电机房中，若空调机组3台，负荷分别为6kW、7.5kW、9kW，共计22.5kW，需要系数为0.8，功率因数为0.8，请选择给弱电机房所有空调供电的总配电箱的进线断路器和给每台空调供电的分支断路器。

（4）导线选择与校验。试选择给弱电机房所有空调机组供电的进线导线（或电缆）截面积。

（5）根据给定工程概况工程图纸数据，计算该建筑物防雷等级（可使用专业软件计算）。

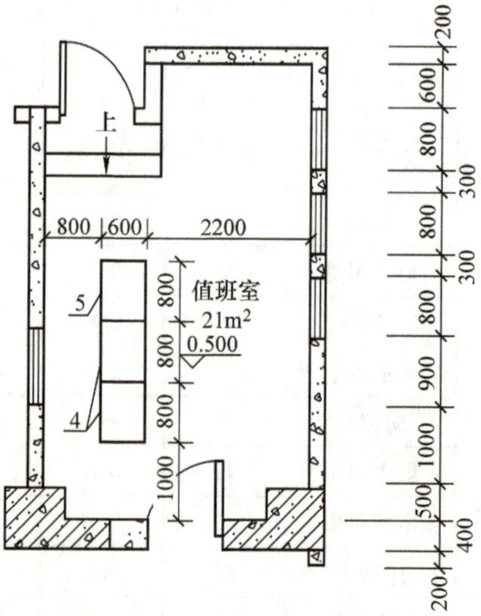

图3-10　变电所值班室平面图

（6）照明设计与节能要求。根据给定变电所值班室平面图（图3-10），试进行照明计算与布置。其中该层层高4.4m，顶棚反射比按0.7、墙面反射比按0.3、地面反射比按0.1计算。

单元11　建筑供配电与照明系统施工图设计

一、学习目标

理解建筑供配电与照明系统施工图的设计内容。

二、学习任务

分析给定的某建筑工程电气施工图中设计文件的内容。

三、学习工具

教材和教参、建筑电气施工图（强电）。

四、背景知识

在进入施工图设计之前，需要收集以下资料，见表3-31。

表3-31　施工图设计输入文件—电气

项目总类型	√民用建筑	项目具体类型	
设计阶段	□规划方案　□可研　□初设　√施设　□其他___		
业主需求及专业技术要求（必有）			
01	设计任务书		
基础资料			
01	项目市政管网接口资料（包含周边市政电源分布情况、电压等级、电力系统短路容量等）		
02	相关专业所提资料（包含建筑、结构、给排水、暖通、智能化等专业）		
……			
上阶段设计文件及确认结果、政府批文			
01	初步设计审查意见		
02	市政管综审批意见		
03	人防审批意见		
……			
标准、规范			
01	《民用建筑电气设计规范》	JGJ 16—2008	
02	《建筑设计防火规范》	GB 50016—2014	
	……		
可能出现的相关违规要求			
01	消防性能化设计		
02	建设项目所在地的地方技术标准（节能、消防）		

建筑供配电与照明系统施工图设计内容

如果说初步设计中有些内容可以以文字说明为主，那么施工图是以标注符号为主。施工图应力求准确、详细，局部内容或单一功能尽量使用同一张图样表达，避免交叉引用。

建筑供配电与照明系统施工图设计阶段，设计内涵与初步设计基本相同，设计文件应根据正式批准的初步设计文件进行编制，初步设计审查变更后的内容重新设计，包括图样目录、设计说明、设计图样、主要电气设备表、计算书，以图样为主。

（1）图样目录

应按图纸序号排列，先列新绘制图样，后列选用的重复利用图和标准图。

（2）设计说明

设计说明通常包括建筑概况、设计依据和范围、供电系统、功率因数补偿方式、供电线路、防雷接地系统等。

（3）图例符号

电气图样中的图例如果是由国家统一规定的称为国标符号，由有关部委颁布的称为部标符号。另外一些大的设计院还有其内部的补充规定，即所谓院标或称之为习惯标注符号。符合标准的通用电气符号在施工图中可不再重复介绍其含义。图样里如果采用了非标准符号，应列出图例表。

（4）设计图样

1）供电总平面图

标出在总平面图中的位置、建筑物名称；变、配电站的位置、编号和容量；画出高低压线路走向、回路编号、导线及电缆型号规格、架空线路的杆位、路灯、庭院灯和重复接地位置等。

2）变、配电站图

主要是变、配电站平面布置图，即画出高、低压配电柜、变压器、母干线、柴油发电机房、控制箱、直流电源及信号屏等设备平面布置和主要尺寸。必要时应画出主要剖面图。还有高、低压供电系统图，在图中注明设备型号、配电柜及回路编号、开关型号、设备容量、计算电流、导线型号规格及敷设方式、用户名称、二次回路方案编号。

3）动力平面图和系统图

注明配电箱编号、型号、设备容量、干线、设备容量、干线型号规格及用户名称。在系统图中标出各类用电设备的负荷计算。

4）照明平面布置图和系统图

在照明平面布置图中应标出灯具数量、型号、安装高度和安装方式。照明配电系统图中要标出控制设备的整定保护值和各支路相序，以便比较，尽量使三相负荷平衡。

5）建筑防雷平面图

画出接闪器、引下线和接地装置平面布置图，并注明材料规格。高层建筑要标明均压环焊接和均压带数量及作法。

图中表达不清楚的内容，可随图作相应说明。

（5）主要电气设备表

列表注明主要设备及材料名称、型号、规格、单位、数量。主要电气设备一般包括变压器、柴油发电机组、开关柜、配电箱、插接式母线等。

（6）计算书

施工图设计阶段的计算书，只补充初步设计阶段时应进行计算而未进行计算的部分，修改因初步设计文件审查变更后，需重新进行计算的部分。计算方法与初步设计方法相同。

五、案例练习

比较初步设计目录（表3-32）与施工图设计图纸目录（表3-33），体会二者的区别。

表3-32 初步设计目录

序号	图纸名称	图号
1	变电所电气主接线图	001
2	变电所高压柜配电系统图	002
3	低压柜系统图（一）	003
4	低压柜系统图（二）	004
5	干线系统图	005
6	变电所平面布置图	006
7	地下二层干线平面图	007
8	地下一层干线平面图	008
9	首层配电干线平面图	009
10	二层配电干线平面图	010
11	三层配电干线平面图	011
12	四、五层配电干线平面图	012
13	六、七层配电干线平面图	013
14	八~十三层配电干线平面图	014
15	十四层配电干线平面图	015
16	屋顶层配电干线平面图	016

表3-33 施工图设计图纸目录

序号	图号	图名	备注
01	DQ-01	设计说明（一）	
02	DQ-02	设计说明（二）	
03	DQ-03	设计说明（三）	
04	DQ-04	绿色建筑专篇电气设计说明	
05	DQ-05	图例及主要设备材料表	
06	DQ-06	变电所电气主接线图	
07	DQ-07	变电所高压柜配电系统图	
08	DQ-08	低压柜系统图（一）	
09	DQ-09	低压柜系统图（二）	
10	DQ-10	电力监控系统图	
11	DQ-11	干线系统图	
12	DQ-12	消防电源及电气火灾报警系统图	
13	DQ-13	柴油发电机房低压柜排列图	
14	DQ-14	消防水泵房低压柜排列图	

（续）

序号	图号	图名	备注
15	DQ－15	变电所照明及动力平面图	
16	DQ－16	变电所布置及地面开孔平面图	
17	DQ－17	变电所夹层照明及接地平面图	
18	DQ－18	变电所夹层电缆支架平面图	
19	DQ－19	配电箱系统图（一）	
20	DQ－20	配电箱系统图（二）	
21	DQ－21	配电箱系统图（三）	
22	DQ－22	地下二层电力平面图	
23	DQ－23	地下一层电力平面图	
24	DQ－24	首层电力平面图	
25	DQ－25	二层电力平面图	
26	DQ－26	三层电力平面图	
27	DQ－27	四、五层电力平面图	
28	DQ－28	六、七层电力平面图	
29	DQ－29	八~十三层电力平面图	
30	DQ－30	十四层电力平面图	
31	DQ－31	屋顶构建层电力平面图	
32	DQ－32	屋顶层电力平面图	
33	DQ－33	地下二层照明平面图	
34	DQ－34	地下一层照明平面图	
35	DQ－35	首层照明平面图	
36	DQ－36	二层照明平面图	
37	DQ－37	三层照明平面图	
38	DQ－38	四、五层照明平面图	
39	DQ－39	六、七层照明平面图	
40	DQ－40	八~十三层照明平面图	
41	DQ－41	十四层照明平面图	
42	DQ－42	屋顶层照明平面图	
43	DQ－43	屋顶层防雷平面图	
44	DQ－44	汽车坡道照明平面图	

模块 4　建筑照明配电系统的施工

单元 12　室内照明工程的安装与调试

一、学习目标

① 了解建筑照明配电系统的施工过程和施工内容。

② 掌握简单的室内照明工程的安装方法。

二、学习任务

① 根据给定的室内照明工程原理图，绘制布线图。

② 完成室内照明工程的安装与调试。

③ 参观学习在建的室内照明工程施工工地。

三、学习工具

教材、教参、实训设备、绘图纸和绘图工具。

四、背景知识

1. 建筑电气工程施工概述

建筑工程分为土建工程、安装工程两大类。建筑安装工程包括通风空调安装工程、给排水安装工程（包括消防水安装）、电气安装工程。也就是我们常说的安装工程中的风、水、电三个专业。

建筑电气安装工程包括“强电”和“弱电”，现在比较通用的说法是“供配电”和“建筑智能化”。供配电包括动力、照明、防雷接地。建筑智能化包括楼宇自动化（Building Automation，BA）、通信自动化（Communication Automation，CA）、办公自动化（Office Automation，OA）等。

建筑电气安装工程施工分为以下 4 个阶段：

① 施工准备阶段。包括技术准备、施工人员准备、设备材料准备等。

② 施工阶段。包括与各专业的协调配合、各种管线、设备的安装调试等。

③ 验收阶段。包括协调监理方进行现场各项分部、分项工程的验收，这一般是在工程施工阶段进行的。在工程整体完成后还有质量监督站的整体工程验收以及消防中心的整体消防验收。

④ 维修保驾阶段。目前一般要求取得工程整体验收合格证后的两年内，即质量保修期内，施工方负责工程的维护。

2. 建筑电气分部工程内容

① 单位工程。具备独立施工条件并能行成独立使用功能的建筑物和构筑物为一个单位工程。

② 子单位工程。建筑规模大的单位工程，可将其能形成独立使用功能的部分称为一个子单位工程。

③ 分部工程。对于单位（子单位）工程，按专业性质或建筑部位划分为若干个分部工程。GB 50300—2013《建筑工程施工质量验收统一标准》规定，建筑分部工程包括：地基与基础、主体结构、建筑装饰装修、建筑屋面、建筑给水排水及采暖、建筑电气、智能建筑、通风与空调、电梯。建筑电气是其中一个分部工程。

④ 子分部工程。当分部工程较大或较为复杂时，可按材料种类、施工特点、施工程序、专业系统及类别等划分为若干个子分部工程。

⑤ 分项工程。对于分部（子分部）工程，可按主要工种、材料、施工工艺、设备类别等划分为若干个分项工程。

建筑电气工程子分部、分项工程见表 4-1。

表 4-1 建筑电气工程子分部、分项工程

分部工程	子分部工程	分项工程
建筑电气	室外电气	架空线路及杆上电气设备安装；变压器、箱式变电所安装；成套配电柜、控制柜（屏、台）和动力、照明配电箱（盘）及控制柜安装；电线、电缆导管和线槽敷设；电线、电缆穿管和线槽敷设；电缆头制作、导线连接和线路电气试验；路灯安装；建筑照明通电试运行；接地装置安装
	变配电室	变压器、箱式变电所安装；成套配电柜、控制柜（屏、台）和动力、照明配电箱（盘）安装；裸母线、封闭母线、插接式母线安装；电缆沟内和电缆竖井内电缆敷设；电缆头制作、导线连接和线路电气试验；接地装置安装；避雷引下线和变配电室接地干线敷设
	供电干线	裸母线、封闭母线、插接式母线安装；桥架安装和桥架内电缆敷设；电缆沟内和电缆竖井内电缆敷设；电线、电缆导管和线槽敷设；电线、电缆穿管和线槽敷线；电缆头制作、导线连接和线路电气试验
	电气动力	成套配电柜、控制柜（屏、台）和动力、照明配电箱（盘）及安装；低压电动机、电加热器及电动执行机构检查、接线；低压电气动力设备检测、试验和空载试运行；桥架安装和桥架内电缆敷设；电线、电缆导管和线槽敷设；电线、电缆穿管和线槽敷线；电缆头制作、导线连接和线路电气试验；插座、开关、风扇安装
	电气照明安装	成套配电柜、控制柜（屏、台）和动力、照明配电箱（盘）安装；电线、电缆导管和线槽敷设；电线、电缆穿管和线槽敷线；槽板配线；钢索配线；电缆头制作、导线连接和线路电气试验；普通灯具安装；专用灯具安装；插座、开关、风扇安装；建筑照明通电试运行
	备用和不间断电源安装	成套配电柜、控制柜（屏、台）和动力、照明配电箱（盘）安装；柴油发电机组安装；不间断电源的其他功能单元安装；裸母线、封闭母线、插接式母线安装；电线、电缆导管和线槽敷设；电缆头制作、导线连接和线路电气试验；接地装置安装
	防雷及接地安装	接地装置安装；避雷引下线和变配电室接地干线敷设；建筑物等电位连接；接闪器安装

建筑电气安装施工各部分详细内容可参阅相关书籍资料。本书仅介绍其中一项简单室内照明工程安装内容。

3. 室内照明工程安装与调试

（1）室内照明线路敷设概述

室内照明线路敷设分为明线敷设、暗线敷设两种。两者是以线路在敷设以后，能否被人们用肉眼直接观察到来区分的。暗线敷设简称暗敷，是将导线穿保护管（金属管、塑料管）后敷设在建筑或构筑物的构件（地板、顶棚、墙、梁、柱等）的内部。目前民用建筑物广泛应用暗线敷设。

1）室内配线的注意事项

① 电线、电缆穿管前，应清除管内杂物和积水。钢管配线时先戴护口后穿线。

② 穿入管中的导线，任何情况下都不允许有接头、背花、死扣或绝缘损坏后又包扎过胶带等情况，接头必须经专门的接线盒。三根相线（火线）分别采用L1相线黄色、L2相线绿色、L3相线红色，中性线N线（零线）采用淡蓝色导线，保护线PE线（地线）采用黄绿相间的双色线。

③ 线盒及箱内导线预留按规范保证足够长度。

④ 布线时应尽量减少导线的接头，导线与设备器具的连接按规范规定，截面为$10mm^2$以下的单股铜芯线采用直接连接，其他规格采用压接端子连接。

⑤ 配线工程施工后必须进行各回路绝缘测试，保护地线连接可靠。选用500V、0～500MΩ的绝缘电阻表测量，照明线路绝缘电阻值不小于0.5MΩ，动力线路绝缘电阻值不小于1MΩ。

⑥ 导线管槽与热水管、蒸汽管同侧敷设时，应敷设在热水管、蒸汽管的下方；有困难时，可敷设在其上方，但相互间的净距不宜小于规定数值。

2）暗敷的基本要求

① 为了用电安全，要么一律使用钢管，要么一律使用硬塑料管，不允许二者混淆，并且采用同样材料的附件（接线盒、灯座盒、插座盒、开关盒等）。管材质量要好，无裂纹、硬伤，管内无杂物。

② 暗管直径可按管子中所安装导线的根数与截面积选定。

敷设导线所采用的暗管内径见表4-2。

表4-2 敷设导线所采用的暗管内径 （单位：mm）

导线截面积/mm^2	暗管中导线根数			
	1	2	3	4
1.5	13	13	13	13
2.5	13	13	19	19
4	13	19	19	19
6	13	19	19	19

③ 暗管管口没有毛刺、锋口，暗配管弯曲半径大于管外径的10倍，不可弯扁或被机械力压扁，否则会造成拉伤导线，穿线困难甚至穿不过去，故弯扁程度不应大于管外径的10%。

④ 当暗装在具有易燃结构部位时，应对其周围的易燃物做好防火隔热处理。

⑤ 管内导线的铜线截面积最小不低于 1.0mm^2，铝线截面积最小不低于 2.5mm^2；耐压等级不低于 500V（控制线除外）。

⑥ 不同电流种类、不同电压、不同回路、不同电度表的导线不能穿在同一根管内。但是同一台电动机的控制线和信号线，同一设备的多个电动机或电压为 65V 及以下的照明线路等，可以共同穿在一根管内，但总数不得超过 10 根。

⑦ 三根及以上绝缘导线穿于同一根管时，其总截面积（含外护层）不应超过管内有效净面积的 40%。

⑧ 穿金属管和穿金属线槽的交流线路，应将同一回路的所有相线和中性线（如有中性线时）穿于同一管、槽内。如果只穿部分导线，则由于线路电流不平衡而产生交变磁场作用于金属管、槽，导致涡流损耗，对钢管还将产生磁滞损耗，使管、槽发热，而导致其中的绝缘导线过热甚至烧毁。

3）穿钢管布线

用钢管布线时导线可以受到钢管的保护，不易遭受机械损伤，不受潮湿、多尘等环境的影响，更换导线方便，并且由于钢管是导体，若施工中正确接地，可以减轻发生故障后可能造成的触电危险，是目前采用较多的布线方法之一。

布线用钢管有电线管（TC）和水煤气管（SC）两种。电线管壁薄，壁厚约 1.6mm，适宜敷设在干燥的场所；水煤气管壁厚约 3mm，在潮湿场所或埋地敷设时采用。

钢管的安装工艺有弯管、截断、绞牙、连接。

4）穿硬塑料管布线

硬塑料管（PC）具有重量轻、阻燃、绝缘、耐酸碱、耐腐蚀的优点，所以在现代建筑中应用广泛，而且塑料管的锯断、弯曲、连接施工都比较方便。

硬塑料管的安装工艺有连接、弯曲、截断。

（2）穿线

穿线的基本方法如图 4-1 所示，先穿入引线，引线可用 ϕ1.2mm（18 号）、ϕ1.6mm（16 号）的铅丝或钢丝，在不穿入管子的一端先弯成一个适当大小的钩子，将另一端慢慢推入管中；当管路较长或在其他情况下，也可将引线在布管之前穿入，当引线到达线路另一端接线盒之后便可穿线。穿线时将欲穿入导线结扎在带钩的一端，注意结扎必须牢靠，以防在引入过程中，全部或个别导线送脱，一人拉，一人送，拉力要适度，速度要均匀，手感增重时应停下来检查原因，不能强行用力，防止导线脱钩或拉断。为了减小导线在管子中的摩擦，穿线时要将绝缘导线捋直，最好打一些滑石粉。穿线完毕后应将所剩导线剪断，留长度为该处孔洞周长一半的线头，以便于接线；对于穿入管中的导线，若在一个接线盒中线头较多，通常应在其上留明显标记，防止接

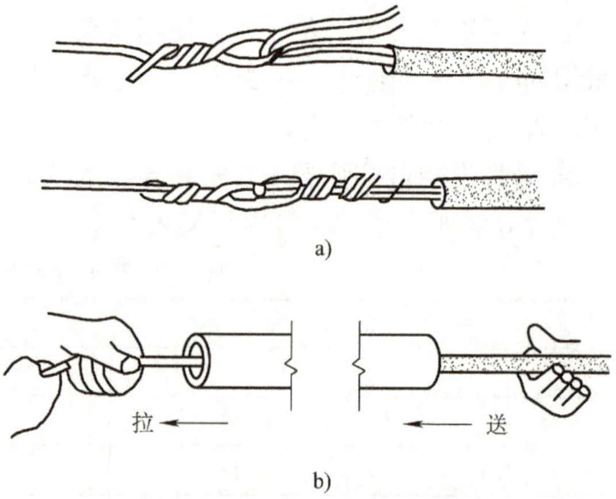

图 4-1 穿线

a）铅丝和导线连接 b）铅丝引导

错线。

注意，扫管穿线时要防止钢丝的弹力伤人；两个人穿线要注意相互配合，一呼一应有节奏进行，不要用力过猛以免伤手。

（3）照明配电箱的接线

1）配电箱的安装工艺流程

设备进场检查→弹线定位→固定暗装配电箱→盘面组装→箱体固定→绝缘摇测。

2）照明配电箱的接线

照明配电箱内装有电度表、断路器、漏电保护器等电器，有上进下出、上进上出、下进下出等几种形式。目前我国民用建筑物内低压供配电系统为 TN－S 系统（三相五线制），配电箱内设有零（N）线和保护线（PE）接线端子汇流排，零线和保护线应在汇流排上连接，不得绞接。照明配电箱内电器接线时应按照电器安装方向上入下出或左入右出，接线排列整齐，连接牢固。图 4-2 所示为某户配电箱安装接线图。

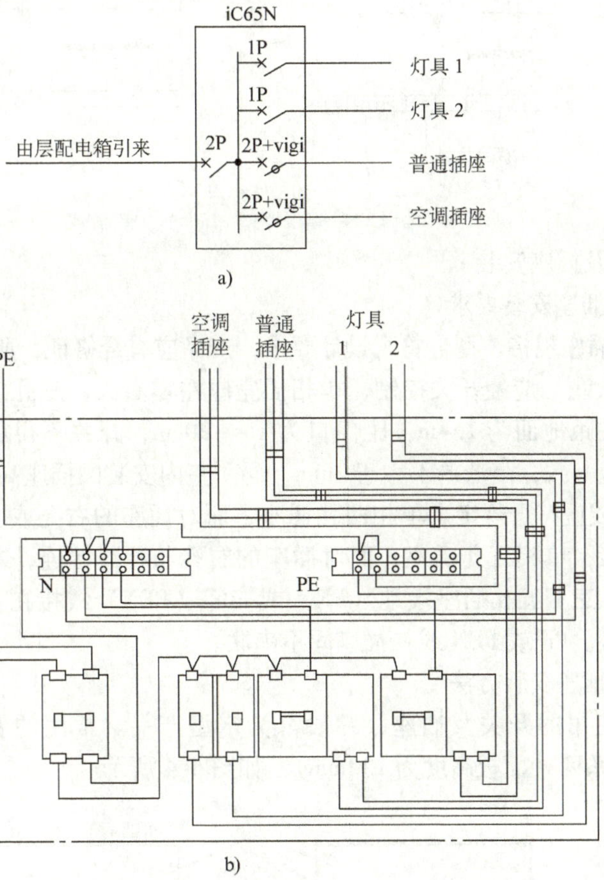

图 4-2　某户配电箱安装接线图

a）系统图　b）接线图

当配电箱内装有漏电保护器时，应根据漏电保护器的极数正确接线。漏电保护器和断路器合为一个整体时，称为漏电断路器。漏电断路器按极数和电流回路数有单极两线（1P＋N）、双极（2P）、三极三线（3P）、三极四线（3P＋N）和四极（4P）5 种形式，接线原理如图4-3所示。1P+N、2P用于单相线路，3P用于三相三线线路，3P+N、4P用于三相四线线路。1P+N、2P的区别在于是否同时切断相线和中线。

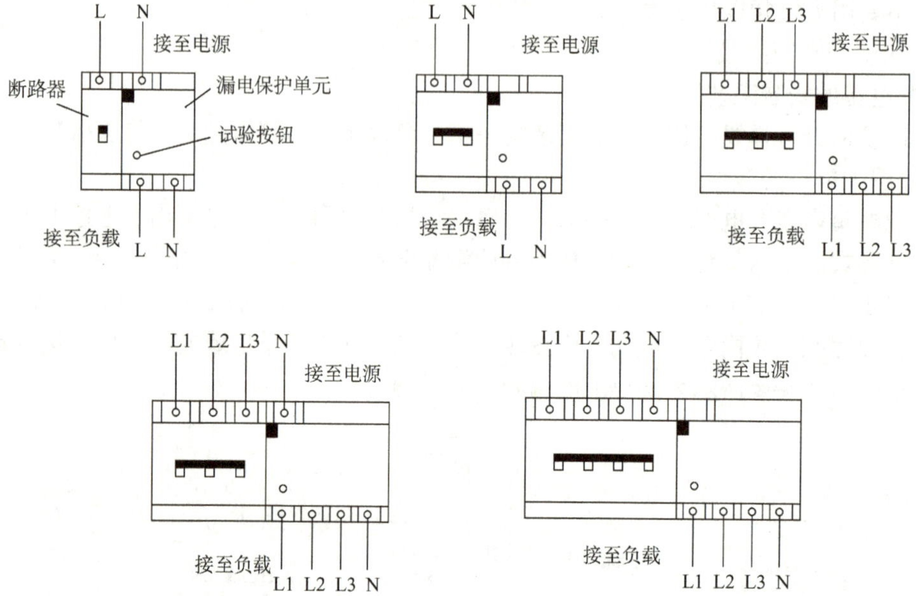

图4-3 漏电断路器的接线原理图

（4）开关及插座安装

1）开关及插座安装要求

① 开关及插座规格、型号符合设计要求，产品应有合格证，所有开关的切断位置一致，灯具的相线（火线）应经开关控制，单相插座应左零右火，三孔或三相插座接地保护均在上方；翘板开关距地面为1.4m，距门口为15～20cm，开关不得放在门后，成排安装的开关、插座高度应一致，高低差不大于2mm，同一室内安装的插座高低差不应大于5mm。

② 插座接线应符合规定。单相两孔插座，面对插座的右孔或上孔与相线连接，左孔或下孔与零线连接；单相三孔插座，面对插座的右孔与相线接连，左孔与零线连接；单相三孔、三相四孔及三相五孔插座接地（PE）或接零（PEN）线接在上孔。插座的接地端子不与零线端子连接。PE或PEN线在插座间不串联。

2）开关及插座安装方法

建筑物内使用的开关及插座，一般都为定型产品。常用的有86系列（面板高度为86mm）和120系列（面板高度为120mm），如图4-4所示。

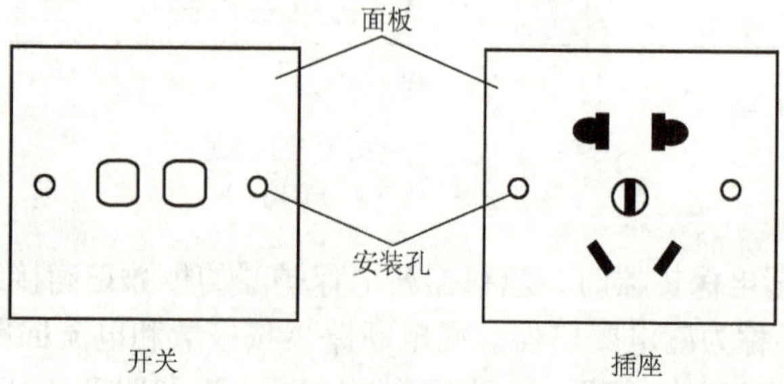

图4-4 开关及插座外形

安装开关及插座时，应配专用的底盒。底盒在配管配线时用膨胀螺钉固定好，电线从底盒敲落孔穿入，留 15mm 左右，剥去线头绝缘层，与接线桩压好，注意线芯不能外露。开关、插座接好线后，用螺钉固定在底盒上，再盖上孔塞盖即可，如图 4-5 所示。

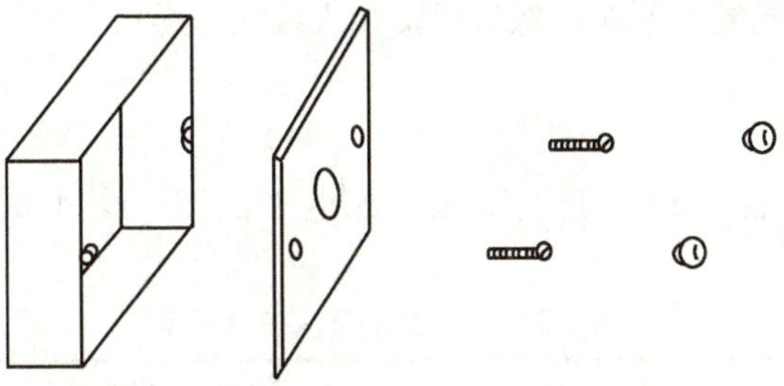

图 4-5　开关及插座安装方法

（5）灯具安装

1）灯具安装要求

① 灯具安装前，应对灯具进行外观检查，完好无损的灯具方可使用。根据灯具的安装场所，检查灯具是否符合要求，灯内配线是否符合设计及工艺标准，检查标志灯的指示方向是否正确，应急灯是否可靠灵敏。

② 灯具安装最基本的要求是牢固。3kg 以上的灯具须埋吊钩或螺栓，预埋件必须牢固可靠。室内灯具安装低于 2.4m 处，灯具金属外壳应做良好接地处理以保证使用安全。

2）灯具安装方法

灯具的安装方法主要有吸顶安装、嵌入式安装、吸壁安装及吊装。其中吊装又分为线吊，链吊及管吊。

小型、轻型吸顶灯安装时，把灯具的底座用膨胀螺栓或塑料胀管固定在顶棚上，再把吸顶灯与底座固定即可。固定灯座螺栓的数量不应少于灯具底座上的固定孔数，且螺栓直径应与孔径相配；底座上无固定安装孔的灯具（安装时自行打孔），每个灯具用于固定的螺栓或螺钉不应少于 2 个。如果吸顶灯中使用的是螺口灯头，则其接线还要注意：

① 相线应接在中心触点的端子上，零线应接在螺纹的端子上。

② 灯头的绝缘外壳不应有破损和漏电，以防更换灯泡时触电。

（6）安装中容易出现的问题

1）管内穿线

先穿线后戴护口或者根本不戴护口；导线背扣或死扣，损伤绝缘层；相线未进开关，螺口灯头相线未接到灯头的舌簧上；穿线不分颜色等。

2）导线连接

剥除绝缘层时损伤线芯；接头不牢固；多股导线连接设备、器具时未用接线端子，压头时不满圈，不用弹簧垫圈造成接点松动。

3）箱、盘安装

箱体不方正；变形；箱盘面接地位置不明显。

4）开关及插座安装

暗开关、插座芯安装不牢固；插座左零右火上接地接线错误；插座开关接线头不打扣；导线在孔里松动。

5）灯具安装

灯具安装不牢；灯具接线不对；螺口错接在火线上，螺口带电。

五、案例练习

根据某项目图例（表4-3）、变电所照明配电平面图（图4-6）及系统图（图4-7），回答：

表4-3 图例及主要设备材料表

序号	图例	名称	型号及规格	单位	数量	安装高度	安装方式	备注
1		双电源动力配电箱	详见系统图	面			明装	
2		动力配电箱	详见系统图	面			明装	
3		双电源照明配电箱	详见系统图	面			明装	
4		照明配电箱	详见系统图	面			明装	
5		事故照明配电箱	详见系统图	面		落地安装		
6		单管荧光灯	200V 1×28W $\cos\Phi>0.9$	盏		底边距地2.7m	管吊	
7		双管荧光灯	220V 2×28W $\cos\Phi>0.9$	盏		底边距地2.7m	管吊	
8		三管荧光灯	220V 3×28W $\cos\Phi>0.9$	盏			嵌入	
9	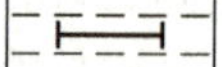	线槽灯	220V 1×28W $\cos\Phi>0.9$	盏		底边距地2.7m	吊装	
10	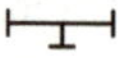	单管荧光壁灯	220V 1×28W $\cos\Phi>0.9$	盏		底边距地2.7m	明装	
11		吸顶灯	220V 1×13W $\cos\Phi>0.9$	盏			吸顶	安装高度大于4.0m时改为管吊距地3.0m安装
12		壁灯	220V 1×13W $\cos\Phi>0.9$	盏		底边距地3.0m	明装	
13	 FS	室外壁灯	220V 1×13W $\cos\Phi>0.9$	盏		底边距地2.4m	明装	防水型
14	 PD	汽车坡道壁灯	220V 2×18W $\cos\Phi>0.9$	盏		底边距地0.5m	暗装	防水型
15		安全出口标志灯	220V 1×3W $\cos\Phi>0.9$	盏		门上200mm	明装	车库及办公区域内使用
16	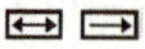	疏散指示标志灯	DC24 1×3W $\cos\Phi>0.9$	盏		顶边距地0.5m	暗装	车库及办公区域内使用

（续）

序号	图例	名称	型号及规格	单位	数量	安装高度	安装方式	备注
17		疏散指示标志灯	DC24　1×3W $\cos\Phi>0.9$	盏		底边距地2.4m	管吊	车库及办公区域内使用管外刷防火涂料
18		单联单控开关	250V　10A	个		底边距地1.4m	暗装	
19		双联单控开关	250V　10A	个		底边距地1.4m	暗装	
20		三联单控开关	250V　10A	个		底边距地1.4m	暗装	
21		单联单控防水开关	250V　10A	个		底边距地1.4m	暗装	
22		双联单控防水开关	250V　10A	个		底边距地1.4m	暗装	
23		单联单控开关	250V　10A	个		底边距地1.4m	暗装	消防时能强制点亮
24		单联双控开关	250V　10A	个		底边距地1.4m	暗装	消防时能强制点亮
25		烘手器插座	250V　16A	个		底边距地1.4m	暗装	防溅型
26		单相三极插座	250V　16A	个		底边距地0.3m	暗装	
27		空调插座	250V　16A	个		底边距地0.3m	暗装	
28		单相二、三极插座	250V　10A	个		底边距地0.3m	暗装	滤毒室插座距地1.5m
29	±	风机盘管	220V　100W	台				详设备专业
30	Ct	风机盘管三速开关	250V　10A	个		底边距地1.4m	暗装	
31	VRV	VRV室内机	220V　100W	台				详设备专业
32	Cv	室内机温控开关	250V　10A	个		底边距地1.4m	暗装	
33		排气扇	220V　50W	台				详设备专业
34	MEB	局部等电位端子箱		面		底边距地0.5m	暗装	端子数量15个
35	LEB	局部等电位端子箱		面		底边距地0.5m	暗装	端子数量10个
36		报警闪灯		个		底边距地2.4m	明装	残疾人专用卫生间用
37		求助按钮		个		底边距地0.5m	暗装	残疾人专用卫生间用

注：1. 表中所列各设备的技术要求除平面图中另有注明外，均以此表为准。

2. 办公室及公共区域内灯具、插座位置、数量以装修图为准。

3. 插座均采用安全型。

4. 安装高度一栏中的距地高度均为距该设备安装处的最终完成建筑地面（如：架空防静电地板）的高度。

5. 除注明外，电缆的额定电压为0.6/1kV；电线的额定电压为0.45/0.75kV。

6. 厨房、卫生间等潮湿场所灯具、插座采用防水型。

7. 平面图中灯具旁标有“E”的均为应急照明灯具；平面图中灯具旁标有“FB”的均为防爆灯具。

8. 变电所平面图中灯具旁标有“E”的应急照明灯具自带蓄电池，放电时间>180min。

1. 提出安装所需材料清单填入表4-4中。

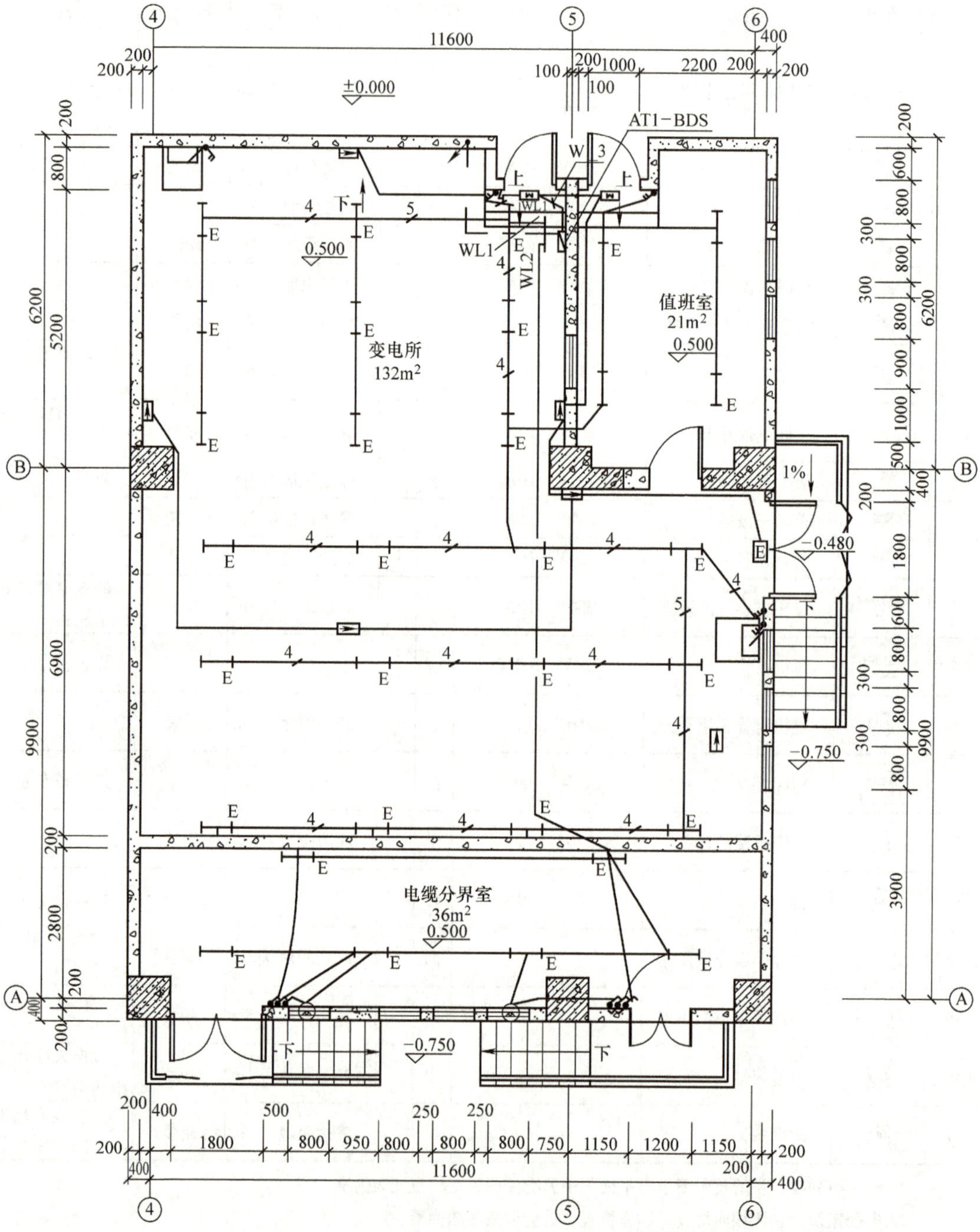

注：1. 变电所设备层照度标准值为200lx,电缆夹层照度标准值为30lx。
2. 灯具布置仅为示意，最终以灯具厂家深化图为准。

图4-6 变电所照明平面图（1:50）

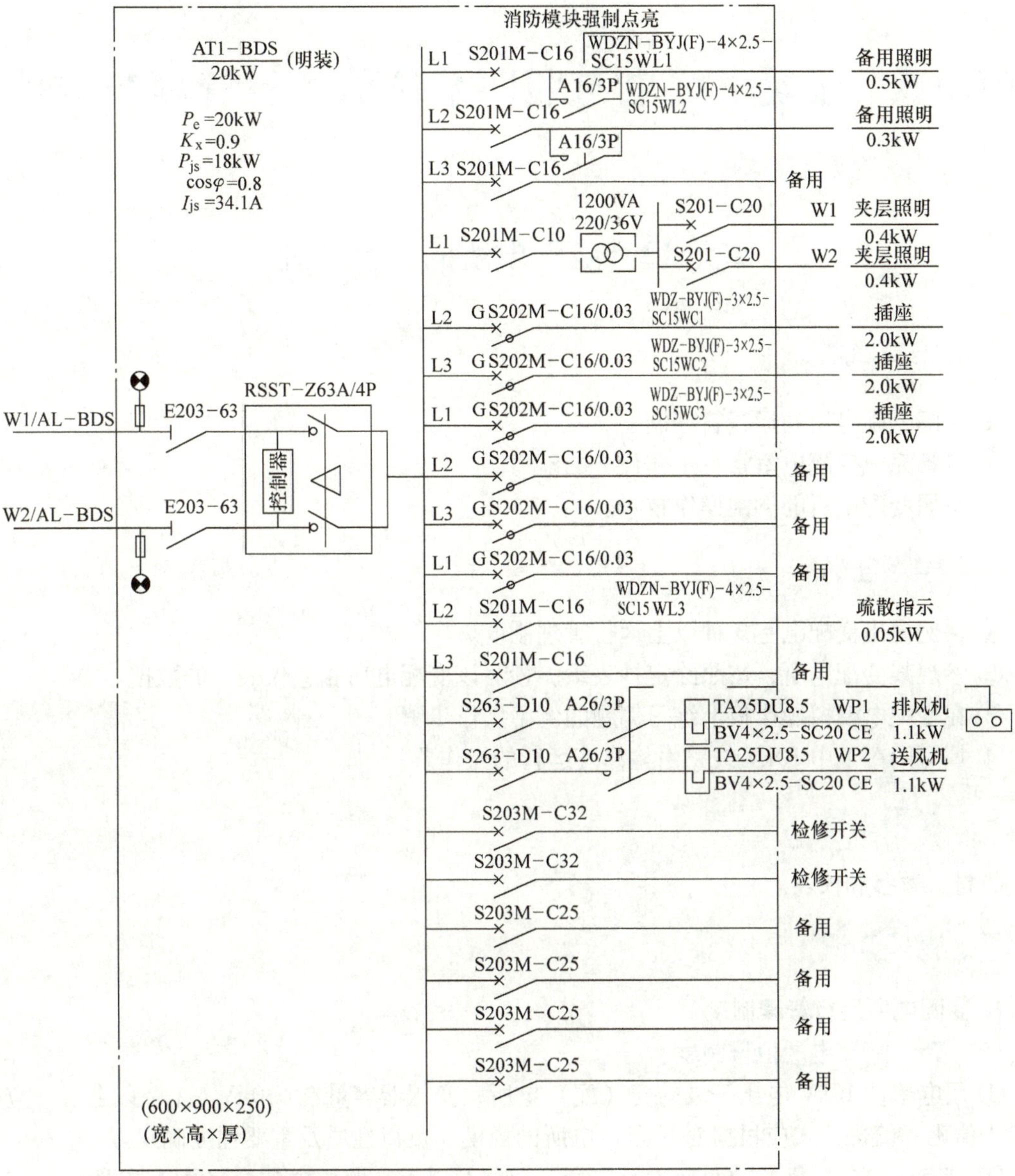

注：1. 安全照明变压器箱门做通风百叶。
2. 夹层照明支路采用WDZ−BYJ(F)−2×6−PVC25 FC。
3. 插座均采用安全型。

图 4-7　变电所照明配电系统图

表 4-4　填写安装所需材料清单

序号	项目名称	单位	数量	备注
1				
2				
3				
…				

2. 思考上述清单是否可以完成安装，如不能，需要补充哪些材料。

模块 5　建筑供配电与照明系统的运行管理与维护

单元 13　变配电所的运行管理

一、学习目标

① 了解变配电所的运行管理制度。
② 具备完成变配电室常见工作任务的能力。
③ 掌握变配电所的倒闸操作技术。

二、学习任务

① 举例说出变配电室 3 种以上运行管理制度。
② 参观某变配电所，按照给定抄表纸，抄写该变配电所相应仪表上的数据。
③ 在变配电模拟操作板上练习例题的倒闸操作步骤。
④ 填写图 5-1 中 10kV 线路由检修变运行的操作票。

三、学习工具

教材、教参和仪表。

四、背景知识

1. 变配电所运行管理制度

(1) 变（配）电所值班制度

① 用电单位 10kV 电压等级的变（配）电所、变压器容量在 630kV · A 及以上者，应安排专人值班。值班方式应根据变（配）电所的规模、负荷性质及重要程度确定。

② 带有一、二类负荷的变（配）电所、双路及以上电源供电的变（配）电所，应有专人全天值班。每班值班人员不少于 2 人，且应明确其中一人为当班负责人。

③ 负荷为三类的变（配）电所，可根据具体情况安排值班，值班人员不少于 2 人，但在没有倒闸操作等任务时，可以兼做用电设备维修工作。

④ 用电单位设备容量在 500kV · A 及以下、单路电源供电，且无一、二类负荷的变（配）电所，允许单人值班。条件允许时，可进行简单的高压设备操作，但不能进行临时性电气测量及挂接、拆除临时接地线等工作。

⑤ 有自动监控装置的变（配）电所，运行值班可在主控室进行。需要进行 10kV 及以上设备和低压主开关、母联开关的倒闸操作、电气测量、挂及拆临时接地线等工作时，必须由二人进行，一人操作、一人监护。

⑥ 严格执行交接班制度。

(2) 交接班制度

① 值班人员应按规定的值班方式值班并按规定的交接班时间进行交接班，有事或生病必须提前请假，并由负责人安排好替班人员。

② 如接班人员未按时到达，交班人应坚守岗位，待接班人员到达，双方办理交接手续后方可离岗。

③ 交接班工作必须做到交接两清，交班人员按规定详细介绍当值设备运行状况，接班人员应认真听取。

④ 在处理事故或进行倒闸操作时，不得进行交接班。交接班过程中发生事故时，应停止交接，并由交班人员负责处理。处理完毕或告一段落，方可进行交接。

⑤ 认真检查值班记录的填写情况。

⑥ 应认真检查设备实际运行方式是否和模拟板一致，核实设备运行方式有无变更及异常情况的处理经过。

⑦ 巡视并检查运行设备有无缺陷、异常情况。

⑧ 核实许可的工作票、已执行的操作票、地线使用组数及位置。

⑨ 检查中央信号、直流系统、电容补偿装置、继电保护的运行及变更情况；试验中央信号系统运行是否良好。

⑩ 检查各种记录、技术资料、安全用具、消防器材、工具、仪表、备品备件、钥匙及环境卫生等项内容。

⑪ 核实上级领导指示的执行情况。

接班人员对以上各项内容进行检查确认无问题，交接双方在值班记录上签字后，交接方可结束。

(3) 巡视检查制度

① 值班人员应按规定的巡视周期、巡视路线、巡视时间、巡视内容以及相关要求对配电室进行全面巡视检查；巡视周期按所在单位现场《电气运行规程》规定执行。巡视内容根据现场运行规程规定的项目进行检查。

② 配电室巡视检查分为周期性和特殊性两种；周期性巡视检查即正常情况下，由值班员定期进行的巡视和检查。

③ 凡是运行、备用或停用的设备，无论是否带电压，都应同运行设备一样进行定期巡视和维护。

④ 巡视时，在安全的情况下，做到眼看、耳听、鼻嗅，确切掌握设备运行情况。

⑤ 用电高峰期间，应巡视低压进线柜总电流及大负荷设备情况，高压柜电流及设备情况，变压器温度和温升是否在正常范围内，做到勤观察、勤记录，有异常情况及时上报并采取相应措施。

⑥ 特殊性巡视检查。

气温骤变：如大风、雷雨、冰雹、炎夏时；出现过负荷信号时；出现超温或过载时。

值班人员进行巡视后，应将巡视时间、范围、异常情况记录在值班记录中。每次巡视检查中发现的设备缺陷及其发展情况应及时记录到缺陷记录簿中，并报告负责人。巡视检查时应保证人员和设备的安全。

(4) 设备缺陷管理制度

① 运行中的变配电设备发生异常，虽能正常使用，但影响安全运行，均称为设备缺陷。缺陷可分为三大类，介绍如下。

危急缺陷：缺陷的程度已使设备不能继续安全运行，随时可能导致发生事故或危及人身安全，必须尽快消除或采取必要的安全技术措施进行临时处理；

严重缺陷：对人身和设备严重威胁，不及时处理有可能造成事故；

一般缺陷：对运行虽有影响但尚能坚持运行。

② 值班人员发现缺陷后，无论消除与否应认真做好记录，并立即向有关领导汇报。严重缺陷应及时消除或采取措施，防止造成事故，并上报主管部门。对于一般缺陷可以列入计划进行处理。

③ 有关领导应定期检查设备缺陷消除情况，对未消除者应尽快处理。

④ 应做好缺陷统计分析工作，为运行分析工作提供依据，便于安排下一阶段的维护、维修工作。

⑤ 应做好电气设备缺陷的管理工作，配电室应备有设备台账和缺陷登记簿，并做到每台设备的台账（含设备及缺陷台账）有专人管理。

⑥ 设备缺陷消除后，及时在记录簿上作相应的消缺记录。

(5) 变（配）电室设备验收制度

① 新建、扩建、改建、大小修及预防性试验后的一、二次系统设备，必须经过验收合格、手续完备，方可投入系统运行。

② 新建、扩建、改建、大小修及预防性试验的设备验收，均应按现行国家标准、行业标准、地区标准有关部分进行。

③ 设备的安装或检修，在施工过程中，需要中间验收时，变（配）电室负责人应指定专人配合进行，其隐蔽部分，应做好记录；中间验收项目，应由变（配）电室负责人与施工检修单位共同商定。

④ 电气设备大小修、预防性试验、继电保护、仪表校验后，应由有关修、试人员将情况记入记录本中，并注明是否可以投入运行，无疑后方可办理完工手续。

(6) 变（配）电室运行维护制度

① 值班人员除正常工作外，还应制订月、季、年维护计划或定期维护项目周期表。

② 变配电室运行维护主要工作项目包括：控制盘清扫；信号灯更换；带电测温；交、直流熔断器的定期检查；设备标识的更新、修改；安全用具的整修；电缆沟孔洞的堵塞等。

③ 应按规定时间对运行设备的绝缘情况进行维护和测试，并对安全用具按其有效期进行试验。

④ 变配电室应根据有关规定储备适量的备品备件、消耗材料并定期进行检查补充。

⑤ 根据工作需要，变配电室应备足各种合格的安全用具、仪表、防护用具和急救医药箱，定期进行试验、检查。

⑥ 现场设置各种必要的消防器具，值班人员应掌握使用方法并定期进行演习，还应经常检查保持完好。

⑦ 变配电室的一般工具，均应有登记簿，并应进行定期检查和试验。

⑧ 变配电室的易燃、易爆物品、油罐、有毒物品、放射性物品、酸碱性物品等，应放置专门场所，并明确管理人员，制定管理措施。

2. 值班规程

① 必须遵守电工作业一般规定，熟悉供电系统和配电室各种设备的性能和操作方法，并具备在异常情况下采取措施的能力。

② 严禁脱岗，必须严格执行值班制度、交接班制度、巡视检查制度等各项制度规定。

③ 高压变配电室值班必须遵守高压配电装置运行规程。

④ 不论高压设备带电与否，值班人员不得单人移开或越过遮栏进行工作。若有必要移开遮栏时必须有监护人在场，并使之符合设备不停电时的安全距离。

⑤ 雷雨天气需要巡视室外高压设备时，应穿绝缘靴且不得靠近避雷器与避雷针。

⑥ 巡视配电装置，进出高压室，必须随手将门带好。

⑦ 与供电单位联系，进行停、送电倒闸操作时，值班负责人必须将联系内容和联系人姓名复诵、核对无误，并且作好记录。

⑧ 停电拉闸操作必须按照断路器、负荷侧刀闸、母线侧刀闸的顺序依次操作，送电合闸的顺序与此相反。严防带负荷拉闸。

⑨ 高压设备和大容量低压总盘上的倒闸操作，必须由两人执行，并由对设备更为熟悉的一人担任监护。

⑩ 用绝缘棒拉合高压刀闸或经传动机构拉合高压刀闸，都应戴防护眼镜和绝缘手套。雨天操作室外高压设备时，绝缘棒应有防雨罩，还应穿绝缘靴站在绝缘站台上。出现雷电时，禁止进行倒闸操作。

⑪ 装卸高压熔断器时，应戴防护眼镜和绝缘手套，必要时使用绝缘夹钳，并站在绝缘垫或绝缘台上。

⑫ 电气设备停电后，在未拉闸和做好安全措施以前应视为有电，不得触及设备或进入遮栏，以防突然来电。

⑬ 施工和检修需要停电或部分停电时，值班人员应该按照操作票要求，做好安全措施，包括停电、验电、装设临时接地线、开关加锁、装设遮栏和悬挂警示牌，会同工作负责人现场检查确认无电，并交待附近带电设备位置和注意事项，然后双方办理许可开工签证，方可开始工作。

⑭ 工作结束时，工作人员撤离，工作负责人应向值班人员交待清楚，并共同检查，双方办理工作终结签证，然后值班人员才可拆除安全措施，恢复送电。严禁约时停、送电。在未办理工作终结手续前，值班人员不准将施工设备合闸送电。

⑮ 高压设备停电工作时，与工作人员工作中正常活动范围的距离小于规定的安全距离的设备必须停电，距离大于规定安全距离的设备必须在与带电部分之间装设牢固的临时遮栏，否则必须停电。带电部分若在工作人员的后面或两侧而无可靠措施时，也必须停电。

⑯ 停电时必须切断各回路可能来电的电源，不能只拉开断路器就进行工作，而必须拉开隔离开关，使各回路至少有一个明显的断开点。变压器与电压互感器必须从高低压两侧断开；电压互感器的一、二次侧熔断器都要取下；断路器的操作电源要断开；隔离开关的操作把手要锁住。

⑰ 验电器必须是合格产品，而且必须与电压等级相适应，在检修设备进出线两侧分别验电。验电前应先在有电设备上试验以证明验电器良好。高压设备的验电必须戴绝缘手套。

⑱ 当验明设备确已无电压后，应立即将检修设备用导体接地并互相短路。对可能送电至停电设备的各回路或可能产生感应电压的部分都要装设接地线。接地线应用多股裸软铜线（或带透明护套的绝缘线），截面积不得小于 $25mm^2$。接地线必须使用专用的线夹固定在导体上，严禁用缠绕的方法进行接地和短路。装设接地线时必须先接好接地端，后接导体端，拆除时的顺序与此相反。装拆接地线都应使用绝缘棒并戴绝缘手套。装拆工作必须由两人进行。不许检修人员自行装拆和变动接地线。接地线应编号并放在固定地点。装拆接地线应做好记录，并在交接班时交待清楚。

⑲ 在电容器组回路上工作时必须将电容器逐个对地放电。

⑳ 在一经合闸即可送电到工作地点的断路器和隔离开关操作把手上都应悬挂“禁止合闸，有人工作”的警示牌。工作地点两旁、对面的带电设备遮栏上以及禁止通行的过道上应悬挂“止步，高压危险”的警示牌。工作地点应悬挂“在此地工作”的警示牌。

㉑ 在低压带电设备附近巡视、检查时，必须满足安全距离，带电设备只能在工作人员的前面或一侧，否则应停电进行。

㉒ 在带电的电流互感器二次回路上工作时，要严防电流互感器二次开路产生高电压。断开电流回路时，必须在电流互感器二次侧的专用端子上使用短路片或短路线将之短路。严禁用导线缠绕。工作中不得将回路的永久接地点断开。工作时必须有专人监护，应使用绝缘工具，并站在绝缘垫上。

㉓ 发生人身触电事故和火灾事故时，值班人员可不经许可立即按操作程序断开有关设备的电源，以便进行抢救，但事后必须即刻报告上级，并做好记录。

㉔ 电器设备发生火灾时，应该用二氧化碳灭火器或 1211 灭火器扑救。变压器着火时，只有在周围全部停电后才能用泡沫灭火器扑救。变配电室门窗及电缆沟入口处应加设网栏，防止小动物进入。

3. 抄表工作

变配电所主要装有电流表、电压表、三相有功电度表（三相有功电能表）、三相无功电度表（三相无功电能表）、功率因数表、有功功率表、无功功率表、主变压器的温度表等。这些仪表中有功电度表和无功电度表是计量仪表，其余是指示仪表。运行中应按时抄录指示仪表的数据，定时抄录计量仪表的数据，以了解负荷运行情况和电能消耗情况。

抄表工作应按规定时间准时抄录，按抄表纸先后次序抄表，注意抄录的仪表指示值是否在正常范围内，与以往数据相比是否有巨大变化。如果过负荷运行，需要增加抄表次数；如果有巨大变化，应查找原因。

（1）交流电流表

用在各进出线回路中，测量各负荷电流的大小。交流电流表通常接在电流互感器的二次侧。

（2）交流电压表

用在交流各电压等级的母线上，监视各段母线的电压值。通常用一只交流电压表经转换开关测量三相线电压，接在隔离开关与断路器之间。

（3）功率因数表

监视变配电所功率因数的高低，建筑变配电所通常安装在低压电容器柜面板上。

（4）有功功率表

用在交流各进出线回路中，监视各回路负荷的有功功率。

(5) 无功功率表

用在交流进线回路中，监视变配电所无功功率大小。

(6) 直流电流表和直流电压表

用在直流系统中，监视直流回路负荷电流、母线电压大小。

(7) 三相有功电度表

用于计量变配电所消耗的电能，交纳电费。高供高计（高压侧供电，高压侧计量，无变压器损耗）时，其实际耗电量要同时考虑电压倍率和电流倍率；高供低计（高压侧供电，低压侧计量，有变压器损耗）时，其实际耗电量要考虑电流倍率。

(8) 三相无功电度表

计量变配电所的无功消耗，用于计算变配电所的功率因数。当计算的功率因数大于供电公司规定值时，无功电能不收取电费，还会按照规定少收有功电能的电费；当功率因数低于供电公司规定值时，无功电能要收取电费（即罚款）。对于上述高供低计变配电所，计算功率因数时，要按规定加收变压器损耗。

$$\cos\varphi_{av} = \frac{W_P}{\sqrt{W_P^2 + W_Q^2}} = \frac{1}{\sqrt{1 + \left(\frac{W_Q}{W_P}\right)^2}}$$

式中 W_P——月消耗有功电能数（kW·h）；

W_Q——月消耗无功电能数（kVar·h）。

4. 倒闸工作

在变配电所运行中的电气设备，常会遇到检修、试验、消除设备缺陷的工作，这就需要改变设备的运行状态或系统的运行方式。电气设备分为运行、备用（冷备用及热备用）、检修三种状态。通过操作隔离开关、断路器以及挂、拆接地线将电气设备从一种状态转换为另一种状态或使系统改变运行方式，这一过程叫倒闸。这种操作叫倒闸操作。

倒闸操作的内容，主要是指拉合某些断路器和隔离开关，拉合某些断路器的操作熔断器和合闸熔断器，投切某些继电保护装置和自动装置或改变其整定值，拆装临时接地线等。

(1) 电气设备的工作状态类型

1) 运行状态

指从该设备电源至受电端的电路接通并有相应电压（无论是否带有负荷），且控制电源、继电保护及自动装置正常投入。

2) 备用状态

① 热备用状态。指该设备已具备运行条件，经一次合闸操作即可转为运行状态的状态。断路器的热备用是指其本身在断开位置、各侧隔离开关在合闸位置，设备继电保护及自动装置满足带电要求。

② 冷备用状态。指连接该设备的各侧均无安全措施，且连接该设备的各侧均有明显断开点或可判断的断开点，即断路器及两侧隔离开关均在断开位置。

3) 检修状态

指连接设备的各侧均有明显的断开点或可判断的断开点，并且悬挂“有人工作，禁止合闸”等警告牌，还装设有临时遮栏并安装临时接地线，处于停电检修的状态。

(2) 电气设备的名称、编号的规定

为了便于操作管理，保证操作的正确性，按照有关规定，设备需配以双重名称：一部分主要由电压等级和文字构成，简称“文字名称”。另一部分主要由阿拉伯数字和英文字母构成，简称“数字名称”。一般情况下，设备的数字名称由调度部门编制好后下发执行，而文字名称则由各管理部门负责现场命名。设备双重名称就是一个双保险，在操作中，认真核对设备名称和编号，才能不发生误操作事件。如图5-2中编号211的断路器，指10kV母线分段4#段母线上第一路出线开关；211－4指母线侧隔离开关，211－2指线路或变压器侧隔离开关。编号221的断路器，指10kV母线分段5#段母线上第一路出线开关；221－5指母线侧隔离开关，221－2指线路或变压器侧隔离开关。

(3) 电气设备的操作

1) 断路器的操作

① 一般情况下断路器不允许带负载手动合闸。因为手动合闸速度慢，易产生电弧灼烧触头而使触头损坏，但特殊需要时除外。

② 断路器拉合闸后，应先查看有关的信号装置和测量仪表的指示，以判断断路器动作的正确性，而且还应到现场查看其实际开、合位置。

③ 断路器合闸送电或跳闸后试送时，工作人员应远离现场，以免带故障合闸造成断路器损坏时，发生意外。

④ 拒绝拉闸或保护拒绝跳闸的断路器，不得投入运行或列为备用。

2) 隔离开关的操作

① 手动闭合高压隔离开关时，开始要缓慢，当刀片接近刀嘴时，应迅速合闸，但在合到底时不能用力过猛，以免引起冲击，导致合过头或损坏支持绝缘子。如果刚闭合隔离开关就发生电弧，应将开关迅速合上，严禁往回拉，否则，将会使弧光扩大，使设备损坏更严重。误合闸隔离开关时，只能用断路器切断回路后，才允许将隔离开关拉开。

② 手动拉开高压隔离开关时，应按“慢－快－慢”的过程进行。刚开始慢，便于观察有无电弧，如有电弧，应立即合上，停止操作，并查明原因。如无电弧，则迅速拉开。当隔离开关快要全部拉开时，应稍慢些，以防冲击绝缘子。

切断空载变压器、小容量的变压器、空载线路和拉系统环路等时，虽有电弧产生，也应果断而迅速地拉开，促使电弧迅速熄灭。

③ 单相隔离开关拉闸时，先拉中相，后拉边相；合闸操作则相反。

④ 隔离开关拉合后，应到现场检查其实际位置；检修后的隔离开关，应保持在断开位置。

⑤ 当高压断路器与高压隔离开关在线路中串联使用时，应按顺序进行倒闸操作，合闸时应先合隔离开关，再合断路器；拉闸时应先拉开断路器，再拉隔离开关。

(4) 验电操作

1) 验电准备

验电前，必须根据所检验的系统电压等级选择电压相配的验电器。

2) 一般验电

不必直接接触带电导体，验电器只要靠近导体一定距离，就会发光。

3) 验电的要求

① 对验电的设备，在验电前必须按照规程规定进行检查，合格后才能使用。

② 为防止验电时操作人员触电，必须有人监护。操作人员必须戴绝缘手套并穿绝缘靴，所有被验电的设备都应视为带电。

③ 表示设备断开的信号、标志、电压、电流无指示，只能作为无电的参考，不能作为无电的依据。

④ 对停电设备或线路应逐相逐侧验电，防止应拉开的开关未全部断开。

⑤ 对多层电力线路验电时，先验低压，后验高压；先验下层，后验上层。

(5) 装设接地线

1) 接地线的装设位置

① 可能送电到停电检修设备的地方均要安装接地线。

② 停电设备可能产生感应电压的地方应挂地线。

③ 检修母线时，母线长度在10m及以下，可装设一组接地线。

④ 在电气上不相连接的几个检修部位，如以隔离开关、断路器分成的几段，各段应分别验电后，进行接地短路。

⑤ 在室内，短路端应装在装置导电部分的规定地点，接地端应装在接地网的接头上。

2) 接地线的装设方法

接地线装设必须由两人进行，一人操作，一人监护；装设时，应先检查地线，然后将良好的接地线接到接地网的接头上。

3) 装设接地线的要求如下：

① 装设临时接地线时，应戴绝缘手套，使用绝缘棒，先接接地端，后接导体端；拆除临时接地线时顺序相反。

② 临时接地线与被检修设备之间，不允许用开关将保险隔开，防止感应电压。

③ 工作人员应处在临时接地线之间，应能看到临时接地线，且临时地线应尽量悬挂在靠近工作地点处。

④ 临时地线必须用专用线夹固定在导体上，禁止用缠绕的方法。

⑤ 接地线每次使用前必须进行检查，不符合规定的接地线禁止使用。接地线应采用多股软裸铜导线（或带透明护套的绝缘线），截面积应符合短路电流热稳定要求，最小截面积不小于$25mm^2$。

⑥ 带有电容的设备，悬挂接地线之前，应先放电。

(6) 倒闸操作步骤

① 发布和接受任务。

② 填写操作票。

③ 审核批准操作票。

④ 发布接受操作命令。

⑤ 操作预演。

⑥ 核对设备。

⑦ 高声唱票及逐项勾票操作。

⑧ 检查操作的正确性。

⑨ 汇报操作的结束。

⑩ 签销操作票，复查评价。

（7）操作票填写与执行

对1000V以上的电气设备进行倒闸操作时，均应填写操作票，操作票样例见表5-1。填写操作票必须以命令或许可作为依据，命令的形式有书面命令和口头命令。操作票是运行值班人员执行倒闸操作的书面命令。在全部停电或部分停电的电气设备上工作，必须执行操作票制度，该制度是防止错误操作（如错拉、错合、带负荷拉隔离开关、带接地线合闸等操作）造成人身伤亡及系统停电事故的主要措施之一。

各单位操作票的样式会有不同，但其上的内容基本相同，包括填写操作票的日期、操作票编号、发令人、受令人、发令时间、操作开始时间、操作结束时间、操作任务、操作顺序、操作项目、操作人、监护人及备注等。倒闸操作必须经主管部门批准，必须有电气负责人的许可和命令才能填写操作票进行操作。室内进行倒闸操作必须戴绝缘手套，室外进行倒闸操作时还应穿绝缘靴。变配电所倒闸操作票见表5-1。

表5-1 变配电所倒闸操作票 编号：

操作开始时间： 年 月 日 时 分		操作结束时间： 日 时 分
操作任务：		
√	操作顺序	操 作 项 目
备注：		
操作人：		监护人：

1）填写操作票的有关规定

① 操作票应按顺序填写，不能颠倒、涂改，应用黑色或蓝色笔，禁止使用铅笔和红色笔，字迹要清晰。

② 操作票应由操作人员填写，每张操作票只能填写一项操作任务，每一步操作填写一行。当一页操作票不能满足填写一个操作任务时，可以在第一页操作票最下面一行填写“下接×××号操作票字样”。

③ 填写操作票有以下主要项目：拉合开关；拉合开关后的检查；挂拆地线前进行验电；挂拆接地线；装取熔断器；检查电源、电压等。

④ 操作开始时间和结束时间，即正式开始进行操作的时间和操作步骤的最后一步结束的时间，由监护人填写在操作票上，具体到“时”、“分”。

⑤ 填写操作票时，应在最后一步操作项目下面的空格内加盖字样为“以下空白”的章。

⑥ 操作票由上级主管部门（或变配电所技术负责人）预先统一编号，顺序使用。未编号的不准使用，领用操作票时应登记。

⑦ 已操作过的操作票应注明“已执行”，对已经执行的操作票，保存期限至少为3个月。填写错误作废的或未执行的要盖“作废”章，并注明原因。

2）操作票执行的有关规定

① 倒闸操作必须由两人执行，监护人的安全技术等级应高于操作人。

② 在正式操作前，应根据操作票内容和顺序在模拟板上进行核对性操作，其目的是检查操作票是否正确。

③ 模拟操作后，经核对检查没有错误，监护人、操作人双方在操作票上签字后才能执行。

④ 操作时，应先检查断路器或隔离开关的原来拉、合位，并检查是否与操作票所填写的一致。

⑤ 操作中，应认真执行监护制、复诵制，监护人唱票后，操作人应面对要操作设备的编号复诵，监护人认为正确无误后，发布允许操作命令，然后操作人执行实际操作。

⑥ 每操作完成一步应检查操作质量，合格后由监护人员在此项操作项目编号前划“√”。

⑦ 操作人员在执行操作票的过程中，发现操作票上填写的内容有错误，应拒绝执行，同时，应立即向调度员或监护人报告，提出不能执行的理由，并指出错误之处，但不可私自涂改。现场监护人得到操作人所提出的不能执行的理由后，应该立即与现场实际情况核对，经检查证明确实有误后，同意操作人重新填写正确的操作票，才可进行操作。

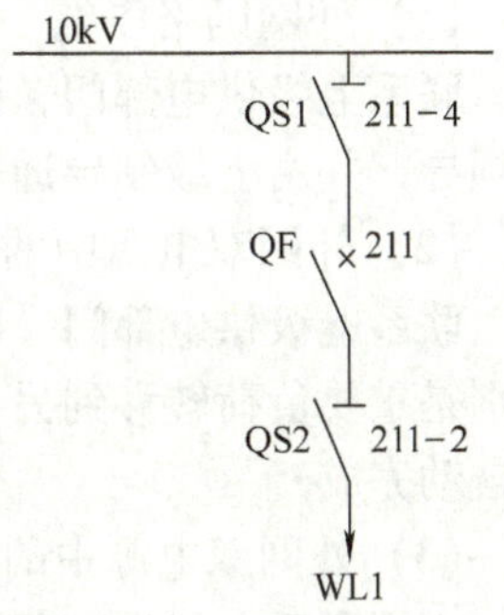

图5-1　某10kV线路

例题　如图5-1所示，某10kV WL1线路由运行改检修（停电）操作票。某线路倒闸操作票见表5-2。

表5-2　某线路倒闸操作票

操作开始时间：2010年2月20日9时30分		操作结束时间：20日9时50分
操作任务：10kV　WL1线路由运行改检修		
√	操作顺序	操　作　项　目
	(1)	拉开WL1线路断路器211
	(2)	检查WL1线路断路器211确在开位，开关盘表计指示正确
	(3)	取下WL1线路断路器211操作熔断器
	(4)	拉开WL1线路侧隔离开关211－2
	(5)	检查WL1线路侧隔离开关211－2确在开位
	(6)	拉开WL1线路母线侧隔离开关211－4
	(7)	检查WL1线路母线侧隔离开关211－4确在开位
	(8)	取下WL1线路断路器211合闸熔断器
	(9)	在WL1线路断路器211至隔离开关211－4间三相验电确无电压
	(10)	在WL1线路断路器211至隔离开关211－4间装设1号接地线一组

（续）

√	操作顺序	操 作 项 目
	（11）	在 WL1 线路断路器 211 至隔离开关 211－2 间三相验电确无电压
	（12）	在 WL1 线路断路器 211 至隔离开关 211－2 间装设 2 号接地线一组
	（13）	在 WL1 线路的操作把手上挂“禁止合闸，线路有人工作”的标示牌
		以下空白
备注：		已执行章
操作人：张三		监护人：李四

5. 变配电所应急方案（以图 5-2 为例）

变配电所发生外网停电及电气设备事故时，值班人员应按照应急方案处理，应做到尽快限制事故发展，切除事故根源；记录事故发生时间、表记和信号指示、开关及保护动作等情况。处理完后应填写事故报告，并及时、准确、清楚地将有关情况报告上级主管部门。

（1）外网闪络停电

联系上级供电部门，确定供电系统无故障，立即按倒闸操作规程合闸送电，及时汇报主管领导，并由上级领导通知相关部门。恢复送电后应巡视各区域供电情况。

（2）外网双电源中的一路电源事故停电

联系上级供电部门，确定供电系统故障，应立即进行切换操作（即倒闸操作），将负荷特别是重要负荷转移到另一路电源上（若备用电源线路上装有电源自动投入装置则切换操作自动完成）。

（3）外网双电源中的两路电源同时停电

立即联系上级供电部门，询问停电原因及停电时间。同时报告上级主管领导，如有自备发电机组，立即起动向重要设备供电。如没有自备发电机组，应立即通知协调有关部门做好应急疏散或安抚工作。

（4）重大事故低压主开关跳闸

当发生重大事故引起配电室低压主开关（401、402）跳闸时，应立即赶到事故现场，立即调查事故原因。拉开事故现场分开关，合配电室低压主开关（401、402），切除事故区域，恢复其他设备供电，及时报告上级主管领导，做好情况记录，填写事故报告。

（5）变配电室发生火灾应急处置

当变配电室发生火灾时，值班人员应确认火情准确位置立即切断电源，使用干粉灭火器或二氧化碳灭火器灭火，汇报主管领导。如火情无法控制，在征得主管领导同意后拨打火警电话 119 报警。扑灭火情后尽快采取各种办法及时恢复供电。对发生火情设备全面检查，写出事故火情的分析报告。

（6）变配电室发生水浸应急处置

当变配电室被水浸时，值班人员应先拉开电源开关。进水阻止后，组织排水并进行电气设备除湿处理，经检测绝缘电阻合格后，方可开机试运行，无异常才能投入运行。

五、案例练习

1. 以下是某智能化大厦值班记录（表 5-3）和交接班记录（表 5-4）（有些智能化大厦二表合一），分析值班、交接班所需记录内容。

表 5-3　值班记录表

××-××-01

记录周期：每班　　　　　　　　　　　　　　　　　　　　　　　　2017 年

值班时间	1 月 25 日 8 时 ~1 月 25 日 20 时	班次	白班
设备状态描述：　设备运行正常			
接到的指令或通知：　无			
执行操作的内容：　无			
异常现象（原因、处理结果）：无			
交接班需说明事项： 清扫环境卫生、设备运行维护			
交班人：张三		接班人：李四	

表 5-4　交接班记录表

××-××-02

日期	2017. 1. 25	班次	白班
值班情况： （1）配电室值班、抄表 （2）巡视强电间、电梯 （3）巡视柴油机房 ……			
交接物品：　钥匙、工具齐全			
交接事项：　无			
交班人	张三	接班人	李四
交班时间	20:00	接班时间	19:50

2. 运行日志（表 5-5 和表 5-6）中有哪些物理量需要抄表？从所给的数据发现了什么规律或问题？模拟一种异常数据情况完成值班记录（表 5-3）。

表 5-5　某大厦总配电室高压运行记录

××-××-03

室内温度：________℃　　　室内湿度：________%　　　记录周期：每 2h

时间	进线一						进线二						直流屏			值班人
	电压/V			电流/A			电压/V			电流/A			电池总电压/V	电池充电电流/A	报警状态	
	AB	AC	BC	A	B	C	AB	AC	BC	A	B	C				
10：00	10. 2	10. 2	10. 2	84	83	83	10. 3	10. 3	10. 3	110	111	111	229	0	无	
12：00	10. 2	10. 2	10. 2	77	76	76	10. 2	10. 2	10. 2	110	112	111	229	0	无	
……																
20：00	10. 3	10. 3	10. 3	57	56	55	10. 4	10. 4	10. 4	76	77	76	229	0	无	
22：00	10. 2	10. 2	10. 2	48	49	48	10. 4	10. 4	10. 4	71	72	71	229	0	无	
……																
08：00	10. 2	10. 2	10. 2	51	52	52	10. 4	10. 4	10. 4	72	73	73	229	0	无	
负荷率 = 小时平均负荷/高峰负荷 =　1$^{\#}$74%、2$^{\#}$77%											异常情况记录： 无					
小时平均负荷 = 全日总用电量/24h = 1$^{\#}$1108kW/h、2$^{\#}$1523kW/h																
进线一负荷率 14%；　　进线二负荷率 19%																
总负荷率 16%																

201×年×月×日

表 5-6 低配运行记录

记录周期：每 2h（无人值守的为每周） ××-××-04

记录时间	1号变压器（2000kV·A）				2号变压器（2000kV·A）												值班人
	电压/V	电流/A	功率因数/cosφ	温度/℃	电压/V	电流/A	功率因数/cosφ	温度/℃									
10:00	384	925	0.95	66.3	385	888	0.96	73.1									
12:00	384	871	0.94	66.1	383	902	0.97	72.8									
……																	
20:00	387	825	0.95	64.6	395	785	0.96	70.3									
22:00	390	727	0.96	64.1	395	723	0.97	70.3									
……																	
08:00	383	870	0.95	67.1	384	877	0.96	70.9									

异常情况记录：

无

记录人：

201×年×月×日

3. 根据停送电申请表（表 5-7）和所给系统模拟板图（图 5-2），填写倒闸操作票。

表 5-7 停送电申请表

××-××-05

1. 停送电设备及名称：10kV 1#电源 201 由运行转冷备用，2#电源 202 带全站负荷。原运行方式：201 受电带 10kV 4#母线；202 受电带 10kV 5#母线；1#变、2#变分列运行；211、221、401、402 合位；245、445 冷备用。

操作终结运行方式：202 受电带 10kV 4#、5#母线；1#变、2#变分列运行；202、211、221、245、401、402 合位；201、201-4 分位；445 冷备用。

2. 停、送电原因： 1#电源 201 检修

3. 停、送电线路编号： 201、211

4. 要求停送电时间： 2017 年 1 月 9 日 12 时 00 分

申请人签字：

王五

专业工程师意见：

陈一

____年____月____日

领导意见：

赵六

____年____月____日

变配电室操作时间： 2017 年 1 月 9 日 12 时 05 分

操作员签字： 张三

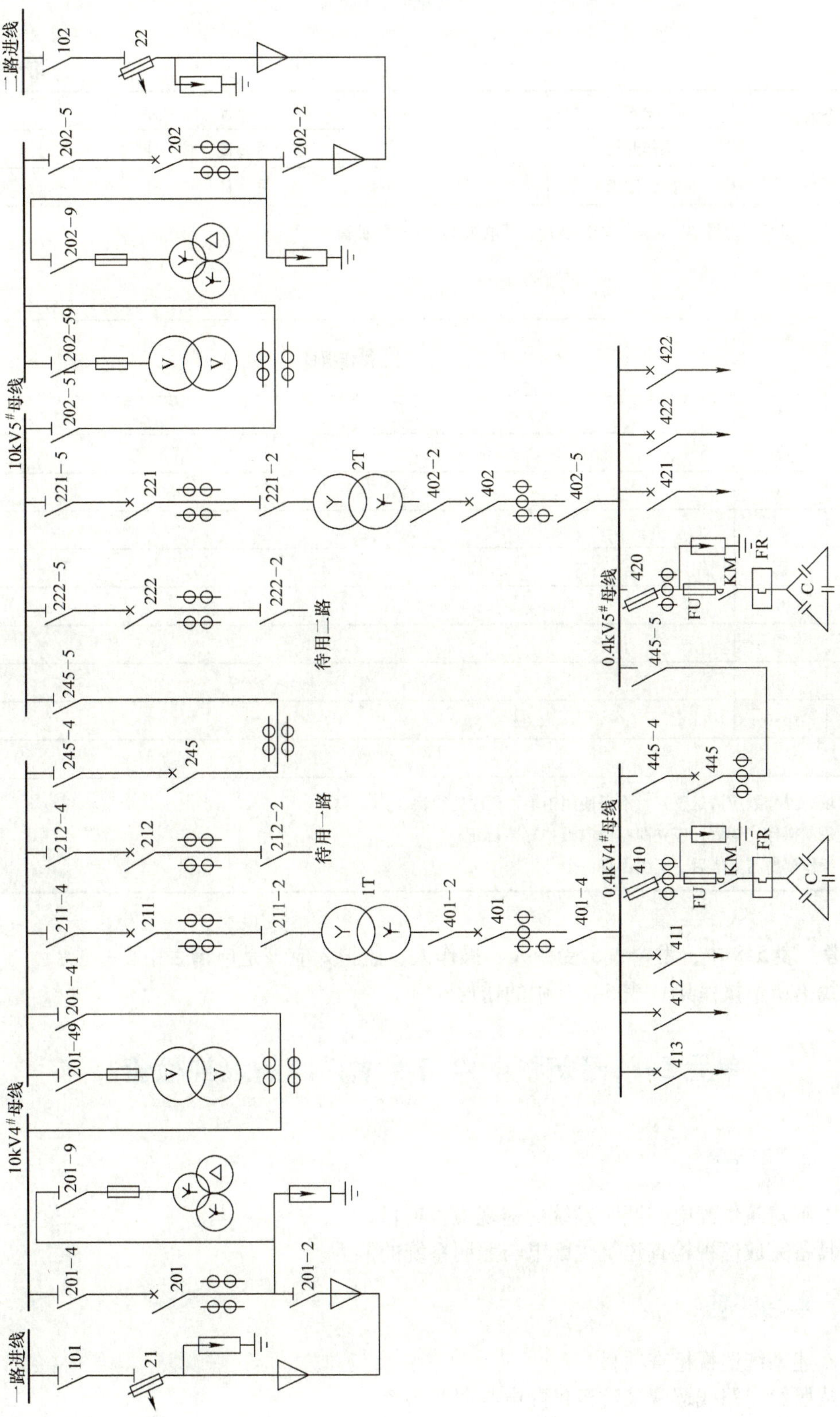

图5-2　高压固定柜系统模拟板图

表5-8 ××大厦配电室倒闸操作票

××－××－06

第 号

发令人：	下令时间	年 月 日 时 分
	操作开始	年 月 日 时 分
受令人：	操作结束	年 月 日 时 分

操作任务：10kV 1#电源201由运行转冷备用，2#电源202带全站负荷

√	操作顺序	操作项目
	①	
	②	
	③	
	④	
	⑤	
	⑥	
	⑦	
	⑧	
	……	
操作人：		监护人：

注：1. 填写操作票应清楚整齐，不得使用铅笔，更改处须签章；
2. 每项操作完毕后，应立即在格内画“√”标记；
3. 操作票执行完毕后，至少保存三个月

思考：表5-8中，发令人、受令人、操作人、监护人应该是申请表中哪一位？

4. 找出所给操作票（表5-8）中的错误。

单元14 建筑供配电与照明系统的巡视检查

一、学习目标

① 了解建筑供配电与照明系统的巡视检查项目。
② 具备完成巡视检查建筑供配电与照明系统的能力。

二、学习任务

① 叙述系统巡视检查项目。
② 按照给定路线巡视某建筑供配电与照明系统。
③ 实际测量某建筑物接地电阻值，确定是否满足要求。

三、学习工具

教材、教参和仪表。

四、背景知识

1. 巡视检查工作

电气设备的巡视检查工作，是变配电所值班人员日常最重要的工作。通过对变配电设备的巡视检查，及时发现设备运行中出现的缺陷、异常情况，并尽早采取相应措施防止事故的发生和扩大，从而保证变配电所能够安全可靠地供电。目前民用建筑变配电所仍然以三班轮换的值班制度为主，有高压设备的变配电所，为确保安全，至少应有两人值班。高压变配电所值班人员应每天定期巡查。

变配电所的巡视检查方法有看、听、闻、摸和测。

看包括看外形和看仪表。看外形，指对运行设备可见部位的外观变化进行观察，发现设备的异常现象（如变色、变形、位移、破裂、松动、打火冒烟、断股断线、闪络痕迹等）；看仪表指查看仪表的读数是否超出正常范围。

听包括听与平常不一样的声音和听正常时没有的声音。变压器、互感器、继电器正常运行通过交流电时，其线圈铁心会发出均匀节律和一定响度的嗡嗡声，如发出响声增大的噪声，就是不正常的。有的声音在设备正常运行时是没有的，比如噼啪的放电声等。

闻指闻空气中有无异味，因为电气设备的绝缘材料过热会使周围的空气产生一种异味。

摸指用手摸设备的绝缘部分；测指用温度计（接触或不接触）测量电气设备的温度；发现运行中的电气设备的温度过高，应及时处理。

注意，巡视时应保持与电气设备的安全距离，严禁触摸带电设备；巡视时一般不处理发现的故障，如发现故障应及时汇报。

2. 电力变压器的巡视检查

电力变压器是变配电所内最重要的设备，其构造简单，运行可靠性较高。民用建筑变配电所一般采用树脂绝缘的干式变压器，小容量靠自然风冷，大容量靠风机冷却，对负荷的承受能力不如油变压器，所以一般干式变压器应在额定容量下运行。

（1）变压器的正常运行

1）允许温度

变压器在运行中，电能在铁心和绕组中以热量的形式损耗，引起各部位发热，使变压器温度升高，热量向周围辐射传导，当发热和散热达到平衡状态时，各部位温度趋于稳定。

2）允许温升

变压器温度与周围空气温度的差值就是变压器的温升。

变压器正常运行时，温度及其温升不能超过规定值。GB 1094.11—2007《电力变压器 第11部分：干式变压器》对干式变压器的极限温度和温升限值做了规定。对干式变压器的线圈，当采用A级绝缘材料时，其极限工作温度在105℃时，最高温升应小于60K；当采用E级绝缘材料时，其极限工作温度在120℃时，最高温升应小于75K；当采用B级绝缘材料时，其极限工作温度在130℃时，最高温升应小于80K；当采用F级绝缘材料时，其极限工作温度在155℃时，最高温升应小于100K；当采用H级绝缘材料时，其极限工作温度在180℃时，最高温升应小于125K；当采用C级绝缘材料时，其极限工作温度在220℃时，最高温升应小于150K。现在大多数干式变压器都采用H级绝缘材料，故变压器允许温度应在180℃以下。一般当变压器温度上升到110°C时，风扇自起，降至80°C时风扇自停。

3）过负荷运行

变压器的过负荷能力是指它在较短时间内所能输出的最大容量。它可能大于变压器的额定容量。变压器的过负荷能力分为正常过负荷和事故过负荷。

变压器在正常运行时允许过负荷，这是因为变压器在一昼夜内、一年内的负荷，有时是高峰，有时是低谷，低谷时变压器在较低温度下运行，因此在不影响变压器寿命和绝缘的前提下，允许变压器在高峰负荷及冬季时过负荷运行。

当电力系统或用户变电所发生事故时，为保证对重要设备的连续供电，变压器允许短时间过负荷的能力，称为事故过负荷能力。事故过负荷会引起变压器绕组绝缘温度超过允许值，加速绝缘老化，缩短变压器的使用寿命，所以只有在停电造成的损失很大时，才允许短时应用，并且不能造成变压器绝缘的显著损坏。

变压器的正常过负荷能力可以经常使用，而事故过负荷能力只允许在事故情况下使用。在过负荷运行中应密切注意变化，切忌因温升过高而损坏绝缘，导致无法恢复运行。

（2）变压器的巡视检查

变配电所的值班人员，应根据控制盘或开关柜上的有关仪表信号来监视变压器的运行情况，并每小时抄表一次。如果变压器在过负荷下运行，则至少每半小时抄表一次。安装在变压器上的温度计，于巡视时检视和记录。巡视检查时，必须遵守安全操作规程，与带电部分保持一定的安全距离。

1）变压器巡视检查周期

变压器应定期进行外部检查，每天至少检查一次，每周至少进行夜间检查一次。在一些特殊情况下，如新变压器或经过检修、改造的变压器在投运72h内，有严重缺陷，在雷雨季节、高温季节、高峰负荷期间等特殊情况下，应进行特殊巡视检查，并做好专门记录。

2）变压器巡视检查项目

① 变压器的温度是否正常。

② 变压器套管外部有无破损裂纹，有无放电痕迹及其他异常现象。

③ 变压器声音是否为正常的均匀的嗡嗡声。如果声音较平常沉重，说明变压器过负荷；如果声音尖锐，说明电源电压过高。

④ 变压器温度达到设定起动值时，风扇是否运转正常。在负荷小、变压器风机不自起动情况下，每周应手动起动风机1次，检查其是否正常。

⑤ 变压器的引线接头、电缆和母线有无过热迹象，有载分接开关的分接位置及电压指示是否正常。

⑥ 变压器的接地线是否完好无损。

⑦ 变压器及其周围有无影响其安全运行的易燃易爆物体和异常现象。

在巡视检查中发现的异常情况，应记入专用记录簿内，重要情况应及时汇报上级，请示处理。

3. 高低压配电装置的巡视检查

（1）一般要求

配电装置应定期进行巡视检查，以便及时发现运行中出现的设备缺陷和故障，如导体接头发热、绝缘子闪络或破损等，设法采取措施予以消除。

在有人值班的变配电所内，配电装置应每班或每天进行一次外部检查。无人值班的变配电所，配电装置应至少每月检查一次。如遇短路引起开关跳闸及其他特殊情况（如雷击），应对设备进行特殊检查。

（2）巡视检查项目

① 各种二次设备如仪表、灯光信号、音响、报警信号是否正确。

② 母线、开关等设备的接头有无过热现象，由母线及其接头的外观或其温度指示装置（如变色漆、示温蜡或变色示温贴片等）的指示，判断母线及其接头的发热温度是否超出允许值。过负荷运行时应重点检查。

③ 三相负荷是否平衡，三相电压是否相同，负荷情况与仪表是否对应。

④ 绝缘子是否脏污、破损、歪斜、有无放电痕迹。

⑤ 接地装置及 PE 线或 PEN 线的连接是否良好，有无松脱、断线的情况。

⑥ 配电装置的运行状态是否符合当时的运行要求，各处悬挂的标示牌是否正确，安全措施是否到位。停电检修部分有无在其电源侧断开的开关操作手柄处悬挂“禁止合闸、有人工作”之类的标示牌，有无装设必要的临时接地线。

⑦ 配电装置内是否有多余杂物；绝缘线皮有无破损外露。

⑧ 断路器、磁力起动器和接触器的电磁吸合铁心有无噪声和线圈过热现象；各类继电器的外壳有无破损、裂纹，接点有无卡住、变形、倾斜、烧伤、脱轴脱焊等现象。熔断器的熔体是否熔断，熔管有无破损和放电痕迹。

⑨ 电容器的外壳有无膨胀变形，有无异声，放电装置运行情况是否良好，示温蜡片是否熔化。

⑩ 配电室内照明、通风及安全防火装置是否正常，室内外维护通道是否通畅，有无影响安全运行的易燃、易爆及腐蚀性物体。

在巡视检查中发现的异常情况，应记入专用记录簿内，重要情况应及时汇报上级，请示处理。

4. 线路巡视检查

现代民用建筑变配电所基本都采用电缆线路或绝缘导线配电。

（1）电缆线路巡视检查

电缆线路巡视检查应每三个月进行一次，必须全面了解电缆的敷设方式、结构布置、走线方向、电缆头位置等情况，监视其负荷大小和发热情况。如果遇到特殊环境及线路发生故障或不正常情况，应临时增加巡查次数。

（2）巡视检查项目

① 负荷电流不得超过电缆的允许电流，电缆中间接头盒及终端温度正常，不超过允许值。

② 引线与电缆头接触良好，观察示温蜡片确定引线连接点是否过热。

③ 电缆和接线盒清洁、完整，不漏油，未流绝缘膏，无破损及放电现象。

④ 检查电缆外壳外皮有无损伤、锈蚀，沿线挂钩或支架有无脱落，接地是否良好，接地线有无松脱、锈蚀、断线损坏现象。

⑤ 检查电缆终端防雷设施是否完好。

⑥ 电缆保护管正常，电缆无受压、受挤现象，电缆隧道、电缆沟、电缆夹层的通风、

照明良好，无积水；电缆井盖齐全、完整、无损。

⑦ 电缆的带电显示器及护层过电压防护器均正常。

⑧ 多根电缆并列运行时，要检查电流分配和电缆外皮温度情况，发现各根电缆的电流和温度相差较大时，应及时汇报处理，以防止负荷分配不均烧坏电缆。

（3）室内配电线路的巡视检查内容

① 检查导线的发热情况，检查线路负荷是否在允许范围内。负荷电流不得超过导线的允许载流量，否则导线会因过热而使绝缘层老化加剧，严重时可能引起火灾。

② 检查配电箱、开关电器、熔断器、二次回路仪表等的运行情况，着重检查导体连接处有无过热变色、氧化、腐蚀等情况，连线有无松脱、放电和烧毛现象。

③ 检查穿线钢管和封闭式母线槽的外壳接地是否良好。

④ 检查线路周围是否有不安全因素存在。

5. 接地、防雷装置的巡视检查

（1）外观巡视检查

外观巡视检查每年可进行一次，雷雨后应对防雷保护装置进行特殊巡视。巡视检查的主要内容包括：接闪器、引下线（或接地线）等各部分的连接是否可靠，有无机械损伤、腐蚀、锈蚀等，支撑是否牢固。对检查出的不同问题，应采用不同的修缮办法，如加固、补强、调整、涂刷保护漆膜、局部更换等，以保证其在正常状态下工作。

① 接闪器与引下线（或接地线）和接地体的连接必须牢固可靠，接地电阻值应符合规定要求，见表5-9。

表5-9 部分电力装置要求的接地电阻值

<table>
<tr><th colspan="3">接 地 类 别</th><th>接地电阻/Ω</th></tr>
<tr><td rowspan="2">TN、TT系统中变压器中性点接地</td><td colspan="2">单台容量小于100kV·A</td><td>10</td></tr>
<tr><td colspan="2">单台容量在100kV·A及以上</td><td>4</td></tr>
<tr><td rowspan="2">0.4kV、PE线重复接地</td><td colspan="2">电力设备接地电阻要求为10Ω时</td><td>30</td></tr>
<tr><td colspan="2">电力设备接地电阻要求为4Ω时</td><td>10</td></tr>
<tr><td colspan="3">IT系统中，钢筋混凝土杆、铁杆接地</td><td>50</td></tr>
<tr><td rowspan="4">柴油发电机组接地</td><td rowspan="2">中性点接地</td><td>100kV·A以下</td><td>10</td></tr>
<tr><td>100kV·A及以上</td><td>4</td></tr>
<tr><td colspan="2">防雷接地</td><td>10</td></tr>
<tr><td colspan="2">燃油系统设备及管道防静电接地</td><td>30</td></tr>
<tr><td rowspan="4">电子设备接地</td><td colspan="2">直流地</td><td>1~4</td></tr>
<tr><td colspan="2">其他交流设备的中性点接地（功率地）</td><td>4</td></tr>
<tr><td colspan="2">保护地</td><td>4</td></tr>
<tr><td colspan="2">防静电接地</td><td>30</td></tr>
<tr><td rowspan="3">建筑物用避雷带作防雷保护时</td><td colspan="2">一类防雷建筑物的防雷接地</td><td>10</td></tr>
<tr><td colspan="2">二类防雷建筑物的防雷接地</td><td>20</td></tr>
<tr><td colspan="2">三类防雷建筑物的防雷接地</td><td>30</td></tr>
<tr><td colspan="3">采用共用接地装置，且利用建筑物基础钢筋作接地装置时</td><td>1</td></tr>
</table>

② 每年雷雨季节到来之前，均应对整个系统进行检查和维护，提前作好防雷准备；在大雷雨后，应及时对系统进行检查，查看连接点是否存在松脱或断开。

③ 检查中发现引下线（或接地线）严重腐蚀，其腐蚀程度占截面积的30%以上时，应及时更换。发现接头松脱应立即紧固。

④ 高层建筑每年在雷雨季节到来前要经指定的防雷检测中心对防雷设备进行检测，不合格的应进行整改，直至合格为止。

（2）接地电阻的测量

接地电阻的测量应每年一次，主要是测量流散电阻，采用接地电阻测量仪进行测量。接地电阻测量仪也称接地绝缘电阻表，常用接地电阻测量仪有ZC－8型，如图2-84所示，使用方法如图2-85所示。

6. 设备巡视

供配电运行值班人员除巡视上述供配电系统设备与装置外，还需要巡视检查自备发电机房、电梯机房、水泵房、空调主机房、空调风机房、应急照明等重要设备设施，做好巡视检查记录。

五、案例练习

1. 依据日检记录（表5-10）列写巡视路线。

表5-10　某大厦主管日检记录

日期：　　年　月　日　　星期　　　　××－××－07

专业主管：	天气：
检查记录	
1. 劳动纪律	4. 检查数据库
2. 仪容仪表	5. 运行记录
3. 卫生情况	6. 设备运行情况
巡视记录	
巡检情况： 一、××大厦部分 □ 1. 总分配电室设备运行状况、室内卫生、照明 □ 2. B2～B4强电竖井设备运行状况、室内卫生、照明 □ 3. B2～B4风机房配电系统运行状况、照明 □ 4. 污水井配电系统运行状况 □ 5. B2～B4车场照明、消防卷帘 □ 6. 生活水、消防配电系统及设备运行状况 □ 7. 中水配电系统及设备运行状况 □ 8. 热力站配电系统及设备运行状况 □ 9. 冷机房配电系统及设备运行状况 □ 10. 外景照明灯具是否完好	□ 11. 电伴热巡检测温 □ 12. 车场出入口用电安全检查 □ 13. 保安、保洁宿舍用电安全 □ 14. 洗车房用电安全 □ 15. 职工之家用电安全 二、地下交通部分 □ 1. 总分配电室设备运行状况、室内卫生、照明 □ 2. 风机房配电系统运行状况、照明 □ 3. 污水井配电系统运行状况 □ 4. 通道照明配电系统、应急灯 □ 5. 通道出入口电伴热 □ 6. 中控室配电系统用电安全 □ 7. 卷帘门配电系统 □ 8. 消防配电系统
其他事项：	

2. 分组填写下列巡视检查表格（表5-11～表5-13），要求至少有一项不合格，并分析原因提出解决方案。

表 5-11 某大厦机房配电系统巡检记录表

××-××-08

位置： 年 月

日期	巡检时间	配电柜卫生	开关状态	仪表、指示灯	室内照明	设备状况	巡检人
1							
2							
3							
……							
30							
31							

表 5-12 某大厦强电竖井配电系统巡查表

××-××-09

位置： 年

月份	周期	巡检时间	竖井卫生	机房照明	配电设备	车场照明	备污水井	开关状态	仪表指示灯	巡检人	备注
一月	1										
	2										
	3										
	4										
二月	5										
	6										
	7										
	8										
……	9										
	10										
	11										
	12										

表 5-13 电梯机房巡检记录

××-××-10

记录周期：每周 巡检日期： 年 月 日

序号	巡检项目		____号电梯	____号电梯			巡检人
1	机房	机房锁具	____	____			
		机房卫生	____	____			
		机房标识	____	____			
		机房温度	____	____			
2	曳引机	减速箱					
		电动机					
		制动器					
3	控制柜	配电柜					
		各元器件					
4	安全工具	安全钳					
5	井道系统	导轨					
		绳头组合					
		限速器					
		电梯电缆					

注：运行正常划“√”；运行不正常划“×”，做好记录。

3. 表5-11～表5-13中三项巡视检查周期是否一样？还有哪些设备配电机房需要巡视检查？

单元15 建筑供配电与照明系统维护检修与故障处理

一、学习目标

① 理解建筑供配电与照明系统维护检修内容。
② 能进行建筑供配电与照明系统常见故障的处理。

二、学习任务

① 写出变压器、配电装置、线路的3种以上维护检修内容。
② 说出变压器、配电装置、线路、荧光灯的两种以上故障现象及处理方法。

三、学习工具

教材和教参。

四、背景知识

1. 维护检修

(1) 变压器的维护检修

在运行情况下，干式变压器通常无需维护，但需要定期停电维护清扫。

① 用清洁的压缩空气或氧气吹扫线圈表面、线圈内部、线圈与铁心之间的灰尘和异物；铁心、夹件表面和各缝隙；风机各部分（注意：不可用潮湿的物体擦拭变压器本体，以免降低绝缘水平）。

② 对各螺栓进行紧固。

③ 检查变压器外壳有无损伤，套管有无裂纹，导线有无松动及有无其他的异常状态，并消除发现的缺陷。检查夹件表面涂层，如有破损，采用同色油漆修补。

④ 检查接地电阻值是否符合规定值。

⑤ 预防性试验。干式变压器的定期试验周期一般3～5年，试验项目见表5-14。

表5-14 干式变压器的预防性试验项目

序号	项目	要求
1	绕组直流电阻测试	与以前相同部位测得值比较，其变化不应大于2%
2	绕组绝缘电阻吸收比的测试	绝缘电阻换算至同一温度下，与前一次测试相比无明显变化，吸收比不低于1.3
3	交流耐压试验	按出厂试验电压值的80%进行，5min
4	测温装置及其二次	回路试验密封良好，指示正常，用2500V绝缘电阻表测量，绝缘电阻值不低于1.0MΩ

(2) 配电装置的维护检修

配电装置的维护检修也应停电进行，按照维修工作量的大小及修理费用，有小修、中修、大修。小修主要是清扫、更换、修复少量易损件，作适当的调整与紧固工作，一般由维修人员负责，操作人员协助；中修是除小修内容之外，对电气设备的主要零部件进行局部修复和更换；大修是对电气设备进行局部或全体解体后，修复、更换磨损或腐蚀的零部件，力求使设备恢复到原有的技术特性。中、大修由专业检修人员负责，操作人员只做一些辅助性的工作，这里不做介绍。

1）高压真空断路器维护检修

民用建筑变配电所配电装置最常用的高压断路器是真空断路器，其日常维护量少，但200次操作后需要进行检修。

① 灭弧室真空度的检测。将开关管两触头拉至额定开距，逐渐增大触头间的工频电压，若能承受额定工频耐压1min即为合格。10kV真空开关管的额定工频耐压为42kV。试验时，如发现真空泡内有细微放电声，则表明真空度已下降。即使工频耐压试验通过，也不能作为合格产品投入运行，应立即更换。经验证明灭弧室由于工艺的欠缺致使超出自然泄漏率的现象一般发生在使用后第1~2年，因而在真空断路器投运2年后应根据运行情况决定工频耐压试验的时间是一年一次还是一年两次。有条件时，可选用真空度现场测试仪，在不拆卸真空灭弧室的情况下检测真空灭弧室的真空度，作为辅助手段。

② 真空断路器开距、超行程的调整。开距是指断路器处于分闸状态时，真空开关管两触头之间的距离。开距对绝缘性能影响很大。开距的大小由真空开关管的技术条件决定。

超行程是指当真空开关管的动触头由分闸位置运动到动静触头接触后，断路器的触头弹簧被压缩的位移。开距和超行程之和即为行程。超行程可保证触头在一定程度的磨损后仍保持一定的接触压力；可在触头闭合时提供缓冲，减少弹跳；在分闸时提供一定的初始速度。

超行程的测量方法是量出触头弹簧在分、合闸位置时的长度，将分闸时的长度减去合闸时的长度即为触头的超行程。超行程的减少，就是触头的磨损量。当触头磨损量累计超过4mm时，应更换灭弧室。

通过调节绝缘拉杆连接头与真空灭弧室动导电杆相连的带螺纹导向杆（或关节轴承）的旋入或旋出螺纹长度可以调节开距和超行程。

③ 测量真空断路器的三相同期性。三相分合闸同期性差的真空开关操作容易产生高倍的操作过电压。当三相分合闸同期性不满足要求时，调整方法同超行程。三相同期性测量可用真空开关综合测试仪或毫秒仪等测定。

④ 测量触头接触电阻。触头接触电阻与触头间的压力有关，在一定范围内，压力越大，接触电阻越小越稳定。运行中如果接触电阻增大而未及时发现，可能会发生真空泡爆炸。测量方法是压降法，即导电回路通以100A直流电流，然后测量电压降。

⑤ 操动机构的检修。在真空断路器机械结构中操动机构是最为复杂、精度要求最高的部分，直接关系到真空断路器的技术性能和机械寿命。活动的部位均应加干净的润滑油，使机构灵活，减少磨损，并及时更换已损坏或磨损严重的部件；检查所有的紧固件防止松脱，做到合闸不弹跳，分闸不反弹，动作轻巧，不卡不涩，配合紧凑。

⑥ 检查辅助和控制回路的耐压、分合闸线圈的绝缘电阻值、最低合闸电压、最低分闸电压、分合闸线圈的直流电阻等，使其满足要求。

⑦ 更换有裂纹和损坏的绝缘瓷瓶；检查开关金属构件的接地是否牢固可靠。

2）隔离开关和高压开关柜维护检修

① 外部检查隔离开关和开关柜的全部部件。

② 清理绝缘瓷瓶的灰尘。

③ 检查隔离开关动静触头，清除其烧损点及其氧化物。

④ 调节隔离开关刀片的接触面积。

⑤ 检查隔离开关和高压开关柜的接地线是否符合标准、是否牢靠，检查二次回路设备接线是否牢固，有无异常。

⑥ 检查各连接点的接触情况及母线瓷瓶支架是否牢固，并紧固各母线及电线电缆的连接螺丝。

⑦ 润滑传动机构。

3）电流互感器和电压互感器维护检修

① 检查互感器的一、二次侧接线是否紧固，清除灰尘。

② 检查铁心及二次绕组接地是否完整可靠。

③ 测量一、二次回路之间绝缘电阻。

④ 处理检查中发现的缺陷。

⑤ 检查电流互感器通电接点是否有烧焦痕迹，铁心是否有过热现象；检查电压互感器绝缘瓷瓶是否完整，清理绝缘瓷瓶的灰尘。

⑥ 检查互感器的变比。

4）低压配电屏

① 清扫配电屏及其所属设备。

② 检查导线连接是否牢固，低压断路器等开关及分路熔断器是否合适。

③ 检查接地是否可靠。

④ 检查与修理闸刀的烧坏部位。

⑤ 检查接线头有无熔化和过热现象。

⑥ 测量母线、电缆及回路绝缘电阻。

⑦ 检查各开关操作机构是否灵活，并加以调整。

5）电容器

① 检查瓷瓶有无损伤，擦净污垢。

② 检查电容器箱体是否渗漏介质，箱壁有无膨胀凹凸现象。

③ 检查接地和放电装置是否完整可靠。

④ 检查通电连接部分是否有过热现象。

6）二次回路

① 检查端子板、接线头和标志牌是否完整，检查各接线螺丝是否松动并予以紧固。

② 检查保险是否完整，熔体是否适合。

③ 检查线路是否完整，有无损伤。

④ 测量二次回路对地绝缘电阻不得小于 2MΩ。

⑤ 清扫二次回路灰尘。

7）保护用继电器及仪表

① 检查仪表和继电器各接线螺钉是否松动并予以紧固，检查计量仪表铅封是否完整。

② 清扫外壳。

③ 检查导线的线标号、接线端子板是否完好，接线是否整齐、正确、完整。

④ 检查仪表和继电器的接点情况，看是否有烧坏的触点。

⑤ 继电器工作时是否有噪声。

（3）电缆线路维护内容

① 清扫电缆终端头或中间头。

② 清扫电缆沟、电缆隧道及电缆桥架等地方电缆上的灰尘，检查电缆运行温升。

③ 矫正超过电缆弯曲弧度的电缆，更换破损或脱落的标号牌。

④ 测量电缆线芯对地绝缘电阻。

⑤ 检查电缆外表腐蚀情况。

⑥ 检查接地装置，消除外部缺陷。

2. 故障处理

（1）变压器的常见故障及处理方法

干式变压器在正常维护保养情况下故障率很小，一般容易出故障的地方是风机和温控仪。干式变压器的常见故障现象、原因及一般处理方法见表 5-15。

表 5-15 干式变压器的常见故障现象、原因及一般处理方法

故障现象	故障原因	一般处理方法
变压器超温	排风不畅，如风机损坏、通风不良等	检查风机、风道，改善运行环境
风机损坏	风机运行时间过长	通过温度检测使风机间歇运行，减少运行时间
	环境温度高，热交换能力不足	降低空间温度，增加热交换能力
	风机质量差	采用优质风扇
温控器故障	电子元器件安装位置温度高于其耐温上限温度	更新温控器
	变压器附近存在电磁干扰源引起温控器误报警或误跳闸	冗余控制
有载调压干式变压器的有载调压开关发生故障	制造工艺水平不过关，故障率高	更换有载调压开关

（2）配电装置的常见故障及处理方法

变配电所的高低压配电装置涉及的电气设备较多，其常见故障、故障原因、一般处理方法见表 5-16。

表5-16 配电装置的常见故障现象、原因及一般处理方法

故障设备	故障现象	故障原因	一般处理方法
真空断路器	电动合不上闸	铁心与拉杆松脱	调整铁心位置，卸下静铁心，使之手力可以合闸，合闸终了时，掣子与滚轮间应有1~2mm间隙
	合闸空合	掣子扣合距离太小，未过死点	向外调整螺钉，使掣子过死点。调整完毕后应将螺钉紧固，并用红漆点封
	电动不能脱扣	掣子扣的太多；分闸线圈的连接线松脱；操作电压低	将调整螺钉向里调好，并将螺母紧固；重新接线；调整电压
	合闸线圈和分闸线圈烧坏	辅助开关接点接触不良	用砂纸研磨接点或更换辅助开关
低压断路器	触头过热	开关容量过小；触头间压力降低使接触不良，接触电阻增大；操作机构使动触头插入静触头的深度不够	更换大容量开关；调整触头的弹簧压力，对触头间的氧化层及时处理；调整操作机构的杠杆，保证动触头的插入深度
	触头不能闭合	失压脱扣器线圈供电线路或线圈本身故障；开关的储能弹簧变形或失去弹性；开关断开后机构不能复位再扣	检修失压脱扣器线圈是否短路或断线，必要时重绕或更换；更换弹簧；调整再扣装置
	开关误分断	受到振动，使过流脱扣器的整定电流值发生变化	重新调整过流脱扣器的整定电流值，将开关固定好，消除产生振动的因素
	失压脱扣器有明显噪声	铁心的极面上有锈蚀或油污；铁心的短路环断裂或脱落；反力弹簧的反力过大	用细纱布或干净棉布将锈蚀和油污擦干净；将断裂处焊牢或更换铁心，脱落时重新加固；调整弹簧弹力
隔离开关	动、静触头接触部分过热	压紧弹簧压力不足、螺钉松动、接触面积过小、接触表面氧化；开关容量不够或长期过负荷	拧紧松动螺钉，调整动、静触头接触面积，用砂纸打磨氧化触头后涂导电膏或中性凡士林；更换大容量开关或降低负荷
	隔离开关合不上；拉不开	操作机构故障或动、静触头接触面不在一直线上；传动机构不灵活或接触处发生熔焊	调整、更换损坏部件，调静触头及其支持瓷瓶使动、静触头在一直线上；操作机构定期检查，转动部件定期加油
熔断器	熔体误熔断	熔体两端或熔断器触头间接触不良引起局部发热；熔体本身氧化或有机械损伤使实际截面变小；周围环境温度过高	检查修整接触部位，压接熔体牢固，保证接触良好；更换熔体；改善通风条件，加强散热

（续）

故障设备	故障现象	故障原因	一般处理方法
互感器	电压互感器熔丝熔断	二次负载超过额定容量或二次绕组短路、系统发生单相接地等	高压侧应在查明原因，确认无问题后更换熔丝，低压侧立即更换熔丝
	电流互感器一次压线处发热	压接不紧、内部一次接线压线不良、接线板表面严重氧化或接触面积小	将压接处打磨平滑，涂上导电膏后加弹簧垫圈压紧，若接触面积小应增大接线板长度
	电流互感器线圈和铁心过热	长期过负荷、二次匝间短路；二次线圈开路引起铁心过热	降低负荷至额定容量下，检查更换线圈或更换合适变比和容量的互感器；二次回路开路时，应短接互感器二次电流或临时断开一次回路，修复后再恢复供电
电容器	外壳“鼓肚”	运行环境温度过高、通风不良、电源电压过高	改善电容器工作环境，调整电源电压
	放电回路指示灯烧坏	指示灯功率过小或电流过大	换用较大功率指示灯或在回路中串联合适阻值的电阻

（3）线路常见故障与处理方法

目前建筑物内常用的线路有电缆和绝缘导线两种。电缆在运行中的故障极少，但由于制作工艺等原因也可能发生故障。电缆头是电缆线路中最薄弱的环节，在发生的电缆线路故障中电缆头故障占主体。电缆常见故障见表5-17。

表5-17 电缆线路的常见故障现象、原因及一般处理方法

故障现象	故障原因	一般处理方法
机械损伤	外力破坏	加强施工管理，保证施工质量
	电缆敷设弯曲过大或拉力过大	按规定敷设电缆
绝缘受潮	电缆中间接头盒和终端接头盒密封不好或施工不好受潮，水分侵入盒内	应用专门设备对受潮电缆进行干燥处理
	在电缆运输或敷设过程中，电缆护层被外力破坏；在电缆试验或运行时，电缆绝缘击穿破坏电缆护层，造成潮气入侵	干燥处理电缆或更换电缆
	电缆制造不良	采用专业厂家的优质电缆
绝缘老化变质	电缆长期过负荷或散热不良	详细检查电缆线路负荷情况，检查周围环境温度
电缆头故障	制造工艺水平不过关	规范制作工艺，如切割、剥切电缆的力度、角度等严格要求
	线芯连接不良，造成接触电阻过大	用压接工具按压接要求连接线芯
	防水设计不周密，接头盒有砂眼或裂痕，水分侵入盒内，导致绝缘受潮而击穿	严格控制电缆头制作材料和施工工艺质量，加强对电缆头的监视和管理

配电绝缘导线在运行中最常见的故障是短路和过负荷。导线发生短路或过负荷时，不及

时切断电路，会导致人员触电、线路烧毁和电气火灾等严重后果。

1）短路的原因

① 导线长期过负荷，导线过热使绝缘老化；导线的绝缘受到潮湿或腐蚀作用而失去绝缘能力；线路缺乏维护，绝缘受损坏，使线芯裸露。

② 线路的运行电压超过导线额定电压，导线的绝缘被击穿。

③ 安装修理人员粗心大意，将线路接错或带电作业造成人为碰线。

2）预防短路的措施

① 定期检查导线绝缘强度。

② 导线绝缘必须符合线路电压的要求。

③ 安装线路时，导线与导线之间，导线与墙壁、顶棚、金属建筑构件之间，以及固定导线用的绝缘子之间，应有符合规程的间距。

④ 在线路上应按照规定安装断路器或熔断器，以便在线路发生短路或过载时，及时可靠地切断电路。

3）线路过负荷的原因

① 设计配电线路时，导线截面积选得较小，即与负荷电流值不相适应。

② 线路中接入了功率过大的电器设备，超过了配电线路的负荷能力。

③ 私拉电线，过多地接入并联负载，保护失效。

④ 二次装修时施工人员随意乱改原电气设计线路，使某些线路处于过负荷状态。

4）预防过负荷的措施

① 配电网络应根据负荷条件合理规划，依据负荷大小来选择导线截面积。

② 定期测量线路负荷，检查线路实际运行时的负荷情况。

③ 定期检查线路断路器、熔断器的运行情况，以保证过负荷时能及时切断电源。

④ 不随意乱拉电线。

（4）照明电光源的故障及处理方法

目前民用建筑推荐使用的电光源是荧光灯。荧光灯常见故障及一般处理方法见表5-18。

（5）漏电断路器（漏电开关）的常见故障及处理方法

目前，建筑物内大量使用了漏电断路器，应制定制度，专人维护，定期试跳，做好运行

表5-18 荧光灯常见故障现象、原因及其一般处理方法

故障现象	故障原因	一般处理方法
不能发光或发光困难	电源电压低，线路压降大	升高电压，加粗导线
	辉光启动器不起作用，内部电容损坏或断开	检查后更换辉光启动器或电容
	新装灯接错线接触不良	检查线路或触点
	灯丝断或灯管漏气	用万用表测量灯丝电阻；灯管外表荧光粉变色表明漏气，更换灯管
	镇流器配用不当或损坏	检查调换镇流器
	气温过低	灯管加温

（续）

故障现象	故障原因	一般处理方法
灯光抖动，灯管两头发光	接线错误，灯座、辉光启动器座等处松动	检查接线，检查各动触点
	辉光启动器电容击穿或短路	更换辉光启动器
	镇流器不符合规定，接线松动	调换镇流器，紧固接线
	灯管使用过久，陈旧老化	更换新灯管
	气温过低	灯管加温
灯光闪烁或灯光滚动	使用新灯管暂时现象	使用数次后正常
	单灯管常有现象	如需要可改双灯管
	镇流器配用不当	调换镇流器
	辉光启动器损坏，松动	更换辉光启动器，修整辉光启动器座
灯管两头发黑或生黑斑	新装灯管可能因辉光启动器损坏，致使阴极发射物质加速蒸发	更换辉光启动器
	电压过高，灯管过早老化	如有可能调整电压
	镇流器配用不当	调换镇流器
	辉光启动器不良，长时间闪烁	更换辉光启动器
灯管寿命短	镇流器不良，镇流器配用不当	调换镇流器
	开关次数频繁，辉光启动器不良引起长时间闪烁	减少开关次数，更换辉光启动器
	安装位置不妥，震动导致灯丝断	改变安装位置
	新装灯因接线错误导致灯丝烧断	改正接线
杂声及电磁声	镇流器质量差，铁心未加紧	调换镇流器，调整铁心间隙
	镇流器内部短路	更换镇流器
	辉光启动器作用不良，开启时有辉光杂声	更换辉光启动器

记录；如遇问题，应分析处理，不得擅自退出运行或有意使其失效；漏电开关在正常运行时跳闸，应查明原因，若为大电流冲击，应适当调整定值或带延时躲过冲击；若为潮湿等原因使漏电流增加造成跳闸，可以临时调节灵敏度。

漏电开关常见故障及一般处理方法见表5-19。

表5-19 漏电开关常见故障现象、原因及一般处理方法

故障现象	故障原因	一般处理方法
开关误动作，甚至合不上闸	漏电开关本身故障	将负荷全部切除，用试验按钮进行检验，若能正常合闸与跳闸，开关为好的；若不能，更换开关
	线路故障	检查开关所保护的线路是否老化、有无漏电，对不合格线路进行整改
	用电设备绝缘不良	用测电笔检验设备外壳是否带电，排除故障
	接线错误	检查是否有被保护线路的负荷接在了开关前面或穿过保护器的工作零线是否有重复接地等现象，严格按照规定接线
	保护动作电流选用过小	调整保护动作电流值，使其合适

（续）

故障现象	故障原因	一般处理方法
开关拒动	漏电开关本身故障	将负荷全部切除，用试验按钮进行检验，若能正常合闸与跳闸，开关为好的；若不能，更换开关
	配电变压器中性点未接地或接地不良	检查配电变压器中性点接地情况，防止触、漏电电流不能构成回路而使开关不能动作
	保护动作电流选用过大	调整保护动作电流值，使其合适

五、案例练习

事件描述：

某年某月某日17:30，制冷站3#基载机正在运行，突然发生停电事故。经过检查，配电室、开关输出柜均正常，检查制冷机配电柜也正常。断开制冷机电源柜开关，打开电缆接头，摇测电缆绝缘为0。从配电及制冷站双方向检查每一节插接式母线接头，发现靠近制冷站配电间处接头有短路痕迹，打开接头密封板，发现连接板右侧相间及相对地（密封板）均有短路痕迹。接头下密封板上有一个螺母（非母线排螺母），正对母线短路位置。

根据以上事件描述，填写记录（表5-20），分析原因，提出解决方案，形成系列报告。

表5-20　某大厦强电事件记录

编号：　　　号　　　　　　××－××－08

地点：	时间：　　年　　月　　日
事件经过：	
影响区域：	
即时处理行动：	
跟进处理行动：	
附件：□ 现场照片　　张　□ 当事人材料：　　页 其他：	
责任方签字：	物业方签字：

单元16 建筑供配电与照明系统的电气安全

一、学习目标

① 了解造成触电的原因和预防触电的措施。
② 掌握触电的急救方法。

二、学习任务

① 分组练习口对口（鼻）人工呼吸法。
② 分组练习胸外心脏挤压法。

三、学习工具

教材和教参。

四、背景知识

1. 触电事故

在供用电工作中，必须特别注意电气安全，要采取电气安全措施，防止电气事故的发生，保证安全用电。这里只介绍电气事故中的触电事故，对触电事故发生的原因及产生的后果等加以分析，以做到有效的防范。

（1）电流对人体的影响

触电事故是指当人体接触或接近带电的裸导体时，电流流过人体，在人体内部产生复杂的作用，对人体造成伤害，严重时导致人员死亡的电气事故。

人体触电可分为两大类：一是雷击或高压触电，较大的电流数量级通过人体所产生的热效应、化学效应和机械效应，将使人的机体受到严重的电灼伤、组织炭化坏死以及其他难以恢复的永久性伤害。另一种是低压触电，在几十至几百毫安的电流作用下，使人的机体产生病理、生理性反应，轻者出现针刺痛感、痉挛、血压升高、心律不齐以致昏迷等暂时性功能失常，重的可引起呼吸停止、心跳骤停、心室纤维颤动等危及生命的伤害。

1）感知电流

在一定概率下，通过人体引起人的任何感觉的最小电流称为感知电流。

2）摆脱电流

通过人体的电流超过感知电流时，肌肉收缩增加，刺痛感觉增强，感觉部位扩展，至电流增大到一定程度，触电者将因肌肉收缩、产生痉挛而紧抓带电体，不能自行摆脱电极。人触电后能自行摆脱电极的最大电流称为摆脱电流。

3）最小致命电流

在较短时间内危及生命的电流称为致命电流。电击致死的原因是比较复杂的。通过人体数十毫安以上的工频交流电流，既可能引起心室颤动、心脏停止跳动，也可能导致呼吸中止。但是，由于心室颤动的出现比呼吸终止早得多，因此，引起心室颤动是主要的。如果通过人体的电流只有20～25mA，一般不能直接引起心室颤动或心脏停止跳动。

实际上，人体触电后如果能迅速自主摆脱电流，对人体机能是不会造成损伤的。我国规定30mA·s为安全电流值，即人体通过30mA电流，时间不超过1s时，对人体没有致命伤害。图5-3是IEC提出的人体触电时间和通过人体电流（50Hz）对人体机能反应的曲线。

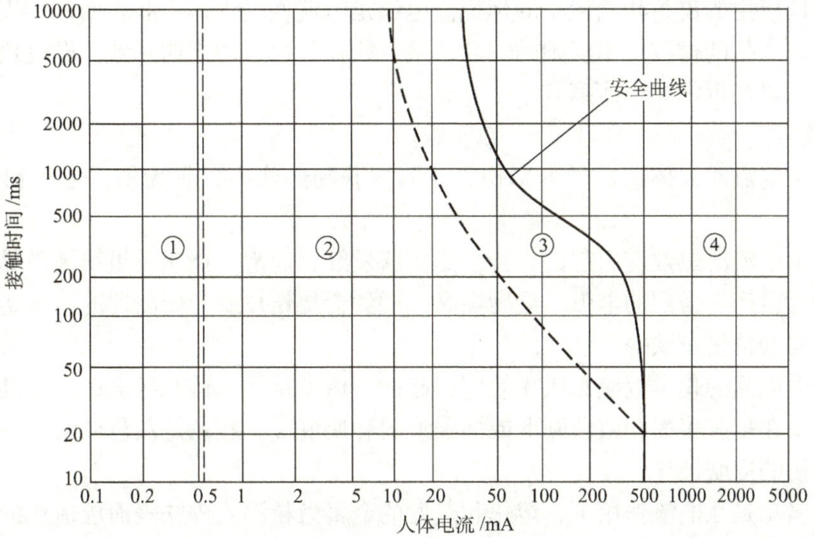

图5-3　IEC提出的人体触电时间和通过人体电流（50Hz）对人体机能反应的曲线

①—人体无反应区　②—人体一般无病理生理性反应区

③—人体一般无心室纤维性颤动和器质性损伤区　④—人体可能发生心室纤维性颤动区

4）电流对人体的伤害程度的影响因素

① 通过人体电流的大小。通过人体的工频50～60Hz交流电流不超过0.01A，直流电流不超过0.05A，对人体基本上是安全的。

通过人体电流的大小，取决于外加电压和人体的电阻。人体电阻不同，一般为800～2000Ω。在一般场所，对于人体只有低于36V的电压才是安全的。

② 通电持续时间。发生触电事故时，电流持续的时间越长，人体电阻降低越多，越容易引起心室颤动，即电击危险性越大。这是因为电流持续时间越长，能量积累增加，引起心室颤动的电流减小。

③ 通电途径。电流通过心脏，会引起心脏震颤或心脏停止跳动，血液循环中断，造成死亡。电流通过脊髓，会使人肢体瘫痪。因此，电流通过人体的途径从手到脚最危险，其次是从手到手，再次是从脚到脚。

④ 通过的电流种类。通过人体电流的频率，工频电流最为危险。20～400Hz交流电流的摆脱电流值最低（即危险性较大）；低于或高于这个频段时，危险性相对较小；直流电的危险性相对小于交流电。

（2）触电的伤害形式

人体是导电的，触电后电流会对人体造成伤害。伤害的形式一般有两种，即电击和电伤。

1）电击

电击是人直接接触带电部分，电流通过人体内部对组织细胞造成损坏。电击根据伤害程度不同有重有轻，重者电流通过人体的大部分组织，即不但通过皮肤，还通过肌肉、神经、内脏器官等，使这些组织受到不同程度的伤害，以致死亡。一般认为电流通过心脏是最危险的，因为它会引起心室纤维性颤动或心脏停止跳动，中断全身血液循环，造成死亡。80%以上的触电死亡都是发生心室纤维性颤动的结果。

电击后还会留下明显的特征，即电标、电纹、电流斑。电标是由于电流通过人体后，在流入、流出口产生的皮革状或炭化的标记。电纹是电流通过人体皮肤表面，在皮肤表面上出入口两者之间产生的树枝状不规则的发红线条，往往与血管的走向一致。电流斑是电流在皮肤表面上出入口产生的大小溃疡。

2）电伤

电伤是指电流对人体造成的外部伤害，即皮肤局部伤害，有灼伤、烙印和皮肤金属化三种。

灼伤是由电流的热效应引起的，特征是皮肤发红、起泡、烧焦及组织被破坏。如开关在合闸、拉闸时会产生强烈的电弧，温度很高，碰到会烧伤皮肤；熔断器的熔丝熔断时，飞溅的炽热金属屑会烫伤皮肤等。

烙印是由电流的化学效应和机械效应引起的，通常是在人体和导电部分有良好接触的情况下发生的。在皮肤表面会留着圆形或椭圆形的肿块痕迹，颜色是灰色或淡黄色，并有明显的边缘，受伤的皮肤硬化。

皮肤金属化是在电流作用下，熔化和蒸发的金属微粒渗入皮肤表面层造成的。皮肤的伤害部位形成粗糙而坚硬的表面，但日久天长会逐渐剥落。

（3）常见触电形式

人体是导体，当人体触及带电体时，有电流通过人体，这就是触电。

人体触电方式，主要分为单相触电、两相触电、跨步电压触电三种。

1）单相触电

单相触电，是指人体的某一部位触及一相带电体时的触电。

2）两相触电

两相触电，是指人体两处同时触及两相带电体时的触电。

3）跨步电压触电

跨步电压触电，是指人进入接地电流的流散电场时的触电。跨步电压的大小与人和接地体的距离有关。当人的一只脚跨在接地体上时，跨步电压最大；人离接地体越远，跨步电压越小；与接地体的距离超过20m时，跨步电压接近于零。

（4）常见的触电原因

① 违反低电压安全用电的操作规程而误触电，如接错线；停电后认为线路或电气设备已经断电，不经验电即进行操作；不按规程要求穿戴防护用品；不按规程要求悬挂临时接地线等。

② 人体无意触摸到破损的电线或漏电设备的金属外壳，如用湿手去开、关电灯或用湿布擦洗带电的灯具或装置等。

③ 带电作业时违反带电操作规程或不按照要求使用电器。

④ 人体离高压电气设备太近（小于或等于放电距离），带电体很可能对人体放电而造成触电。

⑤ 跨步电压触电和接触电压触电。

⑥ 在低电压系统中因维护不良发生触电事故，如处于人可能触及部位的导线出现裸露的部分，未及时包敷或换线；架空线路的导线垂度过大，未及时紧线，造成对地安全距离不足；保护接零或保护接地的保护线断开而未发觉；保护接地的设备，其接地装置长期不检

测，接地装置的接地电阻值过大，甚至失去作用，一旦设备出现接地故障，使设备外壳带电；线路经维修后，相线零线接错，会使原正常运行的设备外壳带电；维修后，对原设备的防护件未装回原位等都可能造成触电事故。

2. 防止触电事故

（1）防止接触带电部件

常见的安全措施有绝缘、屏护和安全间距。绝缘指用不导电的绝缘材料把带电体封闭起来，这是防止直接触电的基本保护措施。屏护指采用遮栏、护罩、护盖、箱闸等把带电体同外界隔离开来。间距指为防止人体触及或接近带电体，在带电体与带电体、带电体与地面、带电体与其他设备、设施之间，皆保持一定的安全距离。

（2）防止电气设备漏电伤人

保护接地和保护接零是防止间接触电的基本技术措施。

（3）采用安全电压

根据生产和作业场所的特点，采用相应等级的安全电压，是防止发生触电伤亡事故的根本性措施。国家标准GB/T 3805—2008《特低电压（ELV）限值》规定我国安全电压额定值的等级为42V、36V、24V、12V和6V，应根据作业场所、操作员条件、使用方式、供电方式、线路状况等因素选用。

（4）漏电保护装置

漏电保护装置，又称触电保安器，在低压电网中发生电气设备及线路漏电或触电时，可以迅速自动切断电源，从而保护人身安全。

（5）安全防护用具

在电气作业中，合理匹配和使用绝缘防护用具，对防止触电事故，保障操作人员在生产过程中的安全健康具有重要意义。安全防护用具可分为两类，一类是基本安全防护用具，如绝缘棒、绝缘钳、高压验电笔等；另一类是辅助安全防护用具，如绝缘手套、绝缘（靴）鞋、橡皮垫、绝缘台等。

对变配电室绝缘用具，应定期进行耐压试验，合格后方可使用。

（6）安全用电措施

对设备进行维修时，必须严格执行停电、验电、悬挂临时接地线、悬挂标示牌并装设临时遮栏的安全措施。

对设备进行检修作业时，应认真执行工作票制度、操作票制度、查活交底制度、工作许可制度、工作监护制度、工作中断与转移制度、工作终结与送电制度、调度管理制度等。

3. 触电急救

触电者的现场急救是抢救过程中关键的一步。如能及时、正确地抢救，则因触电而成假死状态的人有可能获救；反之，则可能带来不可弥补的损失。因此，《电业安全工作规程》中将“特别要学会触电急救”规定为电气工作人员必须具备的条件之一。

（1）触电的现场抢救

1）现场抢救第一步是使触电者脱离电源

① 发现触电者，救护人员应设法迅速切断电源。如果触电者接触的是低压带电设备，应采取拉开电源开关，使用绝缘工具、干燥的木棒等不导电的物体使触电者脱离电源，也可抓紧触电者的衣服将其拖开等。如果触电者接触的是高压带电设备，救护人员应用适合该绝

缘等级的绝缘工具使触电者脱离电源。

② 救护人员在抢救过程中，要注意保护自身安全。

③ 如果触电者处于高处，脱离电源后，可能会从高处坠落，要采取相应的措施，以防触电者摔伤。

④ 夜间在切断电源后，应考虑照明问题，以便进行急救。

2）急救处理

当触电者脱离电源后，应根据具体情况，迅速救治，同时赶快通知医生，汇报上级。

① 如果触电者神志清醒，则应使之平躺，严密观察，暂时禁止其站立或走动。

② 如果触电者神志不清，则应使之仰面平躺，确保气道通畅。并用5s时间，呼叫伤员或轻拍其肩部，严禁摇动头部。

③ 如果触电者失去知觉，停止呼吸，但心脏微有跳动时，应在通畅气道后，立即施行人工呼吸。

④ 如果触电者受伤害相当严重，心跳和呼吸均已停止，完全失去知觉，则在通畅气道后，立即施行人工呼吸和胸外按压心脏的人工循环，应2人同时进行。现场只有1人时交替进行，先按胸外15次，再口对口吹气2次；再按压心脏15次，再口对口吹气2次。双人复苏时要求吹气时不停止按压。

人工呼吸和胸外按压心脏要有耐心，不能急，不应放弃现场抢救，只有医生有权做出死亡诊断。

（2）触电急救方法

1）人工呼吸法

人工呼吸法中最简便的是口对口（鼻）吹气法。

① 迅速解开触电者的衣服、裤子，松开上身的紧身衣等，使其胸部能自由扩张，不致妨碍呼吸。

② 使触电者仰卧，不垫枕头，头先侧向一边，清除其口腔内的血块、假牙及其他异物，将舌头拉出，使气道通畅，如触电者牙关紧闭可用小木片、金属片等小心地从口角伸入牙缝撬开牙齿，清除口腔内异物。然后将其头扳正，使之尽量后仰，鼻孔朝天，使气道通畅。

③ 救护人位于触电者头部的左侧或右侧，用一只手捏紧被救护者的鼻孔，使不漏气，用另一只手将被救护者的下颌拉向前下方，使其嘴张开，嘴上可盖一层纱布，准备吹气。

④ 救护人作深呼吸后，紧贴触电者的嘴，向其大口吹气，如图5-4所示，如果掰不开

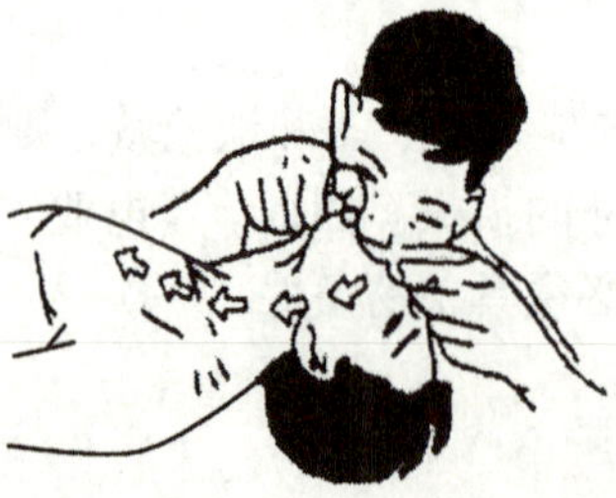

a)

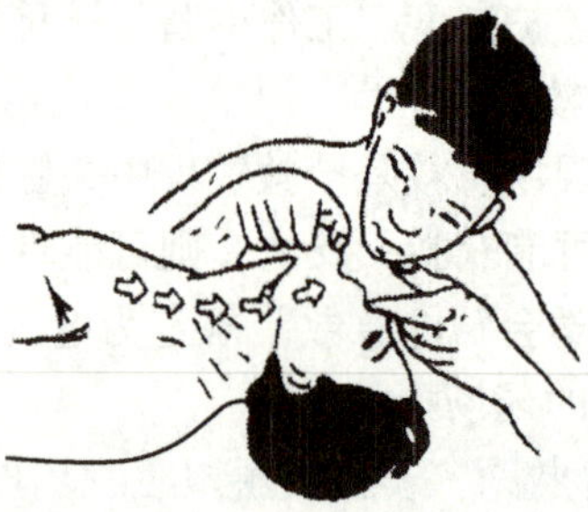

b)

图5-4 口对口吹气法

a）贴紧吹气 b）放松换气

被救护者的嘴，也可捏紧其嘴，紧贴鼻孔吹气，吹气时要使其胸部膨胀。

⑤ 救护人吹气完毕，换气时，应立即离开触电者的嘴，并放松紧捏的鼻，让其自由排气。

按上述要求对触电者反复吹气，成人吹气频率为 12～14 次/min。对幼小儿童施行此法时，鼻子不必捏紧，可任其自由漏气，频率增加到 20 次/min。

2）胸外按压心脏的人工循环法

按压心脏的人工循环法有胸外按压和开胸直接挤压心脏两种方法。后者由医生进行，这里介绍胸外按压心脏的人工循环法的操作步骤：

① 同上述人工呼吸的要求一样，迅速解开触电者的衣服、裤子，松开上身的紧身衣等，使其胸部能自由扩张，使气道通畅。

② 触电者仰卧，后背着地处的地面必须平整。

③ 救护人位于触电者一侧，最好是跨腰跪在触电者的腰部，两手相叠，手掌根部放在心窝稍高一点的地方，如图 5-5 所示。

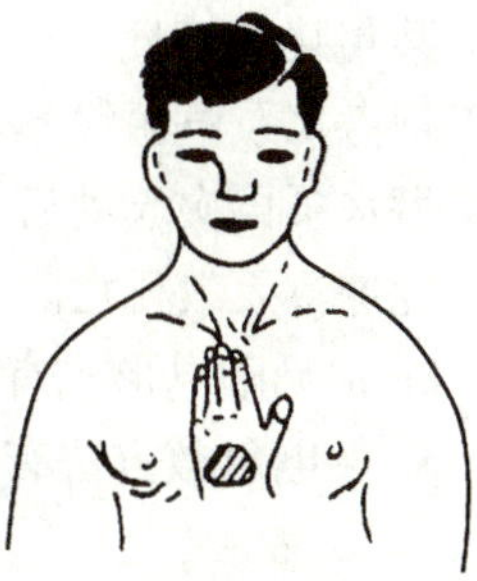

图 5-5　胸外按压心脏的正确压点

④ 救护人找到触电者正确的压点后，自上而下、垂直均衡地用力向下按压，压深 3～5cm，压出心脏内的血液，对老人和儿童用力应小一点。

⑤ 按压后，掌根迅速放开，使触电者胸部自动复原，心脏扩张，血液又回到心脏，如图 5-6 所示。

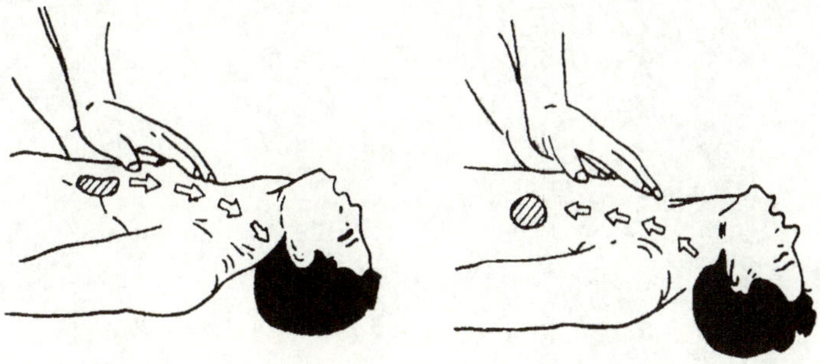

a)　　b)

图 5-6　人工胸外按压心脏法

a）向下按压　b）放松回流

按上述要求对触电者的心脏进行反复按压，80～100 次/min；按压时定位要准，用力适当。

在进行救助时，救护人应注意自身安全，防止触电者受到二次伤害，打针用药要慎重。救助过程中密切关注触电者的反应，只要发现触电者有苏醒迹象，应中止操作几秒钟，让触电者自行呼吸和心跳。

五、案例练习

1. 分析两起触电事故原因，提出防范措施。

事件1描述：

某年某月某日，某大厦变配电所变压器室小修定保，在明知10kV刀闸带电的情况下，值班人员仍独自架梯登高作业，由于梯子离10kV刀闸过近（小于0.7m），致使值班人员遭电击从1.2m高处坠落撞到变压器，终因开放性颅骨骨折、肋骨排列性骨折、双上肢电灼伤等，抢救无效死亡。

事件2描述：

某年某月某日，在一建筑工地，操作人员王某发现潜水泵开动后漏电开关动作，便要求电工把潜水泵电源线不经漏电开关接上电源。起初电工不肯，但在王某的多次要求下照办了。潜水泵再次起动后，王某拿一条钢筋挑起潜水泵欲检查是否沉入泥里时，立即触电倒地，经抢救无效死亡。

2. 常见触电形式有几种？

3. 触电急救方法有哪些？要点是什么？

参考文献

[1] 中华人民共和国国家质量监督检验检疫总局，中国国家标准化管理委员会．GB/T 156—2007 标准电压[S]．北京：中国标准出版社，2008.

[2] 中华人民共和国国家质量监督检验检疫总局，中国国家标准化管理委员会．GB/T 15945—2008 电能质量 电力系统频率偏差 [S]．北京：中国标准出版社，2008.

[3] 中华人民共和国国家质量监督检验检疫总局．GB/T 12325—2008 电能质量 供电电压偏差 [S]．北京：中国标准出版社，2009.

[4] 中华人民共和国住房和城乡建设部，中华人民共和国国家质量监督检验检疫总局．GB 50052—2009 供配电系统设计规范 [S]．北京：中国计划出版社，2010.

[5] 中华人民共和国国家质量监督检验检疫总局，中国国家标准化管理委员会．GB/T 12326—2008 电能质量 电压波动和闪变 [S]．北京：中国标准出版社，2009.

[6] 中华人民共和国国家质量监督检验检疫总局．GB/T 14549—1993 电能质量 公用电网谐波 [S]．北京：中国标准出版社，1994.

[7] 中华人民共和国国家质量监督检验检疫总局，中国国家标准化管理委员会．GB/T 15543—2008 电能质量 三相电压不平衡 [S]．北京：中国标准出版社，2009.

[8] 中华人民共和国国家质量监督检验检疫总局，中华人民共和国住房和城乡建设部．GB 50053—2013 20kV 及以下变电所设计规范 [S]．北京：中国标准出版社，2013.

[9] 中华人民共和国住房和城乡建设部．JGJ 16—2008 民用建筑电气设计规范 [S]．北京：中国建筑工业出版社，2008.

[10] 中华人民共和国国家质量监督检验检疫总局，中华人民共和国住房和城乡建设部．GB 50054—2011 低压配电设计规范 [S]．北京：中国标准出版社，2011.

[11] 中华人民共和国住房和城乡建设部，中华人民共和国国家质量监督检验检疫总局．GB 50034—2013 建筑照明设计标准 [S]．北京：中国建筑工业出版社，2013.

[12] 中华人民共和国国家质量监督检验检疫总局，中华人民共和国住房和城乡建设部．GB 50057—2010 建筑物防雷设计规范 [S]．北京：中国标准出版社，2010.

[13] 刘介才．供配电技术 [M]．北京：机械工业出版社，2000.

[14] 范同顺．建筑配电与照明 [M]．北京：高等教育出版社，2004.

[15] 陈小荣，叶海蓉．供配电系统运行管理与维护 [M]．北京：人民邮电出版社，2004.

[16] 郑发泰．建筑供配电与照明系统施工 [M]．北京：中国建筑工业出版社，2005.

[17] 中国建筑标准设计研究院．GJBT—878 建筑电气实践教学及见习工程师图册 [M]．北京：中国建筑标准设计研究院，2005.

[18] 刘震，余伯山．室内配线与照明 [M]．北京：中国电力出版社，2003.

[19] 唐志平，杨胡萍．供配电技术 [M]．北京：电子工业出版社，2006.

[20] 陈家瑂，包晓晖．供配电系统及其电气设备 [M]．北京：中国水利水电出版社，2004.

[21] 张炜．供用电设备 [M]．北京：中国电力出版社，2004.

[22] 戴绍基．建筑供配电技术 [M]．北京：机械工业出版社，2007.

[23] 中国建筑标准设计研究院，等．建筑工程设计文件编制深度规定（2016 版）[M]．中国建筑标准设计研究院，2016.

[24] 李蔚．建筑电气设计要点难点指导与案例剖析 [M]．北京：中国建筑工业出版社，2012.

[25] 中国航空规划设计研究总院有限公司组编．工业与民用供配电设计手册 [M]．北京：中国电力出版社，2017.